农村林业知识读本

林业实用技术手册

国家林业局农村林业改革发展司　编

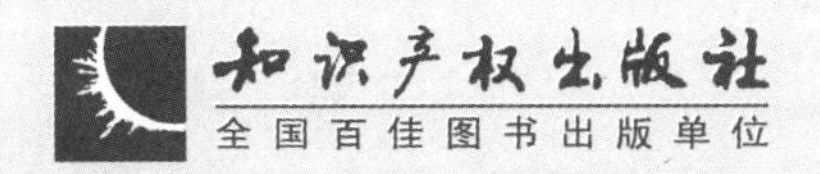

图书在版编目（CIP）数据

林业实用技术手册 / 国家林业局农村林业改革发展司编.—北京：知识产权出版社，2018.5
（农村林业知识读本）
ISBN 978-7-5130-4917-7
Ⅰ.①林…　Ⅱ.①国…　Ⅲ.①林业—技术手册　Ⅳ.①S7-62
中国版本图书馆CIP数据核字（2018）第021140号

责任编辑：石陇辉　　**责任校对：**王　岩
封面设计：睿思视界　　**责任出版：**刘译文

农村林业知识读本
林业实用技术手册
国家林业局农村林业改革发展司　编

出版发行：	知识产权出版社有限责任公司	网　　址：	http://www.ipph.cn
社　　址：	北京市海淀区气象路50号院	邮　　编：	100081
责编电话：	010-82000860转8175	责编邮箱：	shilonghui@cnipr.com
发行电话：	010-82000860转8101	发行传真：	010-82000893/82003279
印　　刷：	三河市国英印务有限公司	经　　销：	各大网上书店、新华书店及相关专业书店
开　　本：	787mm×1092mm 1/16	印　　张：	18.25
版　　次：	2018年5月第1版	印　　次：	2018年5月第1次印刷
字　　数：	375千字	定　　价：	79.00元

ISBN 978-7-5130-4917-7

序

中国13.7亿人口中，目前还有6亿多农民，不懂农民就是不懂中国。我国山区面积占国土面积的69%，山区人口占全国人口的56%，在全国2100多个县市中，有1500多个在山区。全面建成小康社会，重点难点在农民。农民是重要的农业生产经营者，也是林业生产经营活动的重要主体。林地是农村宝贵的资源，是农民重要的生产资料。我国有45.6亿亩林地，其中集体林地27.37亿亩，占全国林地总面积的60%。

据国家林业局测算，我国农村集体林业资源总经济价值达2万亿元以上，其中经济林和竹林占90%以上，在中国林业发展中占有重要地位。习近平总书记于2014年4月4日在参加首都义务植树时深刻指出，"林业建设是事关经济社会可持续发展的根本性问题"。大力发展林业，加强生态建设，事关经济社会可持续发展，事关全面建设小康社会目标的实现，事关建设生态文明。

2015年1月28日，国务院总理李克强在国家林业局工作汇报件上做出重要批示，充分肯定了林业系统积极推进林业改革。李克强总理指出，林业是重要的生态资源，也是不可替代的绿色财富。实行集体林权制度改革，赋权予民，给予农民更广泛的林业生产经营自主权，对于促进集体林区林业经济发展，对于加速林业现代化进程，破解"三农"难题，推进社会主义新农村建设，实现经济社会全面协调可持续发展，具有十分重大的意义。随着我国全面推进和深化集体林权制度改革，截至2016年我国共发放林权证1.01亿本，约5亿名农民获得了集体林地承包经营权。

如何更好地服务于约5亿农民的林业生产经营活动，国家林业局农村林业改革发展司特面向林农组织编写了这套"农村林业知识读本"系列丛书，丛书共包括5本实用手册，即《林业政策问答手册》《林农法律维权实用手册》《林业实用技术手册》《林农致富实用手册》和《林业服务手册》。

该系列手册旨在促进农民对林业政策知识的系统了解，提升农民的林业法律意识和维权能力，推动农民掌握和运用系列林业实用技术，提高林农的创新意识、创业能力和致富素养，充分认知和合理运用林业社会化服务平台，最终提升农民林业生产经营水平和经营效率。

本系列丛书作为普及性读物，定位为服务于农民，注重系统性、可读性和实用性，力求语言简洁通俗易懂、内容简单易行。

希望本系列丛书能成为农民朋友们的助手和参谋，切实助力于农民的林业经营水平提高，助益于农民的脱贫致富。

前言

21世纪以来，林业持续健康发展推动了大量科学技术方面的创新，其中对林农、涉林企业员工等林业工作者的知识、技能和素质提出了全新的要求。本书重在“实用”二字，旨在让更多的林业工作者能紧跟时代步伐，快速学习相关领域的林业技术。同时本书体系完善，从理论和实践的角度涵盖了各个方面的林业技术，也可以满足林业工作者综合素质的提升。

本书共11章。其中，第1章为林业技术基础知识，主要介绍了林业技术的重要意义、技术体系、创新途径和发展概况，以及技术和专利的基础知识；第2章介绍了林业技术服务体系的构成，主要包括政府部门、科研院所和林业院校、林业专业协会、涉林企业等；第3～10章分别从苗木种植抚育、木材采运、花卉栽培、野生动物驯养、药用植物栽培、林产品加工及综合利用、森林防护、林产品销售等角度介绍了具体的林业实用技术；最后一章介绍了目前国内主要的林业技术产品或专利。

本书具有如下特点：一是体系完善，从概念、方法到案例全方位讲解，覆盖了林业技术的重点内容；二是实用性强，介绍了当前正在运用和发展的技术，其技术来源于经验总结进而指导林业；三是有一定的前瞻性、时效性和创新性，补充了林产品互联网营销等热点内容和典型案例，有利于促进林业创新创业。

本书在编写过程中，搜集、查阅并参考了大量前人的相关研究成果，在此向所有前辈和广大同仁致以诚挚的敬意和谢意！

由于时间仓促，编者能力有限，书中难免有错漏谬误之处，请批评指正！

目 录

第1章　林业技术基础知识

第 1 章　林业技术基础知识

1.1 林业技术发展的重要意义[①]

在林业建设的整个发展过程中，必要的技术支持能够对林业发展产生重大影响，林业建设的长久发展须依存于技术发展。目前，林业技术水平同林业发展与需求，两者之间的供需矛盾仍然巨大。因此，对于当前我国的林业产业及其建设而言，林业技术的改革与发展的作用日益凸显。

1.1.1 林业技术装备在林业建设中的重要作用

1.实现林业建设现代化的重要手段

林业技术的装备作为林业技术当中的重要构成内容，其技术水平的增强是提升我国林业建设现代化过程的重要方式之一。同时，增强林业技术装备水平，也是助推我国林业产业走向现代化的必经之路。这对于促进我国林业产业的发展，进一步提升林业产业的产量及其可持续性，对于助推林业发展实现林业产业的本质性转变，推动我国当今林业建设的可持续生态化发展，都具有深刻的影响。

2.衡量现代林业建设发展程度的重要标志

现代化的林业产业模式有别于传统的粗放型林业模式，现代化的林业产业模式强调以人为本、全面协调、可持续发展的林业产业模式。我国的现代林业发展应当最大限度地对林业产业进行多样化功能需求的拓宽与延伸，林业技术装备作为现代林业建设的基础保障，其同时也决定着未来林业模式发展的方向。现代林业技术水平的持续提升，必须依存于对林业技术装备的持续改良，质量水平的好坏直接影响现代林业的发展基础和建设基础。林业技术装备已逐渐成为评判现代林业产业建设发展状况的主要标志之一。

① 高治强.林业技术发展在林业建设中的重要性 [J]. 北京农业，2015 (34)：80.

1.1.2 当前我国林业技术发展现状分析

1.我国林业技术的发展现状

目前我国的林业产业规模及其技术水平得到了长足的发展，已经由传统简单的木材原材料加工的林业发展模式，逐步转变为当今以林业生态建设为主的发展模式。随着我国林业产业结构的整体性调整，林业技术水平也获得了长足的进步，主要体现在以下三个方面：第一，林业育种方面。通过采取生物科技等诸多方法，我国目前已能够独立自主研制并培育出树种产量效果好、抗病虫害能力出色的优良林木品种，有效增强了我国林业种植资源的产量能力，提升了林木的培育存活率。第二，林业病虫害防治方面。采用我国自主最新研制的森林生物药剂，有效地为我国的林业病虫害预防作出了巨大贡献。第三，林业管护方面。改变了传统的仅依靠纯粹的人工检测，发展出了借助计算机技术的林业信息系统，能够实时地对林业中的各项数据详细追踪，使林业发展真正进入数字化时代。

2.制约我国林业技术发展的因素

当前我国林业技术的发展意识不强，这是影响我国林业技术快速发展的关键因素之一。一方面，目前我国绝大多数林业从业者的林业技术意识严重不足，仍然采用传统的林业产业经营生产方式从事林业活动。因此，要加强对林业经营方式的宣传与培养，以夯实其相应的林业技术基础。另一方面，由于林业技术中的新兴技术仍然不够成熟与完善，因而无法显著提升林业经济效益，甚至会导致林业经济效益亏损，这也在很大程度上制约着林业从业者与经营者推动林业技术的发展。我国当前林业技术发展的资金投入不足，应用于林业科技教育中的基础设施建设仍不够完善，林业技术发展的总体投资规模和程度同发达国家相比差距也十分明显。

1.2 林业实用技术体系①

我国林业科技由于长期投入不足、人才缺乏、体制不健全和机制不灵活等原因，呈现出科研成果供需脱节、科技成果转化率不高、科技进步贡献率低等现状。在经济转型期，林业专业合作社成为林农、林企、科研院校和科技服务机构之间的桥梁。通过重构林业专业合作社科技成果转化运营模式，实现信息搜集与传递、科技转化规模化、科技成果市场化、推广体系多元化和协调等多项功能的建设，有效加快林业科技创新及成果转化。同时要积极开展技术培训，落实相关财政和税收政策，创新技术推广模式，进一步推动林业专业合作

① 李湘玲，余吉安．林业专业合作社推动科技创新及成果转化机制研究 [J]. 科技进步与对策，2012，29 (11)：20-24.

社的联合，使其成为“科技兴林”的有效载体。

林业专业合作社在促进科技创新及成果转化过程中，需要考虑各项功能的实施可行性，促进产品信息、科技信息的传递。而现有组织模式落后，不能有效提供产品信息、科技指导，导致参与人参与积极性不高，需要从系统的角度来规划林业专业合作社的科技创新和成果转化模式，特别是技术信息、产品信息在系统中的集成和传递。

1.2.1 创新技术信息沟通

如图 1.1 所示，林业科技创新需求信息构建出林农—林业专业合作社—科研院所、科技企业和中介这一链条。林业合作社对信息进行收集、甄别和传递。科研院所、科技企业和中介则针对具体现状和技术开发可行性，实施技术开发和运营。符合林农需求以及政府产业发展要求的技术供给信息又沿着科研院所、科技企业和中介—林业专业合作社—林农的路径，到达营林、生产经营第一线，完成供给信息的传输。林业专业合作社在此过程中完成了科技创新需求和供给信息的有效对接。

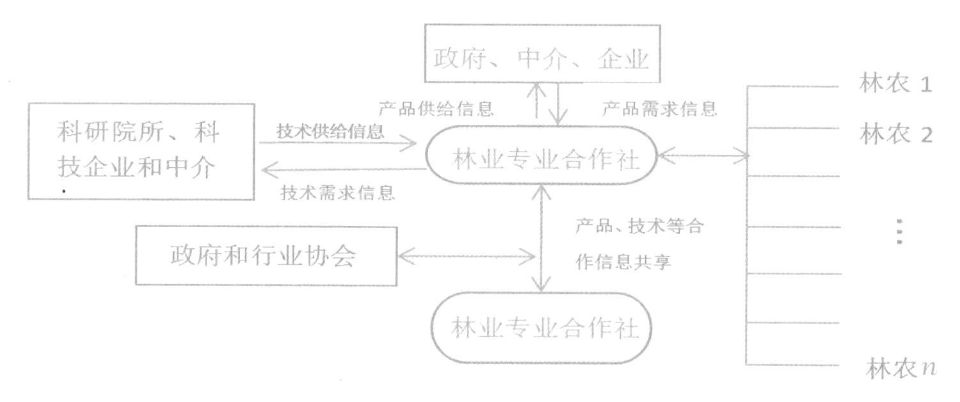

图 1.1　利用科技创新和信息技术构建产业链

1.2.2 产品信息沟通

产品供给信息由林农—林业专业合作社—中介、企业、政府，而产品需求信息通过中介、企业、政府—林业专业合作社—林农，实现产品供给和需求的平衡。在这个过程中要考虑信息的时滞性。林农对市场价格和需求的判断，影响科技创新成果的市场化。而林业专业合作社则是影响林农对市场判断的一个有利因素。

1.2.3 合作信息共享

林业专业合作社之间的规模化经营也是林业专业合作社在经营管理过程中需要考虑的。政府和协会等的协调和组织，则能促进林业专业合作社地区间的联动和发展。

1.3 林业技术创新的途径[①]

1.3.1 建立林业生态技术创新体系

林业生态技术创新若要顺利实施，必须建立合理的创新体系。该体系应以林业企业为核心，以林业科研、教育培训机构为辅助，借助政府部门、中介机构和基础设施等社会力量，实现学习、革新、创造和传播林业生态技术的一个功能体系。由于林业生态技术创新是一个从新产品设想的产生，经研究、开发、工程化、商业化到市场应用完整过程的总和，所以，这就意味着创新体系必须是一系列机构的相互作用，而这些相互作用必须能够鼓励林业科学研究、推广林业先进技术、提高林业科技水平。

1.3.2 营造林业生态技术创新环境

生态技术创新的开展在很大程度上取决于创新环境。林业生态技术创新的外部环境主要涉及政策、科技、经济核算和生态环境等因素;内部环境主要是指企业生产目标、研发能力、管理方式、组织结构等方面。因此，国家应在政策导向上给予政策倾斜，运用财政、金融和税收等手段，激励林业企业开展生态技术创新，并为其创造良好的创新氛围。同时，林业企业也要将生态创新思想纳入企业发展目标，加强组织管理，提高技术研发实力，为生态技术创新营造良好的内部环境。政府作为创新活动的重要参与者，除了在技术研发投入中发挥作用外，其最大的职能在于提供制度保障，营造良好的林业生态技术创新环境。营造一个开放、统一、有序、公平的市场环境和注重环境效益的社会导向，是促进企业技术创新的主要外部动力，因此，政府应积极制定各种法律制度，并在舆论营造中发挥服务作用，以期更有效地对林业生态创新行为予以鼓励和保护。同时，企业也要牢固树立法治思想，建立健全相关制度，形成有利于林业生态创新的法制环境，并抓制度落实。

1.3.3 创新林业生态技术创新机制

林业生态技术创新是一个涉及经济、社会、生态、环境等多领域的综合系统，要全面开展这项工作，必须创新机制。林业具有公益性、社会性等重要特征，其受益者是全体社会成员。因此，林业生态技术创新应当是政府行为，政府在建立完善的林业生态技术创新机制中应发挥主导作用。《中华人民共和国森林法》中明确规定，建立森林生态效益补偿基金的法律制度，主要内容是国家设立森林生态效益基金，用于生态效益防护林和特种用途林及林木的营造、抚育、保护和管理。这为建立环境资源林的经济补偿制度提供了法律依据，也为

① 臧晓英. 浅谈生态林业的技术创新和可持续发展 [J]. 新农村, 2011 (15)：77.

建立健全林业生态技术创新机制提供了法律制度保障。

1.3.4 建立和完善管理制度

深化改革就是在调整林业结构，建立林业生态技术创新机制的同时，转换管理机制，形成社会化、网络化、国际化的林业生态技术管理新模式。首先要增强林业企业，特别是大中型林业企业的生态技术创新能力，加强技术改造，提高引进、吸收、消化、创新水平。其次要加强产学研结合，减少研究和开发中的盲目性和重复浪费，逐步使企业成为技术开发的创新主体。

1.3.5 健全社会配套服务体系

林业生态技术创新的前期经济效益较小，因此依靠技术推动与市场拉动的自然发展速度较慢，必须成立林业技术服务中心，集咨询、技术服务、中介机构甚至风险投资等职能于一身，服务于林业生态技术创新体系，实现林业生态技术创新的经济效益、环境效益、社会效益三者统一的目标。

总之，林业的良性发展对于我国实现可持续发展的重要作用是不言而喻的，盛世兴林，科教为先，只要我们本着扎实工作、积极进取的工作精神，就一定能走一条具有中国特色的林业创新之路，为推动生态林业的可持续发展建立卓越功勋。

1.4 林业技术发展概况

1.4.1 加强林业技术支持的重要意义

技术是林业发展的关键因素之一，林业的发展要依靠技术进步来推动。我国林业技术总体水平与林业发达国家还有很大的差距，在此情况下，不断加强林业技术支持尤为重要。从宏观层面看，林业技术支持是林业可持续发展的需要。随着生物科技的发展，出现了转基因生物 、种质资源的优化、生物病虫害的防治，大大提高了林业经营的效率。当世界林业技术发展时，一国的林业技术十分落后，就可能危及一国的林业可持续发展。从中观层面看，林业技术支持一方面可促进林业产业结构调整和技术升级，推动林业从传统林业向现代林业发展，从粗放林业向精准林业发展，从第一产业向第二和第三产业升级；另一方面，可推动林权改革，活跃林权流转市场。林业技术是制约林权流转的因素之一，由于林业经营者的技术缺乏，致使他们不敢流转林权。加大林业技术支持，向林业经营者提供所需技术，以解决其后顾之忧，必然能活跃林权流转市场。从微观层面看，林业技术支持可提高林业企业的竞争力。

1.4.2 我国林业技术发展现状

改革开放以来，我国林业取得飞速发展。已从传统的以木材生产为主发展到现在以林业生态建设为主、兼顾木材生产的新阶段。林业产业结构不断调整，由初期以第一产业为主向第二和第三产业发展，技术也不断升级。当前，林业部门正实施以大工程带动大发展的新战略，中心任务是优化产业结构，增强国家生态安全，保障经济和社会可持续发展，不断提高林业公益效益和综合生态生产力，这一任务的完成要依靠林业科技的支撑。随着国家对林业技术发展越来越重视，林业科技投入力度也不断加大，使得我国林业技术取得了突飞猛进的发展：在林业育种方面，通过生物科技攻关，培育出高产、抗病虫害的优良品种，并从国外引进良种，提高我国林业种质资源性能；采用飞机播种，提高了林业培育效率。在林业病虫害防治方面，不断研制出森林生物制药和生物制剂、林业化学药品，并通过“3S”技术[①]对病虫害进行检测。在林业管护方面，已由传统的人工检测，发展为依靠计算机技术，建立林业信息系统，对森林进行信息跟踪，不仅准确而且效率大大提高。随着计算机科学的发展，林业已进入“数字林业”新时代，对信息技术的运用已经渗透各个方面，如森林监测、火灾测报的“3S”技术，以及林业数据子系统等，提高了林业的可控程度，促进了林业的大发展。

虽然我国林业技术总体水平有很大的提高，但与林业发达国家相比，我国林业技术水平仍比较落后，如我国林业的技术储备不足、自主创新能力薄弱、对引进技术消化吸收能力弱、缺乏有竞争力的核心技术、科技成果转化率和高新技术水平较低、科技资源分散、配置严重重复、利用率不高、资源共享机制尚未真正形成、缺乏高素质的林业技术人才、林业科技研发的资金投入严重不足、科技管理体制和运行机制有待完善等。

1.4.3 林业技术支持的制约因素

1.林业技术意识不够强

随着经济的发展，世界林业技术取得了突飞猛进的发展，林业高新技术不断涌现，林业的发展越来越依赖于林业技术的进步。改革开放以来，我国的林业建设也发生了根本性的变化：从传统林业发展到现代林业，从注重林业的经济效益发展到经济效益、社会效益及生态效益三者兼顾的社会主义新林业时期，科技在林业上发挥的作用越来越重要，传统的粗放的林业生产已经不适应现代林业发展的需要了。重视林业技术革新是现代林业发展的要求，是我国林业进入WTO后在世界林业中立于不败之地的要求。然而，我国部分林农的技术意识不强，

① 更多关于林业“3S”技术的内容请参考“‘十二五’职业教育国家规划教材·全国林业职业教育教学指导委员会‘十二五’规划教材”《林业“3S”技术》一书。

他们依然坚持采用传统的方式经营林业，一方面他们的素质相对较低，对林业新技术接受较难；另一方面林业的收益较低，他们不愿意进行林业技术投入。此外，由于部分地区林业没有形成规模，采用林业新技术的效益低下，致使林农淡薄林业技术发展。

2.发展林业技术的投入不足

发展林业技术的投入不足是制约我国林业发展的重要因素之一。我国的林业技术投入不足主要表现在三个方面：① 林业技术研发的资金投入不足；② 林业科技人才培养的投入不足；③ 林业技术推广的投入不足。这些使得我国林业高新技术成果较之发达国家少，杰出的林业人才缺乏，林业技术推广的效率低下，技术成果转化率较低，从而严重制约了我国林业技术进步，阻碍了林业的发展。

3.林业技术推广效率和效果欠佳

林业技术推广在林业生产中的作用巨大，它是林业技术价值实现的基础。做好林业技术的推广工作是实现科技兴林的有效途径。然而，我国当前的林业推广工作的效率和效果不太令人满意，主要表现为以下几点。① 对科技推广在林业生产建设中的重要性、紧迫性认识不到位，许多地方对科技推广的重要性认识还停留在口头上，有关科技推广机构建设、推广经费、推广人员待遇等一些优惠政策难以落实到位，影响了科技人员的积极性。② 林业科技推广投入不足和推广网络体系不够完善。投入不足已经成为制约林业科技推广工作发展的重要因素，致使林业科技推广网络体系难以建立。推广机构基础设施差，缺少必要的推广仪器设备、交通工具；示范基地建设发展缓慢，自我发展和辐射带动能力不强。③ 科技推广运行机制相对滞后，推广服务人员能力有待加强。一方面科技推广的有效机制尚未形成，重点工程与科技推广结合不紧密，导致成果转化率低。此外，科技推广与知识产权保护、植物新品种保护之间的矛盾显现；另一方面，技术推广人员缺乏知识更新和进修深造机会，对现代林业的新技术、新成果的熟悉程度和操作能力不足，素质有待提高。另外，推广机构专业分工过细，推广人员知识结构单一，不能很好地适应当前市场经济与高效林业多样化的发展要求，对林农缺乏足够的权威性。④ 林业科技推广与林业生产脱节的问题没有得到根本解决。一方面，林业生态工程建设和产业发展对科技推广的需求缺乏自觉性、紧迫性，经营粗放，水平较低，效益低下；另一方面，林业科技推广工作仍在一定程度上偏离林业生产实际，选题存在不够准确的现象，科技推广与服务领域、层次和水平有限，重大林业生产技术问题的解决缓慢，实用性科技成果不完善、不配套，直接影响了成果推广的速度和科技支撑作用的发挥（陈金明等，2005）。

4.林业技术自主创新能力和引进消化吸收能力较弱

当前，我国林业技术虽然取得了很大的发展，但是底子薄弱，技术水平较之发达国家还有一段距离。自主创新的能力较弱，很多高新技术靠国外引进。对引进技术的消化能力也较弱，很多技术仅仅停留在买技术、用技术的层面，没有很好地消化与创新。我国的林业创新体系尚不完善,技术创新的资金投入机制尚不健全,技术创新的激励机制有待完善。此外,对技术产权的保护意识不强，林业企业与科研机构的有机结合不够，产学研一体化机制不完善等都制约着我国林业技术创新能力和引进消化吸收能力的提高。

1.4.4 加强林业技术支持的对策

1.要提高科技兴林思想意识

政府应加强林业技术的宣传工作，强调林业科技对林业生产的重要性，特别是对于边远山区，要鼓励林农接受和积极采用新技术。提高林农科技兴林意识可以从如下几方面着手。① 在农村开展林业实用技术培训。结合退耕还林等林业重点工程，采取短期实用技术培训形式，让农民接受林业科技知识，只有掌握了林业科技知识，才能从思想上重视它。② 建立一批林业科技示范点和示范户，推广一批投资少、见效快、市场前景好、带动能力强、适宜农村发展的新成果和新技术，通过示范户带动广大林农学习科技、运用科技的积极性。③ 为农民提供林业科技书刊。组织编辑出版《全国林业生态建设与治理典型技术推介丛书》《农民致富关键技术问答丛书》《农家致富实用技术丛书》《特种经济动物养殖与利用丛书》等林业科普图书。组织编写果树、森林食品、森林中药材、竹藤花卉等方面的乡土教材，赠送给山区农民。

2.深化林业科技体制改革

要提高我国林业技术创新能力，就要不断深化科技体制改革，逐步建立起政府支持、市场引导、科研机构等综合研发，产学研结合，推广机构、林业企业、个人等力量广泛参与和分工协作的技术创新体系，加速科技成果转化，造就一支高水平、高素质的科技队伍，形成开放、流动、竞争、协作的运行机制，以提升我国林业技术的创新能力。完善我国的林业技术创新体系，具体来说，要走林业技术自主创新和引进再创新相结合的道路 :① 完善林业技术创新的激励机制，出台优惠政策，采取技术补偿机制，对技术创新给予一定的补助，鼓励自主创新 ;② 完善技术创新投入机制，处理好自主创新和引进消化吸收再创新的关系，增加自主创新的资金投入，增加对引进技术消化的投入 ;③ 加强技术交流和合作 ;④ 加强技术创新人才培养，以提高我国林业技术创新能力（王琦等，2005）。

3.加大林业技术方面的投入

加强我国的林业技术支持首要的是要加大投入，可以从以下三个方面着手。① 建立完善的林业技术补偿机制，林业的弱质性和低收益性制约了林业经营者林业技术投资的积极性，要提高林业整体的积极性，就要鼓励林农广泛采用新技术。可以对林农或林业企业提供技术补偿，对投资新技术的林农或林业企业给予其总投资一定比例的补助或提供免费的技术指导。② 加大林业科技教育的投入。林业企业可以设立研发专项基金，加大对员工技术培训的投入，建立科研机构与林业企业的有机联系，加强对林业科研机构的资金支持。国家财政应加强对科研机构及林业院校的支持，培养林业科技人员，同时防止林业人才的流失。③ 加大林业技术推广的投入。林业技术推广的效率高低决定了林业技术成果转化效率的高低，这是林业技术价值实现的关键因素。因此，需加大林业技术推广工作的资金支持，对林业技术推广人员进行培训，提高其推广的技能，调动推广人员的积极性；配置先进的技术推广工具，提高推广的速度，将技术创新迅速地转化成生产力。

4.提高林业技术转化效率

提高林业技术成果的转化率，需要建立高效的林业技术推广网络体系。鉴于我国当前的技术推广环节存在的问题，应从如下几个方面着手：① 深化改革，积极探索和建立与市场经济体制相适应的成果转化运行机制，坚持以市场为导向，以林业社会化服务为主导，建立技术推广的激励政策，政府干预与市场调节相结合，以生态效益为目的的推广项目应由政府无偿投资，经济效益明显的林业实用技术成果应逐步通过市场来调节，培养林农和林业企业为技术推广的主体；② 整合资源，构建技术推广服务和成果转化平台，充分利用信息资源、人力资源和科技资源，在广大林区建立林业科技站，为林业经营者提供信息、技术指导等技术服务项目；③ 增加林业技术推广的资金投入；④ 加强技术推广工作的监督管理，一方面做好推广前的科学决策和项目论证工作，另一方面做好执行工程中的监控工作，使林业技术推广落到实处。最后，加强推广队伍自身的建设，采取灵活多样的培训形式，提高推广人员的素质和推广技能。

1.5 技术和专利基础知识

1.5.1 当前造林主要新技术

当前林业方面国内外新技术有很多，造林（更新）主要包括 ① 在良种选育基础上建立种子园；② 组培苗的生产；③ 容器育苗；④ 塑料棚育苗；⑤ 飞机播种造林；⑥ 旱地深栽造林；⑦ 生根粉应用；⑧ 吸水剂的应用；⑨ 播种忌避剂应用；⑩ 防抽条剂应用等。

1.5.2 专利及其分类

一项发明创造必须由申请人向政府部门（在中国目前是中华人民共和国国家知识产权局）

提出专利申请，经中华人民共和国国家知识产权局依照法定程序审查批准后，才能取得专利权。专利证书包括三种类型（见表 1.1），分别是发明新型专利证书、实用新型专利证书和外观设计专利证书。在申请阶段，分别称之为发明专利申请、实用新型专利申请和外观设计专利申请。获得授权之后，分别称之为发明专利、实用新型专利和外观设计专利，此时，申请人就是相应专利的专利权人。

表 1.1　专利要点对比

专利类型	发明	实用新型	外观设计
保护期限	从申请日起 20 年	从申请日起 10 年	从申请日起 10 年
区别	简而言之，发明专利是一个从无到有的过程，创造性地解决了技术上的难题；实用新型专利是对现有产品的改进，使产品的性能得到提高；外观设计专利本身会产生美感，只是形状、图案及色彩等的结合，创造性最低		
保护内容	产品和方法，涵盖机械、化工、电子通信等领域	有形状和结构的产品，主要是机电产品	有形的产品，外观有美感
授权时间	一般两年左右	一年之内	半年左右
申请流程	递交申请文件→确定申请日和申请号→初步审查后公开（自申请日起 18 个月）→经申请进入实质审查→授权	递交申请文件→确定申请日和申请号→初步审查后公开→授权	递交申请文件→确定申请日和申请号→初步审查后公开→授权
授权	发明专利申请经实质审查没有发现驳回理由的，由国务院专利行政部门作出授予发明专利权的决定，发给发明专利证书，同时予以登记和公告。发明专利权自公告之日起生效	实用新型申请经初步审查没有发现驳回理由的，由国务院专利行政部门作出授予实用新型专利权或者外观设计专利权的决定，发给相应的专利证书，同时予以登记和公告。实用新型专利权和外观设计专利权自公告之日起生效	外观设计专利申请经初步审查没有发现驳回理由的，由国务院专利行政部门作出授予实用新型专利权或者外观设计专利权的决定，发给相应的专利证书，同时予以登记和公告。实用新型专利权和外观设计专利权自公告之日起生效
专利保护	发明或者实用新型专利权的保护范围以其权利要求的内容为准，说明书及附图可以用于解释权利要求 外观设计专利权的保护范围以表示在图片或者照片中的该外观设计专利产品为准		

1.5.3 林业技术的核心内容

1. 林木种苗生产技术

主要包括种子生产的基本知识和技术，种子质量检验的方法，主要树种苗木的繁育技术，苗圃规划设计的方法，种子生产和育苗技术规程等内容。

2. 森林营造

主要包括造林的基本知识和基本技术、造林施工与管理技术、工程造林技术、造林技术规程。

3.森林经营

包括森林抚育采伐的理论、方法和技术，森林主伐更新的理论和方法，森林采伐作业技术，森林经营技术规程。

4. 森林资源管理

主要包括森林资源管理的基本理论，森林资源调查的技术规范，森林调查规划软件的使用方法，基本图、林相图、森林分布图的绘制和使用方法，培养学生森林资源调查及编制森林经营方案的能力。

5.林业有害生物控制技术

包括森林昆虫基础知识、森林病害基础知识、森林病虫害防治原理和防治措施、森林病虫害调查和预测预报，讲解病虫害防治技术规程，帮助林农掌握森林病虫害的防治、调查、预测预报知识，使林农掌握森林主要检疫害虫的种类、识别方法、防治措施。

1.5.4 遥感技术①

遥感技术，即 RS，顾名思义，遥感就是从遥远处感知，地球上的每一个物体都在不停地吸收、发射和反射信息和能量。其中的一种形式电磁波早已被人们所认识和利用。人们发现不同物体的电磁波特性是不同的。遥感就是根据这个原理来探测地表物体对电磁波的反射和其发射的电磁波，从而提取这些物体的信息，完成远距离识别物体。遥感是在航空摄影测量的基础上，随着空间技术、电子技术和地球科学的发展而发展起来的，它的主要特点：已从以飞机为主要运载工具的航空遥感发展到以人造卫星为主要运载工具的航天遥感；它超越了人眼所能感受到的可见光的限制，延伸了人的感官；它能快速、及时地监测环境的动态变化；它涉及天文、地学、生物学等科学领域，广泛吸取了电子、激光、全息、测绘等多

① 更多关于遥感技术的知识，请参见 http://www.cas.cn/kxcb/kpwz/201105/t20110525_3142146.shtml。

项技术的先进成果；它为资源勘测、环境监测、军事侦察等提供了现代化技术手段。简而言之，遥感技术是运用物理手段、数学方法和地学规律的现代化综合性探测技术。

1.5.5 GPS 技术在林业上的运用①

将 GPS 这一先进的测量技术应用在林业工作中，能够快速、高效、准确地提供点、线、面要素的精密坐标，完成森林调查与管理中各种境界线的勘测与放样落界，成为森林资源调查与动态监测的有力工具。GPS 技术在确定林区面积，估算木材量，计算可采伐木材面积，确定原始森林、道路位置，对森林火灾周边测量，寻找水源和测定地区界线等方面可以发挥其独特的重要的作用。在森林中进行常规测量相当困难，而 GPS 定位技术可以发挥它的优越性，精确测定森林位置和面积，绘制精确的森林分布图。

1.森林调查、资源管理

1）测定森林分布区域。美国林业局是根据林区的面积和区内树木的密度来销售木材。对木材面积的测量闭合差必须小于 1%。在一块用经纬仪测量过面积的林区，沿林区周边及拐角处做 GPS 定位测量并纠正偏差，得到的结果与已测面积误差为 0.03%，这一实验证明了测量人员只要利用 GPS 技术和相应的软件沿林区周边使用直升机就可以对林区的面积测量。过去测定所出售木材的面积要求用测定面积的各拐角和沿周边测量两种方法计算面积，使用 GPS 测量时，沿周边每点都测量且精度很高。

2）利用手持 GPS 监测样地初设与复位，只需输入坐标，不需引点引线，且位置准确，效率高，复位率达 100%。在我国黑龙江等省的国家一类清查中，采用美国 GARMIN 公司的 12C 和 eTrex 进行复位测定，取得了良好的效果，工作效率提高 5 ～ 8 倍，定位误差不超过 7m，其成果受到国家林业局森林资源管理司的充分肯定。

3）利用手持 GPS 导航伐开境界线，如平坦地林班线的伐开和确立标桩。以往该类工作采用角规、拉线等方法，工作强度大，误差高，准确度低，进场需要返工，浪费严重。采用 GPS 后，利用其航迹纪录和测角、测距功能，不但降低了劳动强度，而且准确度高，落图简便，极大地提高了效率。

4）利用差分或测量 GPS 建立林区 GPS 控制网点，这些具有精密坐标的蕨点，是林区今后各种工程测量作业必须参照的位置蕨点，如手持导航 GPS 仪器的坐标误差修正，勘测道路、农田、迹地等可以参照。

5）利用差分或测量 GPS 对林区各种境界线实施精确勘测、制图和面积求算。如各种道路网、局界、场界地类位置和绘制图形并求算面积，转绘于林业基本用图上，达到对各种

① 贾建刚 .GPS 在林业中的应用 [M]. 银川：宁夏大地音像出版社，2005.

森林地类变化的动态监测的目的，测量精度达到分米级。

6）利用差分或测量型 GPS 进行图面区划界线的精确现地落界，如勘分两荒界、行政区界等。可解决现地界线不清和标志位置不准的普遍存在的问题。

2.GPS技术用于森林防火

利用实时差分 GPS 技术，美国林业局与加利福尼亚的喷气推进器实验室共同制订了 FRIREFLY 计划。它是在飞机的环动仪上安装热红外系统和 GPS 接收机，使用这些机载设备来确定火灾位置，并迅速向地面站报告。另一计划是使用直升机、无人机或轻型固定翼飞机沿火灾周边飞行并记录位置数据，在飞机降落后对数据进行处理并把火灾的周边绘成图形，以便进一步采取消除森林火灾的措施。

采用手持 GPS 进行火场定位、火场布兵、火场测面积、火灾损失估算，精确度高，安全性强，能够实时、快速、准确地测定火险位置和范围，为防火指挥部门提供决策依据，已为国内外防火机构广泛采用。

3.GPS在造林中的应用

1）飞播。在没有采用 GPS 之前，飞行员很难对已播和未播林地作判断，经常会出现重播和漏播的情况，飞播效率很低。采用 GPS 之后，利用其航迹记录功能，飞行员可以轻松了解上次播种的路线，从而有效地避免重播和漏播。此外，利用航线设定功能，飞行员可以在地面设定飞行距离和航线，在飞行中按照预先设定好的航线工作，极大地降低作业难度。

2）造林分类、清查。利用 GPS 的航迹记录和求面积功能，林业工作人员很容易对物种林的分布和大小进行记录整理，同时了解采伐和更新的比例，对各林业类型标注，方便了林业的管理。在我国黑龙江、吉林和内蒙古等省（区）的分类经营、造林普查、资源调查中，已经开始大量采用 GPS 技术，取得了很好的效果，不但节省了大量的人力、物力和资金，而且极大地提高了工作效率。实践证明，采用 GPS 完全可以取代传统的角规加皮尺的落后测量手段，并取得极大的经济效益。

由此可见，GPS 技术的普遍应用必将促进林业工作向着精确、高效、现代化的方向发展，是今后林业作业中必不可少的工具，如广泛使用一定会取得巨大的经济和社会效益。

1.5.6 飞播技术及其优缺点

飞播，即飞机播种造林种草，就是按照飞机播种造林规划设计，用飞机装载林草种子飞行宜播地上空，准确地沿一定航线按一定航高，把种子均匀地撒播在宜林荒山荒沙上，利用林草种子天然更新的植物学特性，在适宜的温度和适时降水等自然条件下，促进种子生根、发芽、成苗，经过封禁及抚育管护，达到成林成材或防沙治沙、防治水土流失的目的的播种造林种草法。飞播应用时要注意选择适宜的造林地和树种。飞播造林地要连片集中，植被覆盖度要高，土壤水分供应较充足。飞播适用于不易被风吹走，且发芽率较高，种源又较丰富的树种，如松树。

飞播虽然有工效高、成本低，便于在不易人工造林的地区大面积造林等各种优点，但是这种造林技术比较粗放，必须选择适宜的造林地、树种，并注意飞播后的管护。[①] 另外，也已有不少地方报道说，20 世纪 50 年代飞播的云南松、马尾松等，由于林木过密，很多树 40 年只长得碗口粗，成为“侏儒树”，且林下红土裸露，病虫害频发等；全国政协委员曹鸿鸣也认为，“飞播带来了大量的外来种，容易使一个完美的生态系统变成物种比较单一的系统，如毛乌素沙地就变成了以羊柴、油蒿为主的灌丛，生物多样性和生态服务功能价值大大降低。”

1.5.7 地理信息系统及其在林业中的运用

地理信息系统，即 GIS，是随着地理科学、计算机技术、遥感技术和信息科学的发展而发展起来的一个学科，是一门集计算机科学、信息学、地理学等多门科学于一体的新兴学科，它是在计算机软件和硬件支持下，运用系统工程和信息科学的理论，科学管理和综合分析具有空间内涵的地理数据，以提供对规划、管理、决策和研究所需信息的空间信息系统。

林业生产领域的管理决策人员面对着各种数据，如林地使用状况、植被分布特征、立地条件、社会经济等许多因子的数据，这些数据既有空间数据又有属性数据，对这些数据进行综合分析并及时找出解决问题的合理方案，借用传统方法不是一件容易的事，而利用 GIS 方法却轻松自如。

社会经济在迅速发展，森林资源的开发、利用和保护需要随时跟上经济发展的步伐，掌握资源动态变化，及时做出决策就显得异常重要。常规的森林资源监测，从资源清查到数据整理成册，最后制订经营方案，需要的时间长，造成经营方案和现实情况不相符。这种滞后现象势必出现管理方案不合理，甚至无法接受。利用 GIS 就可以完全解决这一问题，及时掌握森林资源及有关因子的空间时序的变化特征，从而对症下药。

林业 GIS 就是将林业生产管理的方式和特点融入 GIS 之中，形成一套为林业生产管理服务的信息管理系统，以减少林业信息处理的劳动强度，节省经费开支，提高管理效率。

GIS 在林业上的应用过程大致分为如下 3 个阶段。

1）作为森林调查的工具：主要特点是建立地理信息库，利用 GIS 绘制森林分布图及产生正规报表。GIS 的应用主要限于制图和简单查询。

---

① 何立文，杨波．浅谈飞播造林前的地面处理方式 [J]. 现代农村科技，2013 (6)：48.

2）作为资源分析的工具：已不再限于制图和简单查询，而是以图形及数据的重新处理等分析工作为特征，用于各种目标的分析和推导出新的信息。

3）作为森林经营管理的工具：主要在于建立各种模型和拟定经营方案等，直接用于决策过程。

三个阶段反映了林业工作者对 GIS 认识的逐步深入。目前 GIS 在林业上的主要应用如下。

1）环境与森林灾害监测与管理方面中的应用，包括林火、病虫害、荒漠化等管理，如防火管理应用，主要内容包括林火信息管理、林火扑救指挥和实时监测、林火的预测预报、林火设施的布局分析等。

2）在森林调查方面的应用，包括森林资源清查和数据管理（这是 GIS 最初应用于林业的主要方面）、制订森林经营决策方案、林业制图。

3）森林资源分析和评价方面，包括林业土地利用变化监测与管理，用于分析林分、树种、林种、蓄积等因子的空间分布，森林资源动态管理，林权管理。

4）森林结构调整方面，包括林种结构调整、龄组结构调整。

5）森林经营方面，包括采伐、抚育间伐、造林规划、速生丰产林、基地培育、封山育林等。

6）野生动物植物监测与管理。

1.5.8 "6S" 技术体系[①]

"6S" 技术体系就是一种具有创新意义的技术思想，它是由广为流传的 "3S" 技术，即全球定位系统（GPS）、地理信息系统（GIS）、遥感系统（RS）和以专家系统（ES）、决策支持系统（DSS）和模拟系统（SS）为基础的决策制程技术所组成。"6S" 技术在林业活动中的具体实施过程如下：通过 GPS、差分全球卫星定位系统（DGPS）、GIS 和 RS 等的传感器或监控系统对林业活动全过程中的森林资源普查与动态监测、森林和设施园艺经营与管理、森林防火、病虫害防治、湿地监测和荒漠化监测等从宏观到微观自动实时监测，然后将这些当时当地采集的必要数据输入 GIS，再利用事先存在 GIS 中的 SS、ES 及 DSS 对这些信息进行加工处理，绘制信息电子地图，并在决策者的参与下，做出恰当的诊断和决策，制订最佳的实施计划，如图 1.2 所示。

---

① 周国红，汪海珍．"6S" 技术体系与林业科技创新 [J]. 浙江林学院学报，2000，17 (4)：450. DOI: 10. 3969/j.issn. 2095-0756. 2000. 04. 023.

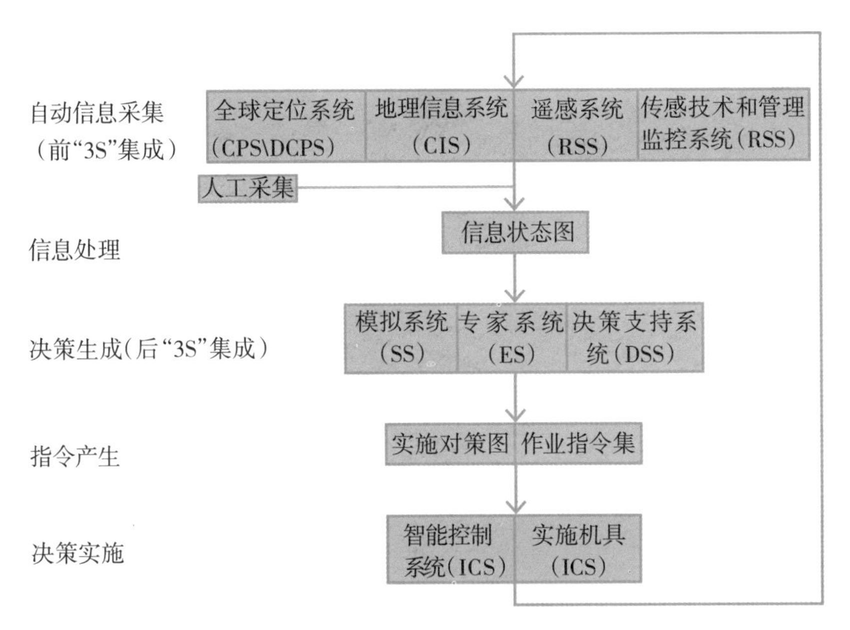

图 1.2 “6S”技术在林业活动中的工作流程

第 2 章　林业技术服务体系

第 2 章　林业技术服务体系

21 世纪初，随着集体林权制度改革的开展和不断深入，林业科技服务日益完善。为进一步巩固改革成果，国家林业局及相关部门印发了一系列法规措施，通过加强科技下乡、科技示范、选派科技特派员、建立专业合作社等措施，提升不同科技服务主体的科技推广能力。建立健全的林业技术服务体系，要切实以林业科技、林业技术推广为重点，以乡镇林业站、护林员为主要纽带，以林业示范户、林业领头企业为关键载体，深入县、乡、村、示范户，构建集中的林业技术推广网络，定期进行相关技术推广，加强宣传，培养林业生产经营人员良好的综合素质，不断完善林业中介服务组织[①]。

2.1 林业技术服务体系概况

1.目前林业技术推广中存在的问题有哪些?

林业技术推广迎来了大好的发展机遇，同时也面临着非常严峻的挑战，存在着许多亟待解决的问题。[②]这些问题主要体现在以下几点。

1）缺乏高素质的推广队伍。许多林业技术推广人员都存在着知识结构单一、滞后性严重等问题，无法适应新时期林业技术推广工作的需要。

2）缺乏有效的推广方法。林业技术推广缺乏必要的生产性投入及相应的推广设备，同时没有形成全方位多层次的科技投入体系，缺乏良好的信息化管理。

3）缺乏合理的推广体制。在林业技术推广的过程中，由于体制不清晰、职责不明确及缺乏与服务对象的有效交流，使得林业技术推广体系无法发挥应有的作用，难以适应当前林业经济的发展需求。

2.我国林业科技服务模式有哪些?

从我国林业科技服务体系发展历程中可以看出，我国林业科技推广机构主要包括政府部门、科研院所和林业院校、林业专业合作社（林业专业协会）、涉林企业等，林业科技服

① 郭福良. 论林业技术服务体系的构建研究 [J]. 北京农业，2012 (33)

② 林岳，贺刘军，黄艳，祝冬燕. 浅谈林业技术推广服务体系改革的必要性 [J]. 农业科技与信息，2015 (19).

务供给主体呈现出多元化趋势，根据不同时期不同机构（组织）在林业科技推广中的作用机制及合作对象的不同，我国面向农户的林业科技服务模式主要可以归为以下三大类：政府主导型、市场主导型、自主合作型。但由于受经济体制的影响及我国林业发展状况的制约，政府主导型的服务模式是我国林业科技服务的主体，在这种服务模式中，政府处于主导地位，为林业科技服务工作提供资金和政策支持，而林业科研院所、林业高校、林业合作组织、涉林企业等主体起补充作用，多主体科技服务功能的发挥有待进一步提高。

3.建设科技服务站的目的是什么?

科技服务站为广大农村绿化苗木种植户以上门服务的形式，对苗木种植户提供种植规划与指导，并解决种植过程中遇到的病虫害、施肥、除草等相关问题，覆盖省内外各个地区，可为农民增效、增收提供高效便捷的服务。

4.科技服务站的服务内容有哪些?

1）提供苗木种植前期规划与指导。

2）提供苗木种植方法、技术。

3）提供苗木后期抚育指导，包括病虫害防治、施肥、除草、排水灌溉等指导。

4）提供最新的苗木市场信息，方便种植户及时找到销路，解决后顾之忧。

5）推荐使用新型农机设备、种植新技术新模式。

6）农民培训的田间学校，手把手现场教学。

5.林业工作站有哪些职责?

1）政策宣传：宣传贯彻执行国家林业政策、法律法规，提高群众的知法、懂法、守法的自觉性。

2）资源保护：保护森林资源，严格执行限额采伐管理，监督、检查持证采伐情况；做好森林病虫害预测预报工作，制定预防、防治措施，检查各测报点的防治措施及防治效果。

3）林政执法：负责林政案件的查处、征占用林地管理和野生动物保护工作，制止乱征滥占、乱砍滥伐、乱捕滥猎的行为。

4）生产组织：在林业局的指导下，制定林业生产管理考核办法，组织团（场）各单位开展各项林业生产经营活动，负责苗木平衡调度；积极协助上级主管部门做好造林规划设计、中幼林抚育管理及造林验收等工作。

5）科技推广：积极开展林业科学试验活动，积极推广林业新技术，实现科学营林；负责林业科技项目的申报、管理和推广工作。

6）社会化服务：做好林业技术的咨询服务和林业科普宣传工作。

7）其他工作：加强对工作人员的政治学习和业务培训，提高专业技能。

6.解决林业技术问题的途径有哪些?

1）拨打全国林业服务热线电话 96355。

2）去当地科技服务站咨询。

3）登陆中国林业网（网址 http://www.forestry.gov.cn/），或通过当地林业网在线沟通。

2.2 政府部门

1.什么是政府主导型科技服务模式?

政府主导型林业科技服务是指根据国家林业发展目标，由国家林业局或地方林业政府制订相应的林业科技服务或林业社会化服务发展方案，在相关部门人、财、物的支持下，组织林业科技服务运行管理的科技服务供给模式。政府主导型的林业科技服务模式主要无偿服务，公益性是这种模式的基本特征，主要资金来源为国家或地方财政拨款，最终实现的目标是将科研成果转化为现实生产力，服务于农村建设，促进现代林业发展（王洋，2010）。政府主导型林业科技服务模式主要组合方式包括“政府 + 农户”模式、“政府 + 科研院校 + 农户”模式、“政府 + 科研院所 + 专业合作组织 + 农户”模式、“政府 + 科研院所 + 企业 + 合作社 + 基地 + 农户”模式。

2. 国家林业局的主要职能有哪些?

根据《国务院关于机构设置的通知》（国发〔2008〕11 号），设立国家林业局，为国务院直属机构。

国家林业局设 11 个内设机构，分别为办公室、政策法规司、造林绿化管理司（全国绿化委员会办公室）、森林资源管理司（木材行业管理办公室）、野生动植物保护与自然保护区管理司、农村林业改革发展司、森林公安局（国家森林防火指挥部办公室）、发展规划与资金管理司、科学技术司、国际合作司（港澳台办公室）、人事司。

国家林业局的主要职责如下。

1）负责全国林业及其生态建设的监督管理。拟订林业及其生态建设的方针政策、发展战略、中长期规划和起草相关法律法规并监督实施。制订部门规章、参与拟订有关国家标准和规程并指导实施。组织开展森林资源、陆生野生动植物资源、湿地和荒漠的调查、动态监测和评估，并统一发布相关信息。承担林业生态文明建设相关工作。

2）组织、协调、指导和监督全国造林绿化工作。制订全国造林绿化的指导性计划，拟订相关国家标准和规程并监督执行，指导各类公益林和商品林培育，指导植树造林、封山育林和以植树种草等生物措施防治水土流失工作，指导、监督全民义务植树、造林绿化工作。承担林业应对气候变化的相关工作。承担全国绿化委员会的具体工作。

3）承担森林资源保护发展监督管理的责任。组织编制并监督执行全国森林采伐限额，监督检查林木凭证采伐、运输，组织、指导林地、林权管理，组织实施林权登记、发证工作，拟订林地保护利用规划并指导实施，依法承担应由国务院批准的林地征用、占用的初审工作，管理重点国有林区的国有森林资源，承担重点国有林区的国有森林资源资产产权变动的审批工作。

4）组织、协调、指导和监督全国湿地保护工作。拟订全国性、区域性湿地保护规划，拟订湿地保护的有关国家标准和规定，组织实施建立湿地保护小区、湿地公园等保护管理工作，监督湿地的合理利用，组织、协调有关国际湿地公约的履约工作。

5）组织、协调、指导和监督全国荒漠化防治工作。组织拟订全国防沙治沙、石漠化防治及沙化土地封禁保护区建设规划，参与拟订相关国家标准和规定并监督实施，监督沙化土地的合理利用，组织、指导建设项目对土地沙化影响的审核，组织、指导沙尘暴灾害预测预报和应急处置，组织、协调有关国际荒漠化公约的履约工作。

6）组织、指导陆生野生动植物资源的保护和合理开发利用。拟订及调整国家重点保护的陆生野生动物、植物名录，报国务院批准后发布，依法组织、指导陆生野生动植物的救护繁育、栖息地恢复发展、疫源疫病监测，监督管理全国陆生野生动植物猎捕或采集、驯养繁殖或培植、经营利用，监督管理野生动植物进出口。承担濒危物种进出口和国家保护的野生动物、珍稀树种、珍稀野生植物及其产品出口的审批工作。

7）负责林业系统自然保护区的监督管理。在国家自然保护区区划、规划原则的指导下，依法指导森林、湿地、荒漠化和陆生野生动物类型自然保护区的建设和管理，监督管理林业生物种质资源、转基因生物安全、植物新品种保护，组织协调有关国际公约的履约工作。按分工负责生物多样性保护的有关工作。

8）承担推进林业改革，维护农民经营林业合法权益的责任。拟订集体林权制度、重点国有林区、国有林场等重大林业改革意见并指导监督实施。拟订农村林业发展、维护农民经营林业合法权益的政策措施，指导、监督农村林地承包经营和林权流转，指导林权纠纷调处和林地承包合同纠纷仲裁。依法负责退耕还林工作。指导国有林场（苗圃）、森林公园和基层林业工作机构的建设和管理。

9）监督检查各产业对森林、湿地、荒漠和陆生野生动植物资源的开发利用。制定林业资源优化配置政策，按照国家有关规定，拟订林业产业国家标准并监督实施，组织指导林产品质量监督，指导赴境外森林资源开发的有关工作。指导山区综合开发。

10）承担组织、协调、指导、监督全国森林防火工作的责任，组织、协调、指导武装森林警察部队和专业森林扑火队伍的防扑火工作，承担国家森林防火指挥部的具体工作。承担林业行政执法监管的责任，指导全国森林公安工作，监督管理森林公安队伍，指导全国林业重大违法案件的查处。指导林业有害生物的防治、检疫工作。

11）参与拟订林业及其生态建设的财政、金融、价格、贸易等经济调节政策，组织、指导林业及其生态建设的生态补偿制度的建立和实施。编制部门预算并组织实施，提出中央财政林业专项转移支付资金的预算建议，管理监督中央级林业资金，管理中央级林业国有资产，负责提出林业固定资产投资规模和方向、国家财政性资金安排意见，按国务院规定权限，审批、核准国家规划内和年度计划内固定资产投资项目。编制林业及其生态建设的年度生产计划。

12）组织指导林业及其生态建设的科技、教育和外事工作，指导全国林业队伍的建设。

13）承办国务院交办的其他事项。

3.国家林业局科学技术司的主要职能有哪些?

国家林业局科学技术司的办事机构包括综合处、推广处、标准处、油茶办、计划处。其主要职能包括组织开展林业科学研究和技术推广工作；组织、指导林业科技体制改革和林业创新体系建设、林业技术推广体系建设；承办林业标准化、林业技术监督、林产品质量监督和有关植物新品种保护、管理的有关工作；管理监督林业生物种质资源、林业转基因生物安全；组织、指导国外林业先进技术及智力引进；参与履行国际植物新品种公约、生物安全议定书。

4.国家林业局科技发展中心的主要职能有哪些?

国家林业局科技发展中心（国家林业局植物新品种保护办公室）为国家林业局具有行政职能的正司（局）级事业单位。其主要职责如下。

1）提出《中华人民共和国植物新品种保护条例》及林业实施细则修改建议，拟订有关管理办法并监督贯彻执行。

2）提出林业植物新品种保护名录，负责林业植物新品种权申请的受理、初步审查、实质审查（测试）工作。

3）承担报批、颁证、登记、收费、出版公报、档案管理等林业植物新品种权授权的具体工作和植物新品种保护复审委员会交办的具体事务。

4）负责林业植物新品种权申请代理人、执法人员、测试人员培训工作；组织建设新品种测试体系、代理机构和保藏机构；查处及指导下级查处林业植物新品种权侵权、假冒授权品种案件。

5）承办林业植物新品种保护参与国际公约事务，开展植物新品种保护国际合作交流工作。

6）负责局直属单位知识产权的管理工作并指导林业系统专利等知识产权管理工作。

7）提出林业转基因生物安全管理法规建议，参与制定林业转基因生物安全管理办法并监督贯彻执行，承担林业转基因生物安全管理工作。

8）参与森林认证管理法规的制订修改，承担森林认证评估、颁发证书、复评估、贴标签等具体工作，参与森林认证的国际合作。

9）开展林业科技成果转化和产业化的技术服务工作，建立示范样板，举办技术培训。

10）承办上级行政部门交办的其他事务。

5.国家林业局工业规划设计院的主要职能有哪些？

国家林业局工业规划设计院承担全国林业建设工程质量监督管理工作、全国林业产业各项发展规划和设计规范编制，以及湿地保护工程项目的技术审核、森林资源管理与检查、林业重大问题研究与政策制定、野生动物肇事核查、碳汇计量与监测、自然保护区规划、森林资源调查等方面的工作，并以劳务输出的方式每年向局有关部门派遣多名专业技术人员，提供相应的技术支撑。

在生产经营活动方面，主要承担全国林业、生态、产业的规划咨询设计任务，业务范围包括林产工业、生态工程、治沙工程等。

2.3 科研院所和林业院校

2.3.1 知名科研院所

1.中国林业科学研究院具有哪些职能？

中国林业科学研究院（简称中国林科院）是国家林业局直属的综合性、多学科、社会公益型国家级科研机构，主要从事林业应用基础研究、战略高技术研究、社会重大公益性研究、技术开发研究和软科学研究，着重解决我国林业发展和生态建设中带有全局性、综合性、关键性和基础性的重大科技问题。近半个世纪，在国家林业主管部门的正确领导下，为国家林业发展战略和林业重大工程提供了强有力的科技支撑，对加快林业发展、改善生态环境、维护生态安全、建设生态文明作出了重大贡献。

中国林科院所属 22 个研究所、中心，20 个共建单位，分布在全国 21 个省、直辖市、自治区，构成了布局合理、体系完整、实力雄厚的国家级林业科技创新体系。按气候带部署有林业研究所、亚热带林业研究所、热带林业研究所 3 个研究所及热带、亚热带、沙漠和华北4个林业实验中心；设有森林生态环境与保护、资源信息、资源昆虫、新技术、科技信息、木材工业、林产化学工业、林业机械9个专门研究机构；针对泡桐及经济林、桉树、竹子等中国特有或重要树种建立了泡桐、桉树和竹子3个研究开发中心。根据“三大系统、一个多样性”（森林生态系统、湿地生态系统、荒漠化生态系统、生物多样性）要求，组建了荒漠化所、湿地所研究所和盐碱地研究开发中心。中国林科院还与地方共建了20个研究机构，成为国家林业科技创新体系的重要组成部分。

2.河北省林业科学研究院的主要职能是什么?

河北省林业科学研究院隶属于河北省林业局，前身为河北省林业科学研究所，始建于1958年9月，2002年10月更名为河北省林业科学研究院。其主要职能：围绕林业生态建设和林业发展，从事河北省林业应用基础、林业社会公益事业发展研究，承担河北省林业资源开发利用、遗传育种及种苗标准化、生态林和经济林建设、森林资源保护和林果病虫害防治、林业经济等方面科学研究和技术服务业务，为河北省生态建设和林业经济发展提供科学技术支撑。

3.吉林省林业科学研究院的主要职能是什么?

吉林省林科院前身为吉林省林业试验研究所、吉林省林业科学研究所，成立于1956年2月，1992年正式定名为吉林省林业科学研究院。现与吉林省林业生物防治中心站合署办公。

吉林省林业科学研究院下设5个以科研为主的专业研究所，即林业、森林保护、森林工业、野生动物与湿地保护研究所、森林防火研究所；1个工程设计所，具有营林工程乙级设计资质；3个面向吉林省的技术服务部门，即林业土壤分析化验中心、林业科技信息中心、林产（商）品质量监督检验站；1个技术开发机构，即吉林省林产品工程研究中心；建有1个吉林省重点实验室。2006年吉林省林业厅批复该院加挂湿地与野生动植物监测管理站的牌子，承担吉林省的湿地与野生动植物资源的监测与管理职能。

4.福建省林业科学研究院的主要职能是什么?

福建省林业科学研究院（中国林业科学研究院海西分院）创建于1958年，原名福建省林业科学研究所，1996年更名为福建省林业科学研究院，隶属于福建省林业厅，业务上接受福建省科技厅指导。

福建省林科院是福建省林业行业专业较齐全、基础设施完善、学科配套较完善和科研能力较强的公益型综合性省级科研机构。下设6个研究所、2个研究中心和2个挂靠单位（林业生产力促进中心和中日合作福建省林业技术发展研究中心），建成部、省2个重点实验室。主要从事为福建省林业生产建设服务的林木遗传育种、森林培育、环境资源、森林生态、生物多样性保护、森林保护、竹类与花卉栽培、生物技术、林产化工、木材加工、林业机械及科技信息等方面的基础研究、应用研究和技术开发推广工作。

福建省林业科学院坚持为林业生产建设和可持续发展解决关键技术的研究方向，围绕制约林业发展的前沿技术和关键技术立项，瞄准林业热点和难点问题，组织一些具有超前性、综合性、关键性的重点项目联合攻关，每年承担国家、省部级各类科研课题 60 ～ 80 项。建院以来，累计获得各类科研成果 288 项，其中荣获国家、省部级成果奖 124 项。科技成果广泛应用于林业生产，取得了显著的经济效益、社会效益和生态效益。在南方主要造林树种良种选育、沿海木麻黄防护林培育、森林主要病虫害防治、森林生态等研究领域居国内先进水平。

2009 年年底，全院已先后建立一批研发机构和实验示范基地，为科技创新提供重要平台，主要包括国家林业局南方山地用材林培育重点实验室、福建省森林培育与林产品加工利用重点实验室、国家林业局林产品质量检测中心（福州）、福建省林产品质量检测中心等。

2.3.2 知名的林业类本科院校

1.北京林业大学的重点学科有哪些?

国家一级重点学科：林学。

国家二级重点学科：植物学、木材科学与技术。

国家重点（培育）学科：林业经济管理。

2.南京林业大学的重点学科有哪些?

国家一级重点学科：林业工程。

国家二级重点学科：生态学、木材科学与技术、林产化学加工工程、林木遗传育种、森林保护学。

3.东北林业大学的重点学科有哪些?

国家一级重点学科：林学、林业工程。

国家二级重点学科：植物学、生态学。

国家重点（培育）学科：林学、林业工程、植物学。

4.西北农林科技大学的重点学科有哪些?

国家二级重点学科：植物病理学、土壤学、农业水土工程、临床兽医学、果树学、动物遗传育种与繁殖、农业经济管理。

国家重点（培育）学科：作物遗传育种、农业昆虫与害虫防治。

2.3.3 知名的林业类专科院校

林业技术专业优势专科院校主要有云南林业职业技术学院、江西环境工程职业学院、辽宁林业职业技术学院、安徽林业职业技术学院、湖北生态工程职业技术学院、广西生态工程职业技术学院、甘肃林业职业技术学院、福建林业职业技术学院、黑龙江生态工程职业学院、湖南环境生物职业技术学院等。

林业技术专业职业技术与课程体系如图 2.1 所示。

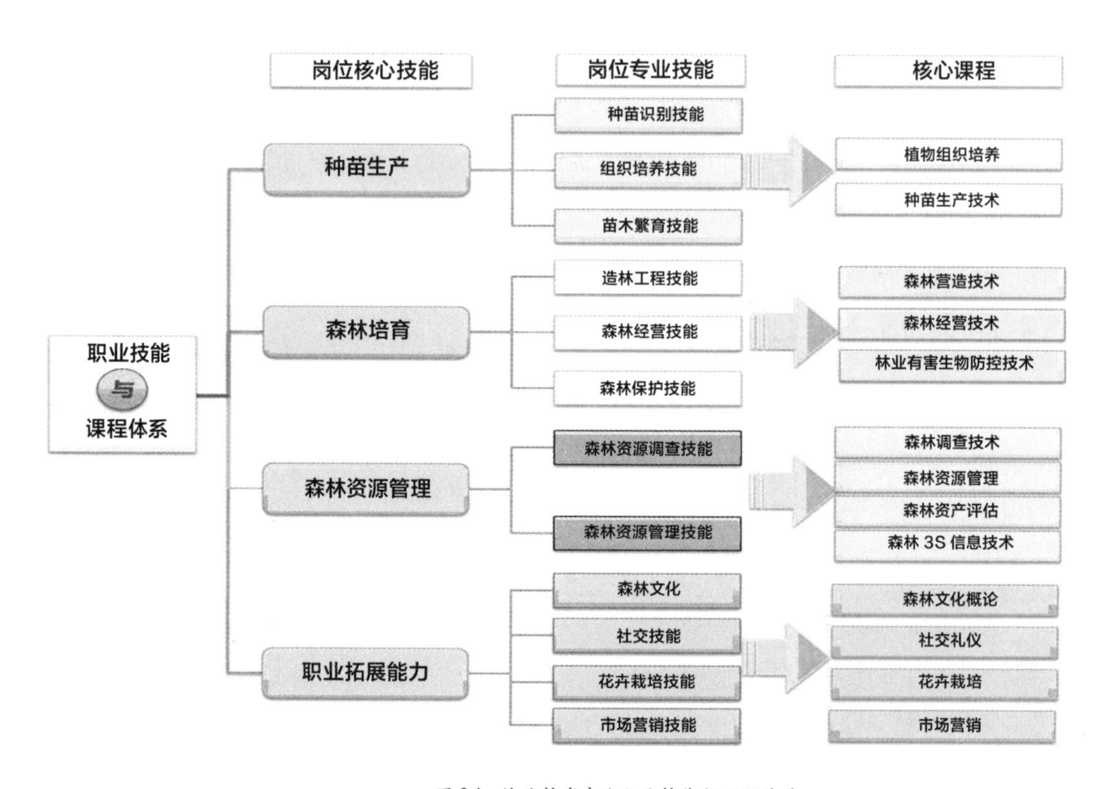

图 2.1　林业技术专业职业技能与课程体系

1.云南林业职业技术学院的林业技术专业特色是什么?

云南林业职业技术学院的林业技术专业是云南省级示范院校重点建设专业、省级特色专业、省级教学团队。该专业主要培养具有森林培育、森林资源调查与管理、森林保护、林业信息化技术应用等现代森林经营管理方面的知识和技能，面向林业行业基层实际需要、服务生产建设第一线的高端技能型人才。

毕业生主要在林业、农业、园林及城市绿化等单位从事种苗培育、森林资源调查、林业规划设计、森林营造管理、经济林栽培、森林病虫害防治、林业信息化技术应用及林业技术推广等方面的生产和管理工作。

2.伊春职业学院的林业技术专业特色是什么?

该专业是为伊春市 17 个林业局开设的定向培养专业，培养具有与我国现代林业建设要求相适应的、德智体美全面发展的、具有较强的综合职业能力、能够从事森林培育、森林资源调查与经营管理等方面工作的高等应用技术专门人才。

该专业毕业生主要面向苗圃林场、基层林业站、林业局、森林病虫害防治检疫等单位，从事育苗、造林、森林经营、森林保护、森林资源调查、规划设计及营林生产等技术工作。

3.杨凌职业技术学院的林业技术专业特色是什么?

该专业主要培养具有林业可持续发展的基本理论和实践技能，具有从事林业生产管理、林业行政执法、森林资源调查规划设计、森林资源经营与信息管理、森林保护与开发、森林生态工程监理等综合能力的高等技术应用性人才。

该专业毕业生主要面向各省地（市）、县林业局、林业中心、林场、苗圃、园林公司、林业技术推广站、水土保持局（站）及环境保护局（站）等单位。

4.广西生态工程职业技术学院的林业技术专业特色是什么?

该院林业技术专业是广西高校优质专业、广西示范性高等职业院校重点专业。林业技术实训基地为中央财政支持建设的实训基地和广西示范性实训基地。主要培养现代林业生产、建设、服务和管理第一线需求等方面的高技能应用型人才。

毕业生主要在林业部门、企事业单位、外资公司等从事森林资源管理、森林资源监测、林业调查规划设计、森林培育、林木种苗、森林保护、林业项目评估、森林经营作业设计等工作。

5.福建林业职业技术学院的林业技术专业特色是什么?

该专业培养具备良好生态意识，掌握森林生物学基础理论和技术，从事现代生态规划、现代化林木良种选育、苗木生产与经营、森林培育、森林病虫害防治与检疫、森林资源管理及野生植物资源开发利用方面的高级技术技能型人才。

该专业毕业生主要面向营林公司、园林苗圃、林业局（站、场）、林业规划院、森林公园、自然保护区、森林资源资产评估机构等单位，从事林业经营管理、生态环境保护、森林旅游资源开发、森林资源管理与监测等技术与管理工作。

2.4 林业专业协会

1.目前主要的林业技术协会有哪些?

中国林业产业协会是由国内从事森林培育、林木种苗、林特产品采集加工、木材生产、人造板、林产化工、木浆造纸、林业机械、森林旅游、森林食品和药材等国有、集体、民营、股份制、合资的生产、经营、科研、教学具有独立法人资格的企事业单位、社会团体及个人自愿组成的非营利性的行业性社会团体。协会的具体业务由国家林业局归口管理。

中国林业工程建设协会是由国内从事林业工程建设的调查、监测、规划、勘察、咨询、设计、施工、监理、科研、教学等企事业单位和人员自愿组成的全国性、行业性、非营利性社会团体。

此外各省也有类似的林业协会，如河北省林业产业协会、河南省林业工程建设协会等。

2.中国经济林协会的业务范畴有哪些?

参与相关法律法规、宏观调控和产业政策的研究、制定，参与制订或修订经济林行业标准和发展规划、准入条件，完善管理，促进发展；协助调查研究经济林的现状、问题和发展趋势，反映行业发展动态和需求，向业务主管部门提出意见和建议；协助业务主管部门总结交流经济林生产建设的经验，开展经济林的生产、加工、储运、供销之间的经济技术协作与联合；推广新品种、新工艺，提高经济林产品质量和效益；受政府有关部门委托，参与经济林行业资质认证，组织开展经济林优质产品评审和名特优经济林之乡认定工作；组织人才、技术、管理、法规等培训，开展法律、政策、技术、管理、市场等咨询服务，帮助经济林经营者提高素质，增强创新能力，改善经营管理；组织开展国内外经济技术交流与合作，受政府委托承办或根据市场和发展需要举办交易会、展览会等，为经济林经营者开拓市场创造条件；依照国家法律和政策规定，开展其他符合协会宗旨的业务；承办国家林业局和其他单位委托的事宜。

3.国际竹藤中心是什么样的机构?

国际竹藤中心是经科技部、财政部、中央编办批准成立的国家级非营利性科研事业单位，正式成立于2000年7月，隶属于国家林业局。其成立的宗旨是通过建立一个国际性的竹藤科学研究平台，直接服务于第一个总部设在中国的政府间国际组织——国际竹藤组织，支持和配合国际竹藤组织履行其使命和宗旨，以使我国更好地履行《国际竹藤组织东道国协定》，推动国际竹藤事业可持续发展。

国际竹藤中心是立足国内、面向世界的以竹藤科学研究为主的科研、管理与培训机构，其主要职责和任务：组建包括竹藤生物技术、材性及加工利用等在内的国家级重点开放实验室，建立世界竹藤基因库；开展有关竹藤资源保护、培育、材性研究、开发利用等方面的国际科技合作交流，建立开放型国际竹藤科研体系；与中国林业科学研究院合作组建研究生院，培养相关领域的高级专业人才；面向国际竹藤组织各成员国，制定和组织实施国际竹藤科学研究战略，开发推广高效竹藤综合利用技术；建立现代化的国际竹藤科技信息网络，为国内外提供相关科技咨询、论证、评估等服务；承担相关的国际培训、学术交流及宣传工作；负责国际竹藤组织总部大楼和国际竹藤网络中心重点开放实验室、培训中心的综合管理工作。

4.中国林业工程建设协会的业务范围有哪些？

1）开展调查研究，探讨林业建设行业发展理论，宣传和贯彻国家相关政策、办法和行业法律法规，反映林业工程建设行业在不同时期遇到的难点和热点问题，向政府寻求政策支持并为政府决策提供参考依据。

2）开展林业工程建设行业诚信体系建设，建立健全林业工程建设的行规行约，完善自律性管理约束机制，规范会员行为，维护公平竞争的市场环境，执行有关法令，维护会员单位的合法利益。

3）受业务主管部门委托，承办林业工程建设标准、规程、规范的编制、修订和宣贯培训工作。

4）受政府部门委托，开展有关林业工程的调查监测、工程咨询、勘察设计、工程建设监理等资质审核及注册监理工程师、注册咨询工程师等继续教育培训工作。

5）受业务主管部门委托，组织开展适应市场需求、符合林业工程建设行业特点的工程创优、争先、奖励的评审活动。具体承办林业行业的调查规划、工程咨询、勘察设计、施工项目及 QC 小组等方面的评优工作；协助承办林业行业的调查规划、工程咨询、勘察设计及建设工程的统计工作；开展林业建设项目相关的认证、评估和鉴定工作。

6）受业务主管部门委托和应有关单位要求对林业行业重大的投资、改造、开发项目进行前期论证。

7）协调会员单位间的技术、经济、劳务合作和经营管理等工作。

8）组织开展国内外工程技术、林业建设管理经验交流与技术合作活动；向会员单位提供技术经济信息、市场信息服务；办好协会网站；编辑出版《林业建设》期刊。

9）组织林业建设领域人才、技术、职业、管理、法规等讲座、培训、研讨，为会员单位优秀人才的成长创造良好的环境和条件。

10）承办业务主管部门及其他社会团体委托的相关业务或有关部门交办的工作。

5.怎样申请成为林业工程建设协会会员?

会员入会程序如下。

1）提交入会申请书，填写“会员登记表”，由秘书处审查。

2）经理事长会议讨论通过。

3）由理事会或理事会授权的机构发给会员证。

6.中国林学会的业务范围有哪些?

组织开展国内外学术交流，活跃学术思想、促进学科发展；大力推进林业科学技术的普及与推广，传播科学思想和方法，开展青少年林业科技教育活动；开展对外民间国际交流与合作，加强同国外林业团体和林业工作者的友好往来；办好《林业科学》《森林与人类》《中国林学会通讯》杂志;开展林业继续教育工作;发现并举荐林业科技人才;对优秀的科技成果、学术论文、科普作品、工作建议和学会先进工作者予以表彰奖励；组织重大林业科技及林业建设问题的论证、考察，开展林业科技咨询服务，接受委托进行林业技术项目论证，组织科技成果鉴定、专业技术职务资格评定，组织科技文献和技术标准的编写；代表和维护林业科技工作者的正当权益，反映他们的意见和呼声。

7.中国花卉协会是怎样的组织机构?

中国花卉协会（简称中国花协），它是在全国人大常委会前副委员长陈慕华的倡议下，于1984年11月1日成立的。该团体是由花卉及相关行业的企业、事业单位、社会团体和个人为达到共同目标自愿组成的全国性非营利社会组织。其宗旨：遵守宪法、法律、法规和国家政策，遵守社会道德风尚；按照社会化、市场化原则，建立和完善行业自律机制，维护会员合法权益；发挥“组织、协调、引导、服务”等桥梁纽带作用，为政府提供咨询，为会员和行业发展提供服务；优化资源配置，促进花卉产业转型升级，发展现代花卉产业；为发展城乡经济，增加人民收入，推进生态文明、建设美丽中国服务。

2.5 涉林企业

1.什么是市场主导型林业科技服务?

市场主导型林业科技服务是指，企业或部分私营部门，通过市场方式，将一些具有明显竞争性或排他性的林业科技服务有偿提供给农户。这种模式所提供的林业科技服务为经营性服务，是以市场为主导的，如“企业＋农户”模式、“企业＋专业合作组织＋农户”模式、“企业＋生产基地＋农户”模式。这种模式是以市场需求为导向，企业和农户之间通过订立合同，明确规定双方的权利和义务，在生产过程中，公司为农户提供技术、加工、市场信息等服务，并收取一定费用或对生产出的产品进行统一收购，农户以林权抵押或出资入股等多种方式参与进来，运行图见图 2.2。这种模式的实现不仅要求参与者具有较高的文化素养，具备较强的市场判断能力，同时还需要政府完善的政策予以支撑，维护双方合法权益，最终建立稳定的合作机制。它的优点在于注重市场驱动和产业带动作用，能有效地实现地方优势资源的规模化经营和产业化发展，提高资源利用效率，最终实现农民增收致富和地区经济发展。但这种模式也存在一定的局限性，如企业的投资能力有限，并且这种运行机制容易受到市场波动的影响。因此，为维持这种模式的有效运行，部分地区政府给予了政策和资金支持。如安徽省青阳县投资 230 万元用于建设竹林产业化基地，通过将林业企业建设和基地建设相结合促进地方竹林产业发展，带动农民增收。

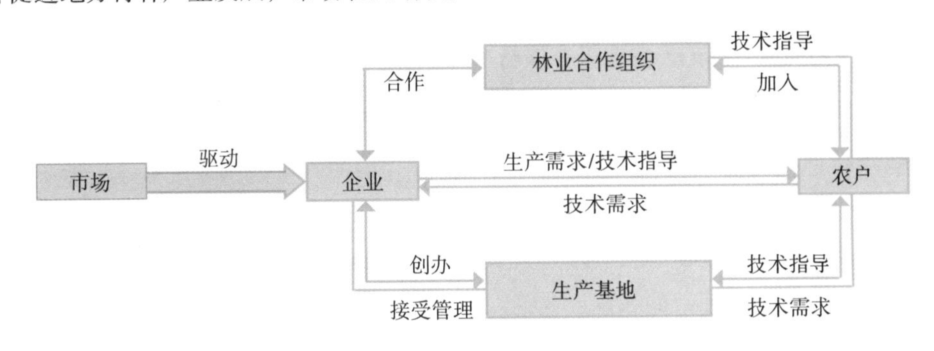

图 2.2　市场主导型科技服务模式

2.国家认定的林业重点龙头企业有哪些？

国家林业局首批认定国家林业重点龙头企业 128 家，分为木竹加工、林产化工和木本粮油 3 类。详细国家林业重点龙头企业名单请见国家林业局公示公告（http://www.forestry.gov.cn/main/198/content-669628.html）。

推动林业龙头企业的发展，应该从本地区林业发展的实际情况出发，结合相应的区域特征和资源优势，明确主导产业，推动林业领头企业稳定健康发展，在企业与林农之间，签订相应的产业销售合同，建立起完善的生产、加工、运输、销售一条龙的服务体系。

3.大亚科技集团有限公司的主要业务有哪些？

大亚科技集团有限公司始建于 1978 年，是国家 520 家重点企业之一、国家高新技术企业。2004 年，大亚集团获批农业产业化国家重点龙头企业。

大亚集团目前拥有包装、木业、IT 三大产业和汽配业务，主导产品有超薄型铝箔，各类高档包装基材、高档彩色印刷制品、人造板、三层实木复合地板、强化地板、家具、宽带网络接入设备等，拥有“大亚铝业”“大亚滤材”“大亚科技”等知名品牌，产销规模和经济效益长期处于行业领先地位。

4.浙江森禾种业股份有限公司的主要业务有哪些?

浙江森禾种业股份有限公司成立于2000年，是以盆栽花卉和绿化苗木等观赏植物的新品种选育扩繁、新技术开发应用、新产品生产销售、新作品示范推广为主业的科技型股份制企业，致力于引领、推动中国花卉园艺和园林绿化的产业化、现代化进程，追求成为中国民族花卉产业的旗手。

公司先后获得“国家级高新技术企业”“全国花卉生产示范基地”“中国管理学院奖十佳创新企业奖”“中国生态小康建设十大贡献企业”“中国（行业）十大创新品牌”等荣誉称号。2010年，公司被评为“全国十佳花木种植企业”第一名、荣获“国际年度种植者”银玫瑰奖，成为全球五佳花卉企业第二名。

5.圣象集团有限公司的主要业务有哪些?

圣象集团成立于1995年，总部位于上海，多年来圣象始终站在行业的前列，并以其“专业品质，值得信赖”的品牌核心价值和“用爱承载”的品牌理念，树立了一个又一个标杆，引领着整个行业的发展。

圣象完成了全球一体化产业链布局，建立一条完善的、涵盖林业资源、基材、工厂、研发、设计、营销、服务7大环节的绿色产业链，并形成了全面品质自控体系。通过全球化合作，圣象将世界先进的技术与工艺带到中国，在三层实木与多层实木两个创新品类上建立了技术优势。

2.6 期刊、网站和书籍

2.6.1 国内林业科学技术方面的优秀期刊

1.《林业科技通讯》的特色是什么?

《林业科技通讯》创办于1958年，由中国林业科学研究院林业科技信息研究所主办，原名《林业实用技术》，国内统一刊号为CN10-1258。该刊以为生产第一线提供实用技术服务为宗旨，及时全面系统地报道林业先进的实用技术、科技、经济和市场信息，是广大林业企事业单位、林业科技工作者、农林及师范院校和广大农林生产第一线的人员向国内外展示、宣传自身科研成果、新技术、新产品的良好平台，也是广大林农脱贫致富，奔小康的向导和信息源泉。2004年，期刊开辟了林果花药、良种壮苗、名特优新、特种养殖、致富向导、市场信息、多种经营、采储加工、新品种介绍、专家咨询、专题讲座、经验点滴等众多栏目，全方位重点报道林果种苗、花卉栽培、病虫害防治、林副特产、多种经营、林产品采收加工及综合利用、造林绿化、森林保护、生态建设等多方面的实用技术和市场信息；同时刊登国内外林木种苗、花卉、林产品、林副特产、农药、化肥、生长素、保水剂产品及苗圃微喷灌、造林、园林、抚育、采收等专用机具；干鲜果品加工、保鲜设备及农林仪器、仪表等产品广告宣传。

2.《林业建设》的特色是什么?

《林业建设》由中国林业工程建设协会。国家林业局昆明勘察设计院主办，国内统一刊号为 CN53–1113。该刊主要宣传党和国家有关林业建设的方针、政策和法规，介绍林业行业工作动态和发展面貌，沟通国内外林业建设行业信息，报道林业建设的勘察、设计、咨询、监理、施工、生产、科研、教学等方面的基础理论、政策及管理经验和先进的应用技术，探讨林业建设的热点、难点重点问题。同时，该刊是国家林业局指定的林业工程建设标准、规范局部修订的刊物，是国内唯一全方位报道林业工程建设信息并具有权威性和指导性的大型综合性科技类期刊，是国家林业局、中国林业工程建设协会及其会员单位信息交流和宣传的窗口。办刊宗旨：服务林业工程建设管理，推动林业工程建设发展，交流林业工程建设信息，培养林业工程建设队伍。

3.《森林与人类》的特色是什么?

创刊于 1981 年的《森林与人类》杂志，是中国第一家大众绿色科普期刊。2002 年，《森林与人类》杂志社被中宣部、科技部和中国科协联合授予“全国科普先进集体”称号。《森林与人类》于 2004 年改为全彩色铜版纸印刷，改版后的《森林与人类》在三个维度上全面开展工作：关注生态安全，加强舆论监督；建立交流平台，拓展国际视野；倡言环境伦理，弘扬生态文化。《森林与人类》由中国绿色时报社、中国林学会主办，国内统一刊号为 CN11–1224。

2.6.2 国内林业科学技术方面的网站

1.怎样获取林业技术信息?

可以直接进入各省林业技术推广网站获取林业技术信息。几个主要林业大省的林业技术总站汇总如下。

1）广西壮族自治区林业厅：http://www.forestry.gov.cn/GX.html

2）福建省林业厅：http://www.forestry.gov.cn/FJ.html

3）海南省林业厅：http://www.forestry.gov.cn/HI.html

4）云南省林业厅：http://www.forestry.gov.cn/YN.html

5）吉林省林业厅：http://www.forestry.gov.cn/JL.html

也可以先进入中国林业网 http://www.forestry.gov.cn/，在网站首页通过世界林业、国家林业、省级林业、市级林业、县级林业等一系列纵向网站进入，方便快捷。

2.怎样找到国家林业站群?

先进入中国林业网 http://www.forestry.gov.cn/，在“国家林业”一项中可以找到国家林业站群。通过该站群可以访问不同的协会和部门网站，如图 2.3 所示。

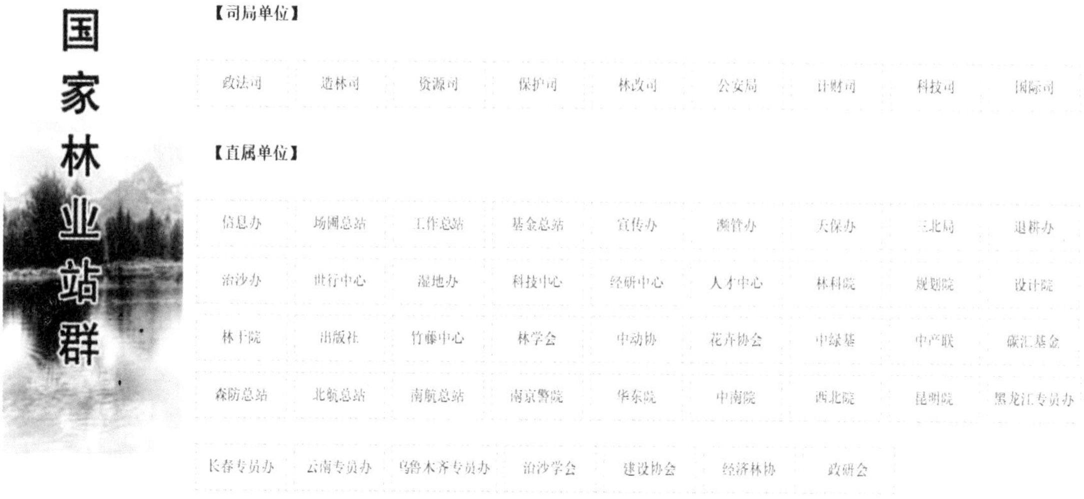

国家林业站群

【司局单位】

政法司 造林司 资源司 保护司 林改司 公安局 计财司 科技司 国际司

【直属单位】

信息办 场圃总站 工作总站 基金总站 宣传办 濒管办 天保办 三北局 退耕办
治沙办 世行中心 湿地办 科技中心 经研中心 人才中心 林科院 规划院 设计院
林干院 出版社 竹藤中心 林学会 中动协 花卉协会 中绿基 中产联 碳汇基金
森防总站 北航总站 南航总站 南京警院 华东院 中南院 西北院 昆明院 黑龙江专员办
长春专员办 云南专员办 乌鲁木齐专员办 治沙学会 建设协会 经济林协 政研会

图 2.3 国家林业站群

3.上海市林业技术网能提供哪些信息?

上海市林业总站（http://www.linye.sh.cn）隶属于上海市绿化和市容管理局（上海市林业局），1979 年经市编委批准成立，是集行政管理、行政执法和林业技术推广于一体的全额事业单位，加挂上海市林业病虫防治检疫站、上海市林木种苗管理站两块牌子，实行“三块牌子、一套班子”管理组织结构图如图 2.4 所示。

依据《中华人民共和国森林法》《中华人民共和国种子法》《中华人民共和国农业技术推广法》《植物检疫条例》《植物新品种保护条例》和《上海市绿化条例》等法律法规和机构“三定”，行使行政执法、行业管理和林业推广三大职能。

行政执法职能包括：林业法律法规、政策的宣传贯彻；绿化林业有害生物检疫行政案件的查处；绿化林业植物及其制品的产地检疫、工程复查和调运检疫、国外植物引种检疫审批的行政许可；林业种苗生产证、经营许可证办理及后续监管；林木良种审（认）定；打击制售假冒伪劣林木品种和违反林木新种行为；受上海市绿化和市容管理局（上海市林业局）委托的全市造林核查、林地征占用与林木采伐执行情况检查、木材出省运输审批。

行业管理职能包括：林业有害生物监测预报、防治救灾与突发事件的应急处置；森林资

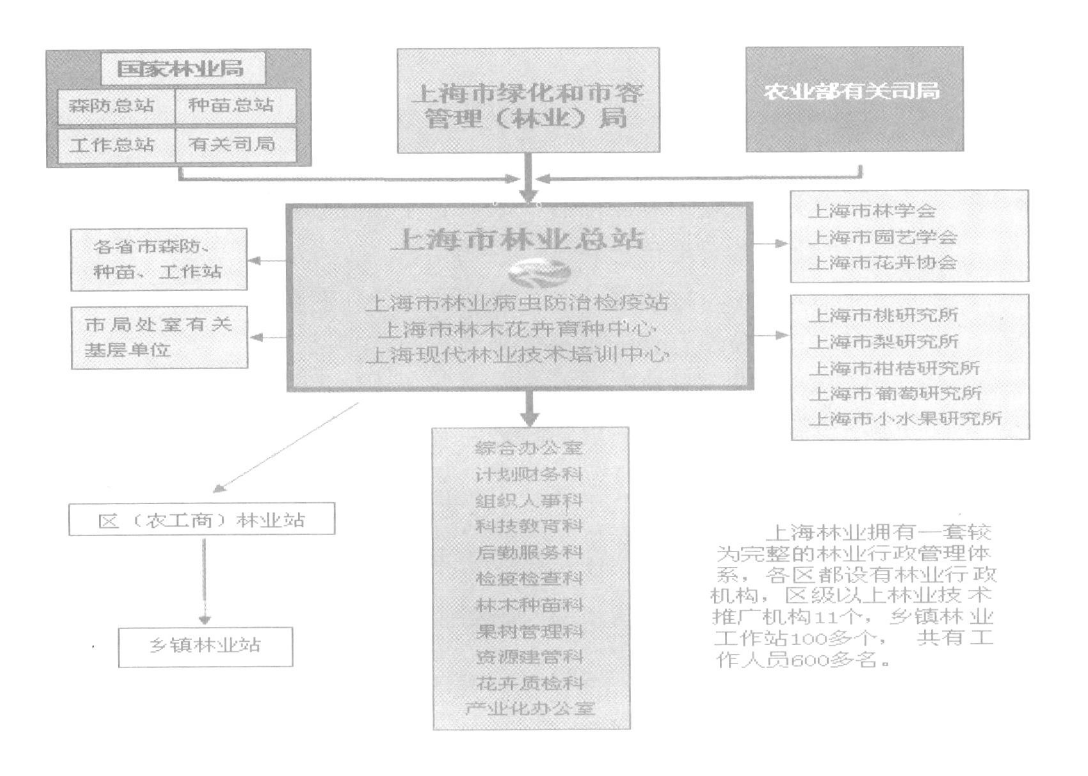

图 2.4　上海市林业总站组织结构

源生态功能观测与评价；森林资源年度消长动态监测、资源调查与核查、林业规划设计；林木种质资源收集保护、种苗质量检测与监督、种苗行业管理；果树花卉行业管理、果品安全生产监管；林业管理体系建设和林业行业工种技能鉴定；森林资源保护与利用、林业产业培育与开发。

林业技术推广职能包括：森林抚育技术推广；新优种苗引进筛选；果树品种栽培技术推广；林果花育种。

4.中国森防信息网能提供哪些信息?

国家林业局森林病虫害防治总站（http://www.forestpest.org），协助主管司局负责全国林业有害生物防治工作的行业管理，指导各地开展林业有害生物的监测预报、检疫检验、防治救灾及突发事件的应急处置，组织开展行业宣传、人员培训和科研推广等项工作。2005 年，国家林业局又在该站成立了野生动物疫源疫病监测总站，负责全国野生动物疫源疫病监测工作。

中国森防信息网提供了全面而丰富的工作链接（如图 2.5 所示），方便林农查阅。

工作链接

法律法规	测报办法
有害生物动态	测报绩效考核
国家级中心测报点	有害生物数据库
防治管理信息系统	防治技术
防治目标管理	鼠兔害协作网
检疫性有害生物	检疫技术标准
药剂药械协作网	森防工作简报
《中国森林病虫》	生物生态摄影
科研成果	技术服务窗口
知识集锦	人才库
疫源疫病监测体系	疫源疫病管理
野生动物疫病知识	野生动物疫情

图 2.5　中国森防信息网工作链接

5.国家林业局林业工作站管理总站有哪些主要职能？

国家林业局林业工作站管理总站的网址为 http://lygzz.forestry.gov.cn，其主要职能如下。

1）拟定有关建设和管理林业工作站建设管理的政策、法规、制度，并组织实施和监督执行。

2）组织编制基层林业工作站建设发展规划、年度计划。

3）指导基层林业工作站建设工作，配合有关部门监督专项经费的使用。

4）负责基层林业工作站人员培训的宏观管理，制定指导性规划、计划和教学大纲。

5）配合有关部门开展集体林区生态建设。

6）组织、指导基层林业工作站社会化服务体系建设。

7）指导、协调基层林业工作站加强基地建设，开展多种经营。

8）协助有关部门解决基层林业工作站的人员编制和体制改革工作。

9）组织制定基层林业工作站的职责、规范和标准，督促检查其贯彻执行情况。

10）了解掌握基层林业工作站建设情况，组织基层林业工作站建设的检查验收工作，组织推广先进经验。

11）配合有关部门管理与指导集体林区的森林资源、林政管理，抓好改灶节柴工作。

12）指导、协调基层林业工作站抓好森林防火、病虫害防治、野生动植物保护和林政执法工作。

13）负责全国林政案件稽查工作。

14）负责全国林权和林地纠纷调解处理工作。

15）负责集体林区护林员工作的指导与宏观管理。

16）负责乡村集体林场工作的指导与宏观管理。

17）负责指导基层林业工作站的精神文明建设工作。

18）承办国家林业局党组与领导交办的其他工作。

除了提供图 2.6 中的相关板块之外，全国乡镇林业工作站还提供了岗位培训在线学习平台和林业工作站本底数据报表管理系统。

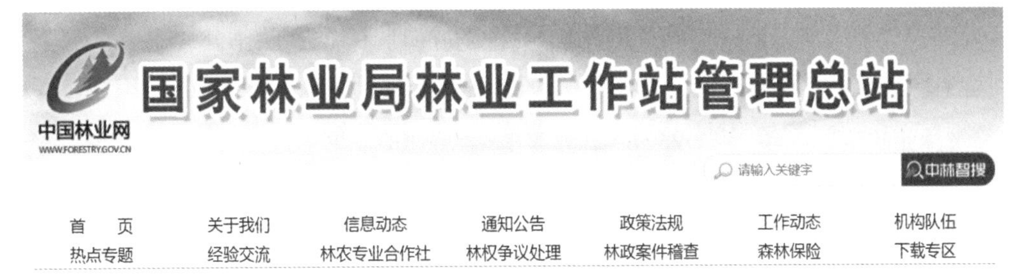

图 2.6　总站首页

6.国家林业局知识产权研究中心的主要职能是什么？

国家林业局知识产权研究中心（http://www.cfip.cn）是经国家林业局批准，在国家林业局科技发展中心指导下，依托中国林业科学研究院林业科技信息研究所成立的非法人研究机构，主要从事林业知识产权相关问题研究和信息咨询服务工作。

其主要职能为开展林业知识产权发展战略与政策研究，构建林业知识产权公共信息服务平台，跟踪国内外林业知识产权动态，开展林业重点领域知识产权预警机制研究，从事林业知识产权宣传与技术培训，开展国内外合作交流与人才培养，提供林业知识产权信息咨询服务。

2.6.3 适合农民阅读的林业基础相关书籍

1.《现代森林培育理论与技术》

由翟明普主编的《现代森林培育理论与技术》主要内容包括绪论和三个主体部分。绪论，主要介绍森林培育学的产生与发展，森林培育学的研究内容和任务；森林培育技术的现状、发展趋势与展望。第一部分，种子生产和苗木培育技术介绍种子园、母树林、采穗圃等良种基地建设与经营技术，种子加工、储藏以及调拨技术，大田裸根苗和容器育苗、扦插育苗和组培育苗、大棚育苗和温室工厂化育苗技术；第二部分，人工造林技术介绍森林立地生产力维持与提高、林分密度控制、基于生态服务功能的整地技术，以主导作用为核心、充分发挥森林多种效益的人工林营造技术，不同用途人工造林新技术等；第三部分，森林抚育与更新介绍森林抚育和森林更新理论与技术。

2.《林业实用育苗技术》

《建设社会主义新农村科技丛书》涵盖了种植、养殖、林果、土肥、植保、设施农业、农副产品加工、经纪人培养等专业的实用新技术，努力用通俗的语言，把最新的优良品种和实用技术撰写出来，提供给农户。编写中，尽量做到介绍的技术具体、完整，可操作性强，可以比照操作。为了便于广大农民尽快掌握这些实用技术，加深对问题的理解，该书还比较注意介绍一些基础知识。在侧重介绍新技术、新品种时，也适当地介绍一些常规性的目前还不能被完全替代的优良品种和实用技术。

3.《林业政策与实用技术：96355 林业服务热线 1000 例》

全书分为上、下两篇。上篇包括林业执法、林政资源管理、造林绿化种苗管理、林地林权管理、野生动植物保护、森防检疫、森林防火、林业科技管理等有关的林业法律法规政策，下篇包括林木种苗培育、用材林培育、竹林培育、生态公益林培育、珍贵树种培育、经济林培育、森林病虫害防治、林业灾后恢复技术等林业实用技术。该书所涉及的相关法律、法规及规范性文件以 2009 年 8 月以前正式发布的为准。该书内容丰富，实用性强，通俗易懂，适合林业管理人员、科技推广人员、林农使用，是一部服务林农、服务林业、服务林改的工具书。

第3章 苗木种植抚育技术

第 3 章　苗木种植抚育技术

3.1 种苗繁育技术

3.1.1 种子休眠

1.林木开花结实需经历哪些重要时期?

林木开花结实需经历花芽分化期、开花期和结实期。花芽分化期是林木开花结实的基础。开花期是植物生活史上的一个重要时期。结实期时受精卵发育成种实的过程。木本植物从开花到结实依次经历传粉、受精及种实发育几个过程。

2.林木开花结实有哪些特点?

1）被子植物和裸子植物开花结实有着很大区别。

2）与草本植物相比，木本植物从花原基形成到种子成熟要经历较长的发育时期。

3）树木达到开始开花结实的年龄，比其他植物晚，并且树种之间差异悬殊。

4）多年生多次开花结实（竹子例外)。

3.种子休眠的种类及原因是什么?

(1) 种类

1）强迫休眠：由于种子得不到发芽所需的温度、水分和氧气，致使种子呈休眠状态。

2）深休眠：种子成熟后，不加特殊处理，即使处于适宜的发芽条件，也不能发芽，或须经一段较长时间后，才能发芽，如乌桕、香榧。

(2) 深休眠的原因

种子坚硬、致密或具蜡质、革质，使种皮不易透水、透气或产生机械的约束作用，阻碍种胚向外伸长，如油橄榄、樱桃、山楂；果实或种子内有萌发抑制物存在，如挥发油、生物碱、有机酸、酚、醛等存在于种子的子叶、胚乳、种皮或果汁中，如核果类、葡萄；种胚未发育完全，如香榧种子、银杏。

3.1.2 种实调制

1.林木种子产量预测方法有哪些?

林木种子产量预测为制订采种计划、做好采种准备、种子储藏、调拨和经营提供科学依据。目前生产上正逐步建立一整套林木结实预测预报体系，其内容包括：林木结实量预测（在果实近熟期进行）、预测方法（可选用目测法、标准地法、平均标准木法、标准枝法、可见半面树冠球果估计法等）、预测结果（按树种、采集地区、采集林类别）填写、预测结束将结果逐级上报。

2.什么是种实调制?

种实调制是指种实采收后，为获得纯净、易于储藏、运输和播种的优质种实，所采取的脱粒、干燥、净种和种粒分级等技术措施的总称。

3.如何将林木果实分类?

依照不同的果皮质地可将果实分为肉质果及干果两大类。干果又可以分为裂果和闭果。肉质果果实成熟后肉质多汁，主要由柔软、多汁的组织构成的果实，如桃、李、杏、苹果、梨等。裂果是指一般为植物成熟后，果实崩裂或开裂射出的植物现象，常见植物有黄槐、洋紫荆等。闭果是干果的一个分类，是指果皮没裂开的成熟干果，如榆树、臭椿、栗子、榛子等。

4.种子调制的常用方法有哪些?

(1) 闭果类

成熟后不开裂，直接作为播种材料的果实，可以摊放在清洁干燥的通风处晾晒。安全含水量高、容易丧失生命力的只能适当阴干，直至含水量降到符合 GB 7908 的要求。采用风选、手选、筛选去杂净种。

(2) 裂果类

1）自然干燥脱粒。将果实摊放在清洁干燥的通风处晾晒，经常翻动，根据果实特性适当施加外力促进脱粒。马尾松球果可以晾晒前适当堆沤。

2）人工加热干燥脱粒。多用于球果类。含水量较高的球果在放入烘干室（窑）前应予预干。预干时，温度不得超过 35℃。人工加热干燥应控制温度。净种采用风选、手选、筛选等方法。

(3) 肉质果类

1）堆沤淘洗：堆沤后及时淘洗、脱粒、阴干。

2）碾压淘洗：碾压后及时淘洗、脱粒、阴干。

3）净种采用水选、手选、筛选等方法。

3.1.3 种子储藏

1.种子储藏前应做好哪些准备?

根据种子特性和储藏目的，储藏方法可分为干藏和湿藏。无论采用哪种方法，种子入库前都必须净种，测定种子含水量。对含水量过高的种子要进行干燥处理;使其符合储藏标准。为防止病虫害，入库前应对种子消毒。

2.什么是种子的干藏?

将充分干燥的种子，置于干燥环境中储藏称为干藏。该方法要求一定低温和适当的干燥条件，适合于安全含水量低的种子，如大部分针叶树和杨、柳、榆、桑、刺槐、白蜡、皂荚、紫穗槐等。干藏又根据储藏时间和储藏方式分为普通干藏和密封干藏。

1）普通干藏。将充分干燥的种子，装入麻袋、箩筐、箱、桶、缸、罐等容器中，置于低温、干燥、通风的库内或普通室内储藏。大多数针叶、阔叶树种的种子都是短期（如秋采冬储春播）储藏。

2）密封干藏。将充分干燥的种子，装入已消毒的玻璃瓶、铅桶、铁桶、聚乙烯袋等容器中，密封储藏。

长期储藏大量种子时，应建造种子储藏库。多数研究都表明，低温冷藏是种子储藏的最佳环境，但是，低温库的建设通常投资较大，技术要求高，电源要有保障，常年运转费用昂贵。目前，四川省已建有国家投资的林木种子低温库 1 座，可储存种子 10 万千克。

3.什么是种子的湿藏?

湿藏是将种子置于湿润、适度低温、通气的条件下储藏。适用于安全含水量高的种子，如壳斗科、七叶树、核桃、油茶、檫树等树种。一般情况下，湿藏还可以逐渐解除种子休眠，为发芽创造条件。所以一些深休眠种子，如红松、桧柏、椴树、山楂、槭树等，也多采用湿藏。湿藏的具体方法很多，主要有坑藏、堆藏和流水储藏等。不管采用哪种湿藏法，储藏期间要求具备以下几个基本条件：① 经常保持湿润，以防种子失水干燥；② 温度以 0 ～ 5℃为宜；③ 通气良好。

(1) 坑藏法

坑的位置应选在地势高燥，排水良好，背风和管理方便的地方。坑宽 1 ～ 1.5 m，长度视种子数量而定。坑深原则上应在地下水位以上、土壤冻结层以下，一般为 1m 左右。储藏时先在坑底铺一层厚 10 ～ 15 cm 的湿砖、卵石或粗沙，再铺一层湿润细沙，在坑中每隔 1 m

距离插一束秸秆或带孔的竹筒，使其高出地面 30 cm 左右，以便通气。然后将种子与湿沙按 1 : 3 的容积比混合，或种沙分层放在坑内，一直堆至距坑沿 20 ～ 40 cm 为止，上面覆一层湿沙。沙子湿度约为饱和含水量的 60%，即以手握成团不滴水，松手触之能散开的程度。最后覆土成屋脊形，覆土厚度应根据当地气候条件而定，且随着气候变冷而逐渐加厚土层。为防止坑内积水，在坑的周围应挖好排水沟。鼠害严重地区注意防鼠。

(2) 堆藏法

可室内堆藏也可露天堆藏。室内堆藏可选择空气流通、温度稳定的房间、地下室、地窖或草棚等。先在地面上浇一些水，铺一层 10 cm 左右厚的湿沙。然后将种子与湿沙按 1 : 3 的容积比混合或种沙分层铺放，堆高 50 ～ 80 cm、宽 1 m 左右，长视室内大小而定。堆内每隔 1 m 插一束秸秆，堆间留出通道，以便通风检查。

(3) 流水储藏法

对大粒种子，如核桃、栎类，在有条件地区可以用流水储藏。

3.1.4 经济林引种驯化

1.经济林良种选育的标准和目标是什么?

1）良种标准。当前首先是优质、高产、稳产，其次是抗逆性以及其他经济性状，如板栗要求耐储藏，枣要求加工性好等。

2）育种目标。① 抗性育种：抗病虫、抗寒、抗旱。② 株型育种：选育矮化品种和矮化砧。③ 生理育种：“高光效育种”。

2.经济林引种驯化的意义是什么?

其一是对自然界现有基因资源的直接利用，是多、快、好、省地改良品种的途径；其二可以改变现有树种布局，丰富本地树种资源，扩大本地树种基因，改善群落结构和林木组成，补充生物区系成分，丰富景观内容和生态系统。

3.经济林引种驯化应满足的条件有哪些?

1）经济效益超过当地树种或品种。

2）产品质量较当地树种或品种好。

3）能提供当地树种或品种不能提供的珍贵品种。

4）能比当地树种或品种更好地改善当地栽培植物环境。

5）采用合理的经营措施时，能比当地树种或品种更好地在不利的森林植物条件下生存和发育。

6）新树种或新品种的某些特殊的优良性状，为育种所需要，作为基因资源。

4.经济林引种驯化成功的关键是什么?

1）原产地和引种地现实生态条件的一致或相似。

2）被引入树种历史生态条件和引入地区生态条件的一致或相似。

3）动摇引入树种的遗传性，使适应引入地区新的生态条件。

4）采取合理的栽培措施，适地适树、适种源、适品种，反对盲目引种。

3.1.5 种苗繁育案例：柠条、花棒种子包衣技术

内蒙古、宁夏、甘肃、青海、陕西、山西、河北和辽宁等干旱、半干旱地区柠条、花棒种子的飞播或直播造林，通常采用种子包衣技术。通过种子包衣技术，一是将种子“增重”，达到种子原重的 3 ～ 6 倍，从而增加飞播种子的命中率；二是保水，通过在种子“外衣”中放入吸水树脂等保水剂，使它们能在沙漠里将自身重量 100 倍的水分吸附到种子根系周围；三是避害，为了让种子免遭鸟鼠吞食，在种子的“外衣”内还要特别加入驱避剂，使它们敬而远之；四是适时崩解，种子的“外衣”何时脱下，这既有湿度标准，又有温度要求，都是经过精密计算的。

1.柠条种子的包衣

柠条种子包衣主要是提供种子萌发所需的水分。种子包衣所使用的保水剂粒径在 0.3mm 以下,经保水剂处理种子,在待播种子表面形成保水剂凝胶的保护膜层,有以下三种制作方法。

1）种子涂层。先称好一定重量的保水剂，然后均匀撒入定量水中，搅拌均匀形成凝胶状水分散体，再将一定比例的种子全部浸入，充分混合，静置一定时间，然后捞出摊晾，待种子表面形成一层薄膜包衣即可播种。可采用种子∶保水剂∶水 =100 ∶ 1 ∶（50 ～ 200）的比例，即拌 100kg 种子，用 1kg 保水剂，加水 50 ～ 200kg。

2）拌种包膜。将保水剂与等量的填充剂（如细黏土、滑石粉）均匀混合，按与种子的重量比例（2 ～ 4）∶100 均匀撒在事先用水湿润的种子表面，使之牢固黏附在种子上，稍后即可播种。

3）种子丸衣。将种子与保水剂和某些化肥、微量元素、农药及填充粒拌和造粒成丸，具体操作步骤：将种子放入 1% 重量百分比浓度的保水剂凝胶体中浸种，搅拌均匀，使种子表面形成凝胶膜；然后按重量比例 1% 的干燥保水剂与化肥、微量元素、农药以及粉碎均匀过筛的腐殖土掺和均匀；最后将带上凝胶膜的种子与混和好干料按 1 ∶ 3 ～ 1 ∶ 2 的重量比例投入制丸机造粒，同时喷洒 0.1% ～ 0.3% 的聚乙烯醇雾液，以增强造粒的强度。

2.花棒种子的胶化处理

花棒种子是我国北方沙区飞播造林的主要灌木树种之一。但由于种子近似圆形，质轻而粒径大，外被绒毛，播后受风力影响易产生位移。种子胶化处理后，重量增加，表面粗糙度增大，可以有效避免飞播后种子发生位移。花棒种子的胶化处理技术如下。

1）沙粒的选择及处理。选择不含黏粒和砾石的中细沙，运往加工场地摊薄晾晒，使沙粒含水率在 0.7% 以下。

2）黏合水溶剂的配制。按 0.5kg 牛皮胶加 3.75kg 水的比例，倒入盛水容器中加热直至煮沸，持续 15min 后均匀搅拌，直至黏合材料全部融化成黏合剂后待用。

3）胶化处理。选净种后的花棒种子 15kg 左右，倒入准备好的容器中，然后倒入热牛皮胶水溶液（温度不低于 80℃）迅速均匀搅拌（一般不超过 2min）至种子外皮黏附着牛皮胶水溶液后，随即抛洒在铺有干沙的场地上，快速用扫帚来回滚动种子使其黏住沙粒，直到每粒种子黏沙成丸。也可往盛装黏附了牛皮胶水种子的容器中加入沙子，然后迅速搅拌，使沙粒均匀地黏附在种子上。

4）晾晒包装。制作好的胶化种丸，应放在原地晾晒，直至种丸晒干后，过筛，定量包装，并存放在干燥通风处备用。

胶化种子播后能防止位移，除了本身有的重力作用外，更重要的作用是表面粗糙度大，种子表面所黏合的沙粒与地表面沙粒相互嵌合，摩擦力增大，遇风不易移动。

3.2 种植栽培技术

3.2.1 苗木播种

1.播种苗播种前应该做哪些准备工作?

做好播种前的准备工作，是为了选出良种，防治病虫害，为种子发芽出土创造条件，促进苗木生长，提高苗木的质量和产量。播种前需要进行种子准备、播种前整地、土壤消毒和苗木播种量计算。种子准备包括种子选择、种子消毒和种子催芽。

2.主要树种浸种催芽的适宜水温与时间是什么?

种子催芽是解除种子休眠，促进种子萌发的措施。林木种子催芽的方法有很多，常见的有浸种催芽、层积催芽、药剂催芽等。浸种催芽是用水或某些溶液在播种之前浸泡种子，促进种子吸水膨胀的措施。浸种催芽的效果取决于浸种的水温与时间（见表 3.1）。

表 3.1　主要树种浸种的水温与时间

树种	水温/℃	浸泡时间/天	树种	水温/℃	浸泡时间/天
油松	40~45	1	臭椿	30~40	1
落叶松	30	1	元宝枫	40~50	1
赤松	30~40	1	紫穗槐	60~70	1~2
黑松	30~40	1	国槐	70~80	1
樟子松	30~40	1	合欢	70~90	1
侧柏	45~50	1	刺槐	70~90	1
杨树	20~30	0.5	皂荚	70~90	1~2
柳树	20~30	0.5	杜仲	20~40	1
榆树	30	0.2	核桃	20	5~7
泡桐	30	0.5	沙枣	40~50	2~3
悬铃木	30	0.5	柠条	30	0.5~1
桑树	30	0.5	沙棘	40~60	1~2
文冠果	40~50	2			

3.土壤消毒的常用方法有哪些?

为防治病虫害，播种前对土壤消毒是非常重要的。常用的方法有以下几种。

1）硫酸亚铁（工业用）消毒。每平方米用 30% 的水溶液 2kg，于播种前 7 天均匀地浇在土壤中，或每亩撒施 20 ～ 40kg 硫酸亚铁粉末，在整地实施入表土层中灭菌。

2）福尔马林（工业用）消毒。每平方米用福尔马林 50mL，加水 6 ～ 12L，在播种前 7 天均匀地浇在土壤中。浇后用塑料薄膜覆盖 3 ～ 5 天，翻晾无气味后播种。

3）五氯硝基苯（75% 可湿性粉剂）75% 与敌克松（70% 可湿性粉剂）25% 混合消毒。每平方米用 4 ～ 6g，混拌适量细土，撒于土壤表层或播种沟中灭菌。此法预防松苗立枯病效果很好。

4）代森锌消毒。每平方米用 3g，混拌适量细土，撒于土壤表层中灭菌。

5）锌硫磷拌土。每平方米用 2g，混拌适量细土，撒于土壤中，此药主要起杀虫作用。

4.如何确定合理的苗木密度?

苗木密度是指单位面积或单位长度内的苗木株数。株数越多，密度越大，相反则越小。苗木密度适宜与否，对于苗木的产量和质量影响很大。在其他条件相同的情况下，密度对苗木的产量和质量起着决定性作用。只有适宜的苗木密度才能使苗木优质高产。

所谓合理的苗木密度：既要保证苗木个体质量又要得到最大数量的合格苗的密度。但是，苗木的质量与数量之间存在着矛盾关系。即数量太多则质量会受到削弱。反过来，在一定范围内数量少则质量高。因为苗木过密时，不仅每株苗木的营养面积小，还由于苗木相互遮阴使光照不足，通风不良，影响了苗木的光合作用强度，从而使苗木生长细弱、叶量少、根系少，茎根比值大，苗木分化严重，顶芽小而弱，干物质重量小，这样的苗木抗性差，造林成活率低。过稀的苗木，不仅不能保证单位面积上的产苗量，同时由于苗间空隙增大使杂草丛生，增加了土壤水分和养分的消耗；结果苗木质量也不好，苗木生长不均匀。只有在密度适宜的情况下才能得到苗干粗壮、枝叶繁茂、根系发达、茎根比值小、干物质重量大、造林成活率高的苗木。

5.怎样计算播种量?

确定适宜的苗木密度要考虑育苗树种的生物学特性和环境条件等因素。

1）针叶树种 1 年生播种苗每平方米的产苗数：生长快的树种为 50 ～ 200 株；生长中等和缓慢的树种为 200 ～ 350 株，黑松苗可达 300 ～ 350 株。云杉苗可达 700 ～ 800 株。

2）阔叶树种 1 年生播种苗每平方米产苗数：大粒种子和生长快的树种为 25 ～ 50 株；一般树种多数为 60 ～ 140 株；至于需要进行幼苗移植的速生树种如台湾相思、木麻黄和桉树等为 500 ～ 750 株。

当前，林木生产上普遍存在育苗过密的现象，所产苗木瘦长，高径比例失调，受光少，木质化程度差。

6.播种苗常用的播种方法有哪些?

主要有撒播、条播、点播三种。通过条播培育的苗木生长健壮，苗木质量高，适合中粒种子。撒播一般用于小粒种子，如杨、柳、桑等。点播一般多用于大粒种子，如核桃、板栗、文冠果、毛桃、山杏等。播种时根据生产经营条件可以选择人工播种或播种机播种。

7.人工播种有哪些工序与技术要求?

人工播种的播种工序包括画线、开沟、播种、覆土、镇压和覆盖等环节。

1）画线。对于采用条播和点播育苗，播种前应根据行距画线定出播种位置，目的是使播种行通直，以利于后期进行管理和起苗。

2）开沟和播种。条播和点播在播种前需要开沟，开沟时要注意土壤水分是否适宜，如果过干，则应实施播前灌溉，保证底墒充足。

3）覆土。覆土的目的是保持土壤湿润，调节地表温度，防止风吹种子及鸟兽危害。覆土应根据种子特性、育苗地的环境条件及播种期等确定其厚度，厚度要适当且均匀。

4）镇压。为了使土壤和种子紧密结合，使种子在发芽过程中充分利用毛细管水，在气候干旱和土壤疏松的情况下，覆土后要镇压，但在黏土地区或土壤过湿时，则不宜镇压，以免土壤板结，不利于幼苗出土。

5）覆盖。播种后用稻草等覆盖物进行覆盖，能保持土壤水分，防止板结，促使种子发芽整齐。尤其在北方有风沙危害地区，对小粒种子的树种，如杨、柳、榆及松柏类树种，除灌足底水外，播种后应覆盖，以利于出苗。覆盖应就地取材，以经济实惠为原则。但要求不夹带杂草种子和病虫害；不妨碍灌水时水分渗于土壤，重量较轻，不会压坏幼苗又便于运输。

3.2.2 苗木移植

1.什么是移植苗？苗木移植的种类有哪些？

移植苗是指将播种苗或营养繁殖苗在苗圃中起出后，经过移栽继续培育的苗木。通过移植的苗木能增加营养面积，改善通风、透光条件，促进侧、须根生长，提高质量，并且增进对造林立地条件的适应性。

根据移植时所用苗木的情况，可将苗木移植分为芽苗截根移植、幼苗移植、成苗移植和野生苗移植。

2.苗木移植的主要技术环节有哪些？

保证移植苗木成活的条件是保持其体内的水分平衡，除保持土壤湿润外，还要保护好苗木的根系，防止失水。主要技术环节有如下。

1）准备工作。移植前对苗木分级，大小一致 、分区栽植有利抚育管理和减少苗木分化。

2）移植季节。根据当地气候条件和树种特性而定。一般春季是各树种移植的时期，各树种移植的次序根据发芽早晚决定。在秋季温暖、湿润地区，也可行秋季移植。一些常绿树种还可在雨季移植。

3）移植密度。取决于苗木的生长速度、苗冠和根系的发育特性、苗木的培育年限、使用的机具等。一般针叶树的株行距比阔叶树小，使用机械管理的行距应大些。

4）移植方法。可用移植机移植。人工移植一般用穴植和沟植法。就苗木而言，分裸根移植和带土球移植两种。

5）抚育管理。苗木移植后立即灌水一两次，扶正倒状苗木并平整移植区，然后根据苗木生长特点进行灌水、中耕除草、追肥、防治病虫害、除蘖抹芽等项工作。对多次移植的大苗还要修剪整形。

6）苗木出圃。要保持根系完整。在生产中，较大的移植苗常根据地际直径的粗度确定起苗的根系长度。

3.常见的苗木移植方法有哪些?

苗木移植方法有穴植、沟植及孔（缝）植法几种。

1）穴植法适于移植大苗或较难成活的苗木。移植时先按株行距定点，然后挖穴栽植。穴植易使根系舒展，不易窝根，移植成活率高。苗木生长恢复快，但工效较低。

2）沟植法工效高，适于一般苗木移植。移植时按预定行距用犁或锹开沟，将苗木按预定株距沿垂直沟壁放入，然后填土踏实。沟的深度应大于苗根长度。

3）孔（缝）植法适于小苗及主根细长而侧根不发达的树种。移植时用移植铲或移植锥按株行距扎孔（缝），随即将苗放入孔（缝）内适当位置，使苗根舒展，然后压实土壤即可。目前某些大型苗圃已采用移植机移植。这既能提高工效，又能保证质量，应积极推广。

3.2.3 种子催芽

1.什么是种子催芽?

凡是能引起芽生长、休眠芽发育和种子发芽，或促使这些前发生的措施，均称为催芽。催芽是保证种子在吸足水分后，促使种子中的养分迅速分解运转，供给幼胚生长的重要措施。

2.种子催芽有哪些常用方法?

1）浸种法。有些种子播前用凉水、温水浸泡一下，使种子吸水膨胀，播后即可提早发芽。播前只要用温水喷洒，搅拌，使种子湿润均匀，阴干后即可播种；一般小粒种子，用凉水浸泡 3 ～ 5 天后播种;种皮较厚的种子,需用 45℃左右的温水浸种 3 ～ 5 天再播种。刺槐、桃、李、杏等树种的种子，则要用热水烫种。方法是先将种子放入缸中，倒入 85℃左右的热水，用水量为种子体积的 2 ～ 3 倍，边倒水边用木棒搅拌，使种子受热均匀，然后使水自然冷却。以后每天用 45℃的温水冲一两次，待种子膨胀裂嘴后播种。

2）层积催芽法。对休眠期长、发芽较慢的种子，可以采用层积的方法催芽，即将湿沙与种子分层储放在低温下（一般 0 ～ 5℃）。催芽用的沙子应淘洗干净，沙子湿度，以手握不滴水，松手不散为宜。种子略有萌芽迹象，即可取出播种。

3）去蜡去油法。对于外皮有蜡质或油脂的种子，要将种子放在 70℃草木灰水中或在每 50 kg 水中加入碱面 20 g 浸泡。待冷却后，用手搓去蜡皮或油脂，再用清水冲洗，然后捞出，用生豆芽的方法催芽，至种子裂嘴后播种。

4）破皮法。对于种皮非常坚硬的种子，应将种皮划破。

5）阳畦催芽法。播种前先在温床内填以 10 cm 厚的细木屑或麦糠，略压摊平，浇水湿透，然后将处理过的种子均匀撒播，上面覆盖 1cm 左右的木屑，喷小水让木屑湿透，然后用薄膜覆盖。待种子裂嘴时，取出播种。也可待长出芽苗后移栽。

3.2.4 无性繁殖育苗

1.无性繁殖育苗有哪些优缺点?

无性繁殖是利用母体营养器官的一部分作为繁殖材料，进行分生、扦插、压条、嫁接繁殖和组织培养快速繁殖及植物的无融合生殖等，使之形成一个新的个体，所以又称营养繁殖。在林业上常用树木营养器官的一部分和花芽、花药、雌配子体等材料实施无性繁殖。无性繁殖的优点是繁殖系数、代数多、育苗时间长、材料消耗少、繁殖效率高的优点。缺点是繁殖方法不如有性繁殖简便。

2.什么是硬枝扦插?

扦插根据枝条的成熟程度分为硬枝扦插与嫩枝扦插，前者用完全木质化的枝条作为插穗，后者用尚未完全木质化或半木质化的当年生新枝作为插穗，如图 3.1 所示。

硬枝是生产上广泛采用的一种繁殖材料。凡扦插容易成活的树种，都可用已经完全木质化的枝条扦插。硬枝扦插在技术上也比较简便易行，适用的树种有杨树、柳树、悬铃木、水杉、池杉、柳杉、白蜡、柽柳等。

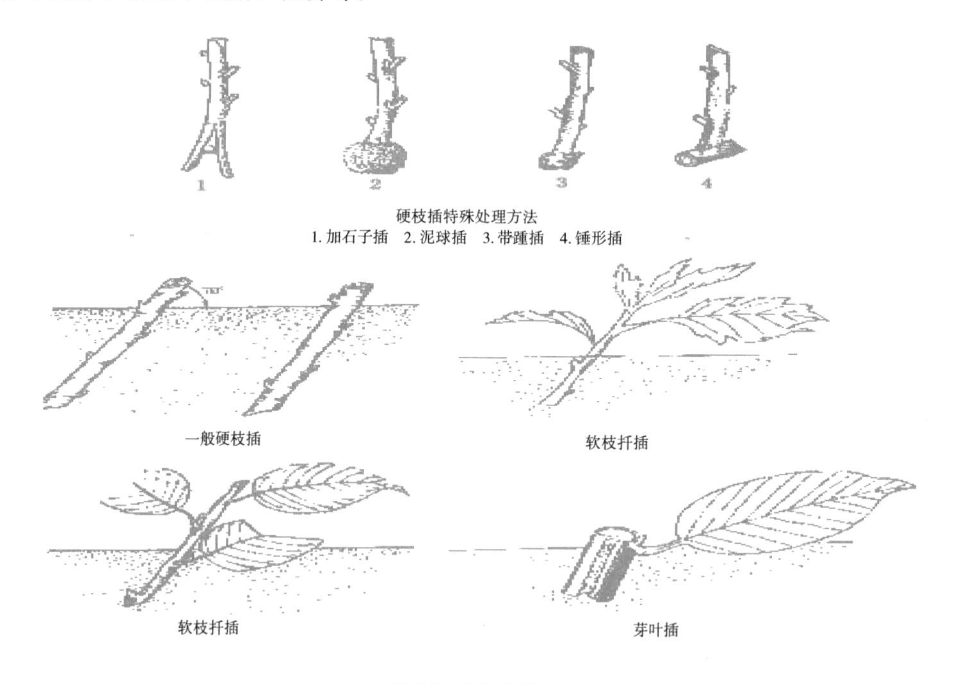

图 3.1　硬枝扦插

3.什么季节适合硬枝扦插？

树木在秋季，随着日照缩短，高径生长停止，形成顶芽，其叶片合成的有机养分积累在根、干和枝条中，故从叶落期起，到翌年萌芽前为止，插穗内所含的储藏物质较多。硬枝插穗处于休眠状态，从扦穗到萌芽展叶需要经历一段时间，这对保持抽穗内部水分平衡，争取达到先生根后放叶，或是缩短生根和放叶在时间上的脱节是有好处的，但硬枝插穗在秋冬休眠期间体内抑制物质含量较高，这时扦插不易生根成活。在漫长的冬季低温作用下，体内抑制物质会缓慢转化，到了春季扦插季节，抑制物质已经降低到不再抑制发芽、生根的水平。因此，扦插后容易生根。对于一些生根困难的树种，为了促进其体内抑制物质的转化可在秋季采穗，在冬季用低温（0 ～ 5℃）沙藏催根的方法处理种条或插穗。硬枝扦插主要是在春季，此时气温、土温由低转高，空气相对湿度大、土壤墒情较好，插穗发叶后蒸腾强度低，这些环境因子既有利于插穗体内的水分平衡，也比较适于生根。

4.硬枝扦插的步骤和注意事项有哪些？

截制插穗时，要注意插穗长度、插穗基部切口位置和切口形式等问题。插穗长度因树种、枝条节间长度、管理水平而不同，一般 6 ～ 20 cm。插穗上至少有两三个节间，留有 2 个以上的芽。短插穗虽然提高了种条的利用率，但因其体内营养物质少，苗木细弱，在生根期间对水分亏缺、病菌危害的抵抗力弱，必须加强管理，才能取得较高的成活率。

插穗的下切口必须在芽的下端，紧靠节的部位。许多具有先期形成根原基的树种，根原基较多地分布在芽的附近，如果切口位于芽的下端，其内湿激素向下转移和养分运输均有利于促使这些根原基萌发生根。节的部位不仅储藏营养物质比节间部分丰富，而且在扦插过程中芽的萌动，上部叶片和芽所制造的生根物质流入基部后，刺激下切口末端的芽，使之进一步活化，有利于末端的愈合和生根。

插穗的切断方法有直切（切口断面为圆形）和斜切（切口断面呈椭圆形或马耳形）两种，斜切扩大了切口面积，使之与土壤接触面增大，增加愈伤组织，利于插穗吸收水分和促进切口生根较多。采用斜切时，常能见到尖端先生根。这是由于下降的生根物质集中于此部位，因而促进生根。此外，在插穗的切口上，有附带一部分上年枝的方法，如呈踵状的踵插。

5.什么是嫩枝扦插？嫩枝扦插适用于哪些树种？

嫩枝扦插是在生长期中利用半木质化的带叶枝条进行扦插的方法。通常都在夏季扦插。这些插穗都带有叶片，比较幼嫩，又处于高温季节，蒸发量大，对保持水分很不利，但嫩枝体内所含生根抑制物质较少，这时的地温、气温较高，有利于插穗的愈合、生根。嫩枝扦插如能创造防止萎蔫、控制插穗腐烂的条件，不仅具有生根期短，而且成活率高，当年可以培育成苗的优点。在严格控制的环境条件下，对难生根的树种，用嫩枝扦插比用硬枝容易成功。

嫩枝扦插适用于硬枝扦插不易成活的树种，如雪松、桧柏、龙柏、水杉、落叶松、毛白杨、桑树、松类、枣树、油橄榄、珙桐及一些常绿阔叶树种等。

6.嫩枝扦插成活后需要进行哪些管理？[1]

一要设阴棚并及时喷水，控制好温度和湿度。从插穗入土到生根期间，防止萎蔫是成活的关键。具体做法：苗床插好后立即喷一次水，使插穗与插壤基部紧密；然后在苗床上设置阴棚；此后要经常检查和喷水，保持温度 20 ～ 25℃，相对湿度 80% ～ 85%，遇到暴雨天气要及时清沟排涝。

二要及时除草和防治病虫害。扦插后每隔半个月要结合喷水喷洒两三次 1：1000 调配的多菌灵溶液，防止病害发生。

三要及时炼苗。苗生根后可逐步揭去遮阴物以延长光照。

四是及时追肥。在苗木生根后每隔 7 ～ 10 天，喷施 0.1% ～ 0.2% 稀薄尿素液使扦插苗生长健壮。

五要及时移栽。苗根老化后可将幼苗移植到苗圃地，以扩大营养空间培养合格苗木。

7.嫁接育苗如何选择砧木？

砧木对接穗成活和嫁接苗的性状有较大的影响，在选择时应注意如下条件。

砧木树种应与接穗树种亲和力强；适应当地气候、土壤条件，生长稳定；为保持接穗品种的优良性状，应选择一两年生实生苗作砧木；为提高嫁接苗的抗性，应选择年龄较大的母树作砧木；砧木树种容易繁殖。

实践证明，油松、落叶松、樟子松、刺槐、槭树属、黄檗、水曲柳、胡桃楸等选用本砧；侧柏选用扁柏、杜松；毛白杨选用加杨、小叶杨；红花刺槐、江南槐、朝鲜槐选用刺槐。嫁接后亲和力强。效果更好。

8.嫁接的常用方法有哪些？

(1) 靠接法

把砧木吊靠采穗母株上，选双方粗细相近且平滑的枝干，各削去枝粗的 1/3 ～ 1/2，削面长 3 ～ 5 cm，将双方切口形成层对齐，用塑料薄膜条扎紧，待两者接口愈合成活后，剪断接口一部的接穗母株枝条，并剪掉砧木的上部，即成一棵新的植株，如图 3.2 所示。

(2) 劈接法

砧木除去生长点及心叶，在两子叶中间垂直向下切削 8 ～ 10 mm 长的裂口；接穗子叶下约 1 cm 处用刀片在幼茎两侧将其削成 8 ～ 10 mm 长的双面楔形，把接穗双楔面对准砧木接

---

① 关于更多林业嫁接技术，可参考《林木嫁接技术图解》一书。

口轻轻插入，使二切口贴合紧密，嫁接夹固定。

(3) 插接法

先用竹签去掉砧木苗真叶和生长点，同时将竹签由砧木子叶间的生长点处向下插入 0.5 ～ 0.7 cm 深，再将接穗苗由子叶下 1 cm 处用刀片削成约 0.5 cm 的楔形，在拔出竹签的同时将接穗苗插入，这是直插法。另一种插接方法是斜插法，用与接穗等粗的单面楔形竹签，将竹签的平面向下，由砧木苗一侧子叶基部斜插向另一侧，竹签尖部顶到幼茎表皮或刺透表皮，再在接穗苗子叶下 1 cm 处削成斜茬，在拔出竹签的同时将西瓜苗幼茎斜茬向下迅速插入。接好后移入棚内加强管理。

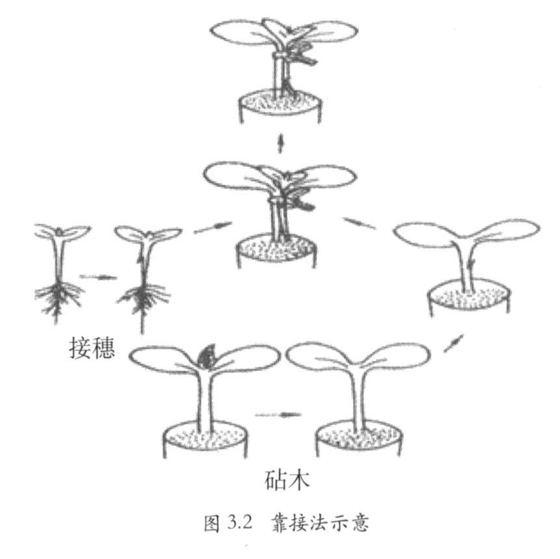

图 3.2　靠接法示意

(4) 机器实现法

采用嫁接机器作业，小型和半自动式嫁接机由于售价低廉，在市场上受到欢迎。

9.嫁接有哪些作用?

1）增强植株抗病能力。用黑籽南瓜嫁接黄瓜，可有效地防治黄瓜枯萎病，同时还可推迟霜霉病的发生期；用刺茄、番茄作砧木嫁接茄子后，基本上可以控制黄萎病的发生。

2）提高植株耐低温能力。由于砧木根系发达，抗逆性强，嫁接苗明显耐低温。例如，用黑籽南瓜嫁接的黄瓜在低温下根的伸长性好，在地温 12 ～ 15℃、气温 6 ～ 10℃时，根系仍能正常生长。

3）有利于克服连作危害。黄瓜根系脆弱，忌连作，日光温室栽培极易受到土壤积盐和有害物质的伤害，换用黑籽南瓜根以后，可以大大减轻土壤积盐和有害物质的危害。

4）扩大了根系吸收范围和能力。嫁接后的植株根系比自根苗成倍增长，在相同面积上可比自根苗多吸收氮钾 30% 左右，磷 80% 以上，且能利用土壤深层中的磷。

5）有利于提高产量。嫁接苗茎粗叶大，可使产量增加四成以上。番茄用晚熟品种作砧木，早熟品种作接穗，不仅保留了早熟性，而且可以大大缩小结果期，提高总产量。

10.嫁接场所应该怎样选择?

嫁接最好在温室内进行，高温季节要用遮阳网或草帘遮阴、避免强光直射使幼苗过度萎蔫影响成活。如深冬茬茄子 7 月嫁接正值高温期，防暑降温是关键。低温季节（如黄瓜、番瓜越冬茬的嫁接在 9 月底 10 月初）要以保温为主温度低不利于伤口愈合，嫁接时适宜的温度应当为 24 ～ 28℃，空气相对湿度 75% 以上，湿度不够时要用喷雾器向空中或墙壁喷水增加湿度。

11.影响试管苗生根的因素有哪些?

植物离体培养中根的发生都来自不定根，根原基的形成与生长素有关，但根原基的伸长和生长可以在没有外源生长素的条件下实现。影响试管苗生根的因素很多，有植物材料自身的生理生化状态，也有外部的培养条件，如基本培养基、生长调节物质以及外部的环境因素等，要提高试管苗的生根率，就必须考虑植物材料、基本培养基、植物生长调节剂、继代培养、pH、光照、温度影响因素。

12.不同植物材料生根的一般规律是什么?

不同植物种、不同的基因型、甚至同一植株的不同部位和不同年龄对根的分化都有决定性的影响。因植物材料的不同,试管苗生根从诱导至开始出现不定根,一般快的只需 3 ～ 4 天,慢的则要 3 ～ 4 周甚至更久。此外，生根难易还与母株所处的生理状态有关，因取材季节和所处环境条件不同而异。不同植物材料生根的一般规律是：木本植物比草本植物难，成年树比幼年树难，乔木比灌木难，同一植物中上部材料比基部材料难，休眠季节取材比开始旺盛生长的季节取材难。但是具体到不同的植物种类也存在个性的差异，一般自然界中营养繁殖容易生根的植物材料在离体繁殖中也较容易生根。

13.基本培养基怎样影响试管苗生根?

诱导生根的基本培养基，一般需要降低无机盐浓度以利于根的分化，常使用低浓度的 MS 培养基，如使用 1/2MS、1/3MS 或 1/4MS 的基本培养基，如无籽西瓜在 1/2MS 时生根较好，硬毛猕猴桃在 1/3MS 时生根较好，月季的茎段在 1/4MS 时生根较好，水仙的小鳞茎则在 1/2MS 时才能生根。

矿质元素的种类对生根也有一定的影响。对大多数植物而言，大量元素中（NH_4^+）多不利于发根；生根培养一般需要磷和钾元素，但不宜太多；钙离子（Ca^{2+}）一般有利于根的形成和生长；微量元素中以硼（B）、铁（Fe）对生根有利。

此外，糖的浓度对试管苗的生根也有一定的影响，一般低浓度的蔗糖对试管苗的生根有利，且有利于试管苗的生活方式由异养到自养转变，提高生根苗的移栽成活率，其使用浓度为 1% ～ 3%，如桉树的不定枝发根最适宜的蔗糖浓度为 0.25%，马铃薯发根则为 1%。但也有些植物在高浓度时生根较好，如怀山药在蔗糖 6% 时生根状况最好。

14.如何选用植物生长调节剂?

在试管苗不定根的形成中，植物生长调节剂起着决定性的作用，一般各种类型的生长素均能促进生根。赤霉素、细胞分裂素和乙烯通常不利于发根，如与生长素配合使用，则浓度一般宜低于生长素浓度。脱落酸（ABA）有助于部分植物试管苗的生根。植物生长延缓剂如多效唑（PP333）、矮壮素（CCC）、比久（B9）对不定根的形成具有良好的作用，在诱导生根中所使用的浓度为 0.1 ～ 4.0mg/L，如苹果试管苗生根时若在培养基中附加 PP3330.5 ～ 2.0mg/L 可显著提高生根率。据统计，试管苗的生根培养中单一使用一种生长素的情况约占 51.5%，使用生长素加激动素的约占 20.1%。

生根培养中常用的生长素主要为 IBA、NAA、IAA 和 2, 4-D 等, 其中 IBA、NAA 使用最多。IBA 作用强烈，作用时间长，诱导根多而长，NAA 诱导根少而粗，一般认为用 IBA、NAA 0.1 ~ 1.0mg/L 有利生根，两者可混合使用，但大多数单用一种人工合成生长素即可获得较好的生根效果，常见植物生根培养基的生长调节剂水平见表 3.2。此外，生根粉（ABT）也可促进不定根的形成，并可与生长素、赤霉素等配合使用，如猕猴桃采用 1mg/L 或 1.5mg/L 的 1 号 ABT 生根粉生根率可达 100%，在赤桉组培苗生根中 ABT 与 IBA 配合使用比单独使用效果好。

表 3.2　常见植物生根培养基的生长调节剂水平

植物名称	生长调节剂种类	生长调节剂浓度
桃	NAA	0.1mg/L
非洲紫罗兰	NAA	0.01 ~ 0.2mg/L
变叶木	NAA	0.5mg/L
康乃馨	NAA	0.2mg/L
球根秋海棠	IBA	0.5mg/L
铁皮石斛	IBA	0.1mg/L
羽叶甘蓝	IBA+ NAA	IBA0.5mg/L+ NAA0.1mg/L
大花蕙兰	IAA或IBA+NAA	IAA1.0mg/L或IBA 0.8mg/L+NAA 0.1mg/L
君子兰	IBA +NAA	IBA 0.01 ~ 1.0mg/L+NAA 0.01 ~ 1.0mg/L

外植体的类型不同，试管苗不定根的形成所需的植物生长调节剂也不一样。一般愈伤组织分化根时，使用萘乙酸（NAA）最多，浓度在 0.02 ～ 6.0mg/L，以 1.0 ～ 2.0mg/L 为多；使用吲哚乙酸（IAA）+ 激动素（KT）的浓度范围分别为 0.1 ～ 4.0mg/L 和 0.01 ～ 1.0mg/L，而以 1.0 ～ 4.0mg/L 和 0.01 ~ 0.02mg/L 居多。而胚轴、茎段、插枝、花梗等材料分化根时，使用吲哚丁酸（IBA）居首位，浓度为 0.2 ～ 10mg/L，以 1.0mg/L 为多。

不同植物试管嫩茎诱导生根的合适生长调节剂，需进一步通过试验来确定。若使用浓度过高，容易使茎部形成一块愈伤组织，而后再从愈伤组织上分化出根来，这样，因为茎与根之间的维管束连接不好，既影响养分和水分的输导，移栽时根易脱落且易被污染，成活率不高。如苹果生根培养基中 IBA 或 NAA 浓度超过 1.0mg/L，多数苗都是先于苗基切口处产生愈伤组织，随后在愈伤组织上分化生根，这样当生根移出栽植后，苗基的愈伤组织很快干死，使苗与根间形成一个隔层，成活率大大降低。

总之，试管苗的生根培养多数使用生长素，大都以吲哚丁酸（IBA）、萘乙酸（NAA）、吲哚乙酸（IAA）单独使用或配合使用，或与低浓度细胞分裂素配合使用，萘乙酸与细胞分裂素配合时一般摩尔比在（20 ～ 30）：1 为好。对于已经分化根原基的试管苗，则可在没有外源生长素的条件下实现根的伸长和生长。

15.如何使用植物生长调节剂?

植物生长调节剂常用的使用方法是将植物生长调节剂预先加入培养基中，然后再接种材料诱导其生根，即“一步生根法”。最常用的方法是采用固体琼脂培养基培养生根，以利于植株的固定和生根。对于在固体培养基中较难生根的植物类型，则可采用液体培养基，并在液体培养基上加一滤纸桥培养生根，以解决试管苗固定和缺氧的问题。

近年来，人们为了促进试管苗的生根，在植物生长调节剂的使用方法进行了创新，将需生根的植物材料先在一定浓度的植物生长调节剂（无菌）中浸泡或培养一定时间，然后转入无植物生长调节剂的培养基中培养，即“两步生根法”，可显著提高生根率，常见植物两步生根法的处理方法及其生根率见表 3.3。

表 3.3　常见植物的两步生根法

植物名称	诱导生根的处理方法	生根率
核桃	1/4DKW+IBA5.0～10.0mg/L（暗培养10～15天）	60.5%～89.7%
牡丹	IBA50～100mg/L（浸泡2～3h）	90%以上
板栗	IBA1.0mg/ml（浸泡2 min）	90%
猕猴桃	IBA 50mg/L（浸泡3～3.5 h）	93.3%

16.继代培养如何影响试管苗生根?

试管嫩茎（芽苗）继代培养的代数也影响其生根能力，一般随着继代代数的增加，生根能力有所提高。如苹果试管嫩茎继代培养的次数越多，则生根率越高。长富士苹果在前 6 代之内生根率低于 30%，生根苗的平均根数不足 2 条，而 10 代时生根率达 80%，12 代以后则生根率稳定在 95% 以上，生根条数平均可达 7 条左右；新红星苹果虽然生根困难，但继代培养 12 代以后，其生根率可达 60% 左右。其他植物如杜鹃、杨树、葡萄等经过若干次继代培养也能提高生根率，而且从试管苗长成的植株上切取插条要比在一般植株上切取的更易生根。

17. 光照如何影响试管苗生根?

光照强度和光照时数对发根的影响十分复杂，结果不一。一般认为发根不需要光，如毛樱桃新梢适当暗培养可使生根率增加 20%，生根比较困难的苹果暗培养可提高其生根率，杜鹃试管嫩茎低光强度处理也可促进其生根。但草莓生根培养中根系的生长发育则以较强的光照为好。一般认为在减少培养基中蔗糖浓度的同时，需要增加光照强度（如增至 3000 ～ 10000lx），以刺激小植株使之产生通过光合作用制造食物的能力，便于由异养型过渡到自养型，使植株变得坚韧，从而对干燥和病害有较强的忍耐力。虽然在高光强下植株生长迟缓并轻微退绿，但当移入土中之后，这样的植株比在低光强下形成的又高又绿的植株容易成活。

18. 试管苗生根的 pH 值如何选取?

试管苗的生根要求一定的 pH 值范围，不同植物对 pH 值要求不一，一般为 5.0 ～ 6.0，如杜鹃试管嫩茎的生根与生长在 pH 值为 5.0 时效果最好，胡萝卜幼苗切后侧根的形成在 pH 为 3.8 时效果最好，水稻离体种子的根生长在 pH 为 5.8 效果最好。

19. 怎样选取试管苗生根的温度?

试管苗在试管内生根，或在试管外生根，都要求一定的适宜温度，一般为 16 ～ 25℃，过高过低均不利于生根。植物生根培养的温度一般要比增殖芽的温度略低一些，但不同植物生根所需的最适温度不同。如草莓继代培养芽的再生的适宜温度为 32℃，生根温度则以 28℃最好；河北杨试管苗白天温度为 22 ～ 25℃、夜间温度为 17℃时生根速度最快，且生根率也高，可达到 100%。

20. 什么是试管外生根? 试管外生根的特点是什么？

所谓试管外生根，就是将组织培养中茎芽的生根诱导同驯化培养结合在一起，直接将茎芽扦插到试管外的有菌环境中，边诱导生根边驯化培养。试管外生根将试管苗的生根阶段和驯化阶段结合起来，省去了用来提供营养物质并起支持作用的培养基，以及芽苗试管内生根的传统程序。该技术的应用不仅减少了一次无菌操作的步骤，提高了培养空间的利用率，同时又简化了组培程序，解决了组培工厂化育苗生根的难题，可降低生产成本、提高繁殖系数。一般认为诱导试管苗生根过程的费用占总费用的 35% ~ 75%，而采取瓶外生根技术可以减少生根总费用 70% 左右。

21. 试管苗瓶外生根成活率较高的主要原因是什么?

移栽成活率是检验组培是否成功的关键，也是检验组培能否进行工厂化的关键，试管苗瓶外生根的成活率与瓶内生根后移栽的成活率相比可显著提高，其主要原因：在培养基上诱导形成的根与芽茎的输导系统不同，或者根细小、无根毛，发育不良，且生根试管苗的根系一般无吸收功能或吸收功能极低，气孔不能关闭，开口过大，叶片光合能力低等，各综合原因造成试管苗容易死亡；瓶外生根苗避免了根系附着的琼脂造成的污染腐烂，且根系发育正常健壮，根与芽茎的输导系统相通，吸收功能较强，并且试管苗瓶外生根在生根过程中已逐步适应了环境，经受了自然环境的锻炼，不适应环境的弱苗在生根过程中已经被淘汰，移栽苗都是抗逆性强的壮苗，容易成活。

22. 如何进行试管苗移栽？

移栽时，首先将试管苗从所培养的瓶中取出，取时要用镊子小心地操作，切勿把根系损坏，然后把根部黏附的琼脂漂洗掉，要求全部除去，而且动作要轻，以减少伤根伤苗。琼脂中含有多种营养成分，若不去掉，一旦条件适宜，微生物就会很快滋生，从而影响植株的生长，甚至导致烂根死亡。

移栽前，先将基质浇透水，并用一个筷子粗的竹签在基质中开一穴，然后再将植株种植下去，最好让根舒展开，并防止弄伤幼苗。种植时幼苗深度应适中，不能过深或过浅，覆土后需把苗周围基质压实，也可只将容器摇几下待基质紧实即可，以防损伤试管苗的细弱根系和根毛。移栽时最好用镊子或细竹筷夹住苗后再种植在小盆内，移栽后须轻浇薄水，再将苗移入高湿的环境中，保证空间湿度达 90% 以上。

23. 试管苗移栽后应如何进行养护管理？

试管苗是否能够移栽成功，除要求试管苗生长健壮，既有发育完整良好的根系、其根的维管束又与茎相连之外，移栽后的养护管理也是一个非常关键的环节。试管苗移栽后的养护管理主要应注意以下几个方面。

(1) 保持小苗的水分供需平衡

在试管或培养瓶中的小苗，因湿度大，茎叶表面防止水分散失的角质层等几乎没有，根系也不发达或无根，出瓶种植后即使根的周围有足够的水分也很难保持水分平衡。因此，在移栽初期必须提高周围的空气湿度（达 90 % ～ 100%），使叶面的水分蒸腾减少，尽量接近试管或培养瓶内的条件，才能保证小苗成活。

为保持小苗的水分供需平衡，湿度要求较高，首先营养钵的培养基质必须浇透水，所放置的床面也最好浇湿，然后搭设小拱棚或保湿罩，以提高空气湿度，减少水分蒸发，并且初期需经常喷雾处理，保持拱棚薄膜或保湿罩上有水珠出现。5 ～ 7 天后，发现小苗有生长趋势时，才可逐渐降低湿度，减少喷水次数，将拱棚或保湿罩定期打开通风，使小苗逐步适应湿度较小的环境。约 15 天后即可揭去拱棚的薄膜或保湿罩，并控制水分，逐渐减少浇水或不浇水，促进小苗长壮。

同时，水分控制也要得当，移栽后的第一次浇水必须浇透，为了便于掌握，可以采用渗水方式进行，即将刚移栽的盆放在盛有水的面盆或水池中，让水由盆底慢慢地渗透上来，待水在盆面出现时再收盆搬出。平时浇水要求不能过多过少，注意勤观察，保持土壤湿润，夏天则需喷与浇相结合，既可提高湿度，又可降低温度，防止高温伤害。

另外，在保持湿度的同时，还需注意适当透气，尤其是在高温季节，高湿的环境很容易引起幼苗得病而死亡。罩苗时间的长短应根据植物种类与气候条件来确定，一般木本的时间可相对长些，干旱季节及冬季也可长一些，反之则短，一般一个星期左右即可。保湿罩揭开后还应适当地在苗上喷水，以利于植株的生长和根系的充分发育。

(2) 防止菌类滋生

试管苗在试管内的生长环境是无菌的，而移栽出来后很难保持完全无菌，因此在移栽过程中应尽量避免菌类的大量滋生，才能保证试管苗的过渡成活，提高成活率。

要防止菌类滋生，首先应对基质实施高压灭菌、烘烤灭菌或药剂灭菌，同时还需定期使用一定浓度的杀菌剂，以便更有效地保护幼苗，如浓度 800 ～ 1000 倍的多菌灵、托布津等，喷药间隔 7 ～ 10 天一次。此外，在移苗时还应注意尽量少伤苗，伤口过多、根损伤过多都易造成死苗。为了减少试管苗出瓶操作时对幼苗产生的损伤，可采用新的组培苗出瓶技术，即无须洗去组培苗上附着的培养基，而直接从培养瓶中取苗栽植，这样既省去了一道操作程序，又能进一步提高成活率，但需更加注意移栽前后的消毒灭菌。

另外，试管苗移栽后喷水时还可加入 0.1% 的尿素，或用 1/2MS 大量元素的水溶液作追肥，并在开始给予比较弱的光照，当小植株有了新的生长时再逐渐加强光照，促进光合产物的积累，可以加快幼苗的生长与成活，增强抗性，也可一定程度地抑制菌类的生长。

(3) 保持一定的光、温条件

试管苗在试管内有糖等有机营养的供应，主要营异养生活，出瓶后须靠自身进行光合作用以维持其生存，因此光照强度不宜太弱，以强度较高的散射光较好，最好能够调节，随苗的壮弱、喜光或喜阴、种植成活的程度而定，一般在 1500 ～ 4000lx 甚至 10000lx。光线过强会使叶绿素受到破坏，引起叶片失绿、发黄或发白，使小苗成活延缓。过强的光线还能刺激蒸腾作用加强，使水分失衡的矛盾更加尖锐，容易引起大量幼苗失水萎蔫死亡。一般试管苗移栽初期可用较弱的光照，在小拱棚上加盖遮阳网或报纸等，以防阳光灼伤小苗，并减少水分的蒸发，夏季则更要注意，一般应先在阴棚下过渡，当小植株有了新的生长时，逐渐加强光照，后期则可直接利用自然光照，以促进光合产物的积累，增强抗性，促进移栽苗成活。

小苗种植过程中温度也要适宜，不同的植物种类所需的温度不一样。喜温植物如花叶芋、花叶万年青、巴西铁树、变叶木等，以 25℃左右为宜；对于喜冷凉的植物如文竹、香石竹、满天星、情人草、非洲菊、倒挂金钟、菊花等以 18 ～ 20℃为宜。温度过高易导致蒸腾作用加强、水分失衡以及菌类滋生等问题，温度过低则使幼苗生长迟缓或不易成活。一般试管苗夏季移栽时需放在阴凉的地方，冬天则要先在温室里过渡一段时间，以免由于温度太高或太低引起植株死亡。如有良好的设备或配合适宜的季节，使介质温度略高于空气温度 2 ～ 3℃，则更有利于生根和促进根系发育，提高成活率。若采用温室地槽等埋设地热线或加温生根箱来种植试管苗，则可取得更好的效果。

(4) 保持基质适当的通气性

移栽基质要保持良好的疏松通气性，才有利于植株根系的发育。首先要选择适当的栽培基质，要求疏松通气，同时具有适宜的保水性，容易灭菌处理，且不利于杂菌滋生。常用粗粒状蛭石、珍珠岩、粗沙、炉灰渣、谷壳（或谷炭壳）、锯木屑、腐殖土等，或者根据植物种类的特性，将它们以一定的比例混合应用。栽培基质一般不重复使用，如重复使用，则应在使用前进行灭菌处理。同时，在平常的管理中也要注意浇水不宜过多，并及时将过多的水沥除，以利根系呼吸，有利于植株生根成活。此外，平时还要注意经常松土，以保持基质疏松通气。松土时必须小心操作，切勿把根系弄断损坏，所用工具的大小应视容器大小而定，一般以细竹筷为好。

(5) 防止风雨的影响

由于试管苗长时间培养在室内的优越环境条件下，一般都比较娇嫩，如不注意风雨的影响，就很难移栽成功。因此，试管苗一般应移栽在无风的地方，同时在移栽初期应注意避免被大雨袭击，以减少移栽损失。

另外，在规模化生产的过渡培养温室内配置调温、调湿、调光和通气等设施，虽然投资成本较大，但可保障过渡组培苗的成活率。在管理措施完善的单位，一般 3 ～ 5 年即可收回投资，与条件差的过渡环境相比可获得更好的经济效益。

综上所述，试管苗在移栽的过程中只要精心养护，把水分平衡、菌类滋生、光、温条件和基质通气性等控制好，试管苗即会茁壮生长，获得成功。

3.2.5 设施育苗

1.什么是设施育苗？育苗设施的类型有哪些？

设施育苗是指利用温室、塑料大棚或其他设施，人为创造适宜植物生长发育的环境条件，实现优质、高产、高效的现代化育苗方式，如图 3.3 所示。设施育苗是集生物科学、环境科学和材料与工程科学于一体的多科学系统工程，是依靠现代科学技术形成的高技术产业，是实现育苗专业化、规模化和机械化的集中体现。

育苗设施可根据外形、建筑用材、覆盖材料和用途等分类：按外形分类主要有单屋面、双屋面、复折屋顶形和圆屋面形等形状；按建筑材料分类可把温室分为土木结构温室、砖木结构温室、混合结构温室、钢结构温室和轻质铝合金结构温室等；按覆盖材料可分为玻璃温室、塑料薄膜温室和硬质塑料板温室等；按用途可分为花卉温室、蔬菜温室、果树温室、育苗温室、展览温室、科研温室和专用温室等。

图 3.3　设施育苗

2.如何选择育苗设施的覆盖材料?

(1)　玻璃温室

优点：透光性好，空气湿度低，适于喜强光和低湿环境的花灌木及花卉等的育苗。

结构材料：铝合金架、钢架和木材等。

外形：单斜面、双斜面和不等式双斜面三种。

(2)　日光温室

日光温室是一种不等式双斜面温室。东西向建造，北、东、西三面为土墙或砖墙。北屋面由檩和横梁构成，檩上铺秸秆等保温材料，上抹草泥呈坡状。后墙外培防寒土。前屋面为半拱形、一面坡、一面坡加立窗、三折式等形式，以半拱形居多。三北地广泛使用，已发展至 2.3 万公顷。

优点：投资少、效益高，采光好、保暖性好、低能耗和实用性强。

(3)　塑料大棚

1965 年我国开始应用简易塑料大棚，后推广全国各地。

材料：从竹木、水泥预制件、钢筋直到镀锌钢管。

优点：结构简单、拆建方便、一次性投资较少、土地利用度高等。

(4)　防雨棚和遮阳网装置

利用大棚骨架，仅覆盖顶幕而揭除边膜，使夏季能防雨，而又四周通风，这是一种最简易的防雨棚栽培。在顶幕上面再盖上银灰或黑色的遮阳网，则能减弱强光照射，使棚内土温在夏日中午下降 8 ～ 12℃。

优点：通风、降温效果好。

3.育苗设施的环境调控方法是什么?

按作物生育的需要控制光照、温度、风速、相对湿度、二氧化碳浓度等地上环境。

1）光照条件及其调控。选择材料，棚室的跨度、高度、倾斜角度等；北方日光温室，在北墙内壁挂上一道 2 ～ 2.2m 高的聚酯镀铝镜面反光幕；调整苗木密度。

2）温室的温度及其调控。

昼夜温差：露地为 10 ～ 15℃，温室的温差远大于露地的温差。

降温方法：用苇帘遮光、开天窗通气、屋顶洒水。

增温方法：日光、加热设备。

3）湿度、通风环境及其调控：地面铺地膜；畦间铺草或稻壳等材料；通风换气。

4.设施栽培的优越性有哪些?

提早或延迟采收期；提高产量和质量；免受自然灾害的影响；提高土地利用率；打破植物生长的地域；限制应用于植物育种。

5.育苗设施怎样维护

1）预防风灾。温室经常遇到且破坏性较强的灾害是风灾。当风力强度为 8 ～ 9 级时，防风措施主要是绷紧棚膜，修补破裂部位，防止裂口越撕越大。当风力大于温室设计的抗风能力时，应及时设置防风障，以减小温室大棚的受力；或在棚的四角或中部每隔一定距离拴定拉索固定于地下，用以加固。

2）预防冰雹。对冰雹的袭击，一般情况下是无力防范的。但是如果预报准确。可事先在棚顶覆盖麻袋片等物品，以尽量减少损失。在冰雹多发季节，可在温室顶上铺上一层带网眼的防雹网帘，这种方式防灾效果较好。

3）预防火灾。温室的覆盖材料、保温材料和部分结构材料都是易燃物品，因此防范火灾十分必要。容易引起火灾的因素很多，通常应从以下方面加以防范：堆放的材料和燃料远离加热升温装置，不宜储存在温室或锅炉房内；电器线路敷设合理，防止短路，严禁用电超负荷；慎用燃油二氧化碳发生器；防止人为因素发生火灾等。

4）防止雨雪灾害。下暴雨时应及时检查棚顶和其他各处薄膜，使其绷紧并拉紧压膜线。使雨水能顺利下滑，不致棚顶兜水。另外，地面排水也十分重要，应及时疏通水道，防止形成积水或冲坏地基。遇有大雪天气，应及时清除棚顶积雪，以免温室受损。

5.设施育苗技术相关书籍有哪些?

《设施育苗技术》介绍了近年来国内外设施育苗的新技术和新动态，充分体现“先进”“实用”“可操作”的原则，力求做到理论联系实际，服务于生产。《设施育苗技术》共分九章，主要介绍设施育苗技术的发展概况及前景、穴盘育苗技术、嫁接育苗技术、扦插育苗技术、营养钵育苗技术以及蔬菜、果树、花卉等作物的设施育苗技术，尤其还介绍了设施种苗的经营与管理等内容，比如效益核算，市场分析、决策等，参考价值高。

《设施育苗技术》可作为设施育苗生产、科研、推广工作者和农业相关部门技术、管理人员实用的参考书。

3.2.6 种植栽培案例：核桃嫁接和毛竹实生苗栽培

1. 核桃嫁接技术

(1)绿枝嫁接的作用

1）改良品种。实生核桃果实大小、颜色、果壳厚薄相差很大，商品性能差。而嫁接优质核桃品种果实优质，果形大小均匀，商品性能稳定，商品价值高。

2）提前挂果。实生核桃子代变异较大，结果延迟。一般十年左右才开始挂果，嫁接核桃 3 ～ 5 年就能挂果，且遗传性状相对稳定。

3）增加前期产量和收入。嫁接核桃进入盛果期早，前期产量高，商品性能好，第五六年达到丰产期后，每亩年产干核桃 75 ～ 150 kg，每亩产值达 3000 ～ 6000 元，可以大大提高前期经济收益。而实生核桃进入盛果期晚，前期无产量和收入。

4）产量稳定。实生核桃产量不稳定，大小年明显，有的单株产量高，有的单株产量低，严重影响核桃栽培的整体经济效益，而嫁接核桃产量相对稳定，经济效益高。

5）节约接穗。一般嫁接育苗采用枝接，每株需三四个芽。而绿枝嫁接采用芽接，每株需一两个芽，既可提高经济效益又可减少优质接穗紧缺压力。

(2)嫁接前的准备

1）嫁接工具的准备。

① 枝剪：选择扎实而锋利的枝剪(在五金店可购买到)。

② 嫁接刀：切接刀、芽接刀、电工刀、自制刀具等。如方块芽接刀，两刀片之间的距离为 3 ～ 4cm。

2）嫁接物资的准备。

① 绑扎膜：常用的是厚 0.08 mm、宽 1.5 cm 的塑料薄膜，用于嫁接时绑扎。

② 泡沫箱：保存刚采下来的少量枝条。

③ 遮阳网：枝条遮阴用。

④ 保鲜膜：包裹大量穗条并存放于地窖或冷库。

3）穗条的准备。在品种优良、生长健壮、无病虫害的母株上，选择平直、光滑、芽体饱满刚木质化、叶柄基部隆起小、直径 1.0 ～ 1.5 cm、长 8 ～ 12 cm 以上的新梢剪下，去掉叶片，保留 1.0 ～ 2.0 cm 长的叶柄，在保湿条件较好、温度较低的地方存放备用，最好现采现用。

4）储藏准备。如果穗条是随采随用或量少时，可立于水盆或桶内，或用泡沫箱装，面上可用湿毛巾盖住保湿；如果穗条量大、需存放几天时，用保鲜膜包裹后，放在冷库或地窖中；穗条不能存放时间过长。核桃接穗储存的最适温度为 3 ～ 5℃，最高不能超过 8℃。经保存的接穗可嫁接 3 ～ 4 天，叶柄脱落的不宜使用。

5）砧木的准备。最好是选择两三年生实生苗，嫁接部位距枝条基部 1.5 cm 以上。实生核桃苗高度在 30cm 以上的，在苗木萌芽前，一律将实生苗在离地面 10cm 左右处剪断，萌芽后每株留一个壮芽，其余新芽一律抹去。高枝嫁接的大树选留 3 ～ 5 个不同方向的主枝，在萌芽前重截，使其发出粗壮的砧木。

6）技术工人的准备。根据嫁接数量的多少，配备适当数量的嫁接技术熟练、具有多年嫁接经验的嫁接工。

7）放水的准备。核桃树不同于其他果树，嫁接时常有伤流液流出，影响嫁接成活率。因此嫁接前，要对砧木放水处理。幼树嫁接前，一般在接口下距地 10 ～ 20 cm 处，锯两三条深达木质部的螺旋状锯口，或用刀在砧木上切下一块树皮，深达木质部，作为伤流液的放水槽。

8）嫁接地块的准备。

① 树龄不宜过大，1 ～ 3 年为最适。

② 树势要强旺、无严重病害和树体损伤。

③ 生长环境要适宜，首先要有较厚的土层和较肥沃的土壤，一般土层厚度要在 1m 以上，要有良好的集水条件，要有一定的集水面积或灌水条件；其次要有良好的光照条件，不能处于风口地带。

(3) 嫁接技术

1）嫁接时间：选择核桃生长旺盛的季节，一般在 5 月中旬至 6 月底，平均气温 22 ～ 28℃的晴天为最好。

2）嫁接方法：采用方块形芽接。

3）嫁接步骤。

① 放水：前面已介绍过放水方法。

② 取芽：在采好的接穗上选择充实、饱满的芽体，最好选择接穗中、下部接芽，先用刀平切去掉叶柄，然后嫁接刀在芽体的上、下各横切一刀，间距 3 ～ 4 cm、刀口长 2 cm，在

芽体两侧各纵切一刀（注：四道切口深度均要达到木质部），成长方形切块，用大拇指压住切好的长方形接芽的一侧，逐渐向偏上方推动，先不要取下，等砧木嫁接口准备好再将接芽取下，取下的接芽要带有维管束（护心肉），注意不要挫伤接芽的生长点。

③ 砧木去皮：选择与接穗等粗的砧木，在砧木距地面 15 ～ 20 cm 处选一光滑面，根据接芽片的大小，先在砧木上下方各横割一刀，两刀的距离与接芽片的上下距离等长，再在一侧割一刀，然后撕开砧木皮，如同开门一样，撕到与接芽片等宽时撕下。

④ 贴芽、绑缚：把从接穗上取下的接芽迅速贴在砧木割口上，应至少保证芽片 3 个边与砧木割口 3 个边贴紧，之后用塑料薄膜绑缚。一般先绑缚接芽片的中部，以利其固定在砧木上，再在上下各绑一圈打结即可。动作要迅速，尽量缩短接芽在空气中的暴露时间，使接口密封、接芽贴紧砧木，包严叶柄，露出芽。

⑤ 砧木去头：在接芽上部保留两三片复叶进行光合作用，剪除砧木上部其余枝叶，并将剩余部分叶腋内的新梢和冬芽全部抹掉（或将砧木接芽以上 10 cm 左右处扭梢）。

(4) 嫁接后的管理

从嫁接到完全愈合及萌芽抽枝需要 30 ～ 40 天，为保证其健壮生长，应加强管理。

1）除萌芽：把芽接后砧木的所有萌芽全部除掉，让养分全部集中在接芽，保证接芽正常生长。

2）补接：嫁接后 15 天左右检查成活情况，叶柄一接触就落，芽眼绿色为成活；叶柄不落，芽变为褐色或黑色，一般多已死亡，要及时补接。

3）剪砧：当接芽长至 3 ～ 5 cm 时，距芽 8 ～ 10 cm 处剪砧（二次剪砧），等到接芽长到 30 cm 左右时再剪去留下的干桩。接穗芽已萌发抽枝，要及时除掉砧木的萌芽，如芽接接穗不能萌发（已经死亡），可在合适部位保留 1 个萌芽，以便抽枝后进行补接。

4）解绑：绿枝嫁接成活后，伤口愈合较快，新梢生长迅猛，当接芽长至 5 ～ 6 cm 时，从芽子正背后把嫁接绑扎的塑料条用刀划开。若拆条不及时，不仅影响养分供应，而且形成环缢后容易风折，如果解绑过早接芽四周易翘起。

5）防风折：核桃枝条较粗、叶片较重，加上新梢生长较快，很容易造成风折，暴风雨天气尤其严重。在风大地区，新梢长达 30 ～ 40 cm 时，应及时在苗旁立支柱引绑新梢。

6）肥水管理：核桃嫁接后 20 天内禁忌灌水施肥，当新梢长到 10 cm 以上时应及时施氮肥后浇水，秋季应适当增加磷钾肥（如 8 月以后喷叶面肥 0.3% 的磷酸二氢钾液），以防苗徒长，提高木质化程度，促其生长充实，安全越冬。

7）加强病虫害防治：在新梢生长期，避免遭受食叶害虫危害，要及时检查、注意防治。常见的病虫害有根腐病、白粉病、干腐病和食芽象甲、金龟子等。

8）冬季防寒。一种方法：可采用苗木落叶后涂白或者全树涂聚乙烯醇防止抽条，使苗木安全越冬。另一种方法：9月上旬对新梢未停止生长的要摘心，以促使新梢成熟、枝条充实，增强越冬能力。

(5) 影响嫁接成活率的因素

1）气象因素。

① 温度。一般核桃形成愈伤组织适宜温度为 22 ～ 28℃，低于 15℃或高于 35℃，不利于愈伤组织形成。

② 湿度。湿度条件包括嫁接本体含水量的高低、土址湿度和空气湿度的大小。一般嫁接口周围相对湿度保持在 70% ～ 90% 比较适宜。

③ 光照。接穗从离开母体到嫁接，应尽量避免光照，以促进愈伤组织形成，提高嫁接成活率。

④ 降水。适宜的降水可保持合适的土壤湿度，提高嫁接成活率。嫁接期遇连阴雨会降低成活率。所以，嫁接时应尽量避开连天雨和暴雨多发时段。

⑤ 大风。嫁接时新梢长到 20 cm 左右时，如遇到大风，容易使砧木的接穗创伤面水分过度散失，影响愈合。新梢长到 30 cm 左右时，大风易使新梢从嫁接部位折断。可采取在贴近砧木处立支柱的方法，将新梢松绑在支柱上。

2）嫁接物资因素。

① 嫁接刀不够锋利，削口不平滑，形成层不密接。

② 绑扎膜质量不好，接口包扎不严密。

3）穗条因素。

① 穗条的木质化程度不够。

② 接芽不够饱满。

③ 穗条采集时间不适宜。

④ 接芽髓心过大。

⑤ 穗条储藏时间过长或储藏不规范，失水严重。

⑥ 穗条单宁含量过高。树体内单宁含量高，遇空气易氧化产生黑褐色隔离层，影响接口愈伤组织形成。

4）砧木因素。

① 砧木粗细不合适。一般选用生长健壮、粗 1.5 cm 以上的砧木。

② 砧木嫁接部位高度把握不适当，一般距地面 15 ～ 20 cm，过高过低都会影响成活。

③ 砧木树势不强旺、带病虫害和树体损伤。

④ 砧木单宁含量（与穗条单宁含量的影响相同）。

5）放水因素：放水方法；放水时间；放水适度。

6）嫁接技术因素。

① 嫁接时间把握不当；

② 接口包扎不严，导致接口湿度降低或是接口湿度过大或积聚伤流；

③ 嫁接工人技术不够熟练，芽片和砧木接口在空气中暴露时间过长。

7）肥水管理因素。

① 没正确把握浇水时间；

② 没正确把握施肥时间。

8）其他因素。

① 品种差异；

② 伤流；

③ 不同的嫁接方法；

④ 除萌不及时；

⑤ 解绑不及时；

⑥ 其他自然性天灾，如早霜等；

⑦ 砧穗间的亲和力。砧穗间的亲和力是指砧木和接穗嫁接后能够形成愈伤组织、输导组织、并相互连接而成活、形成新植物个体的能力。

2.毛竹实生苗栽培技术

毛竹，又称楠竹是重要的材用竹类，具有生长快、产量高、伐期短、用途广等特点，不仅能提供用材，还可以提供美味的食品竹笋，更主要的是毛竹只要一次种植成功，辅以科学合理的经营管理，成林后可年年择伐，实现青山常在，永续利用，使发展经济与保护生态环境相得益彰。现将毛竹实生苗栽培的要点总结说明如下。

(1) 播种育苗

播种育苗可培育足够壮苗，保证大面积造林用苗需要，其主要措施有以下几个方面。

1）认真选地。竹苗怕旱、怕涝、容易发生病虫害。要选择地势平缓，交通方便，靠近水源、排灌方便、背风朝阳的地方，土质疏松肥沃、酸性至中性的壤土或沙壤土育苗。避开易旱易涝，低洼积水及地下水位过高的地方。

2）细致整地。

① 施足基肥：腐熟厩肥、堆肥 2000 kg / 亩；土杂肥 3000 kg / 亩或沤熟的饼肥 250 kg / 亩；磷肥 50 kg / 亩。

② 适当撒药：结合施基肥每亩拌撒 6% 可湿性六六六粉 2kg 或呋喃丹 1kg 消灭地下害虫。

③ 深耕细耙：耕地深 20cm。

④ 起好苗床：床高 12 cm、床宽 120 cm、沟 40 cm，排水良好或干旱的地方用低床或平床，床面做到表土细碎、床边紧实、步道通直并与排水沟相连。

3）及时采种。毛竹 4 ～ 6 月开花，8 ～ 10 月种子成熟，成熟的种子极易脱落，应及时采摘。

4）适时播种。

① 把握好播种期：种子没有后熟期、不耐储藏，一般情况下，只要有适宜的温度（气温 20℃以上）、水分、空气条件，成熟健康的种子 5 ～ 7 天就会发芽，15 天为发芽盛期，发芽期约持续 30 天，随采随播的种子发芽率达 90%，随着储藏时间的增长，发芽率会不断下降，在 0 ～ 5℃ 的低温冷藏的种子可保存 1 年以上，因此，毛竹种子在常温下储藏不宜超过半年，只要温度适宜，就应抓紧播种，可秋播或春播。

② 掌握好播种方法。健康的毛竹种子胚乳呈淡褐色、有光泽、半透明状态。胚和胚乳变黑或胚乳大部分为粉末状为坏种子。

种子消毒：用清水浸半小时，再用 0.3% 高锰酸钾溶液消毒 2 ～ 4 h 后洗净。最后用净水浸泡 24 h，从水中捞出后晾干 1 ～ 2 h 后便可播种。

精心下种：可用撒播、条播、点播，以点播为佳，每穴放种 3 ～ 4 粒，用种量少，管理方便。用种量视种子的千粒重及发芽率情况而定，一般每亩可播带壳种子 8 ～ 10 kg，均匀撒下，用细黄土覆盖，以不见种子为度，盖草淋水，然后用适当长的竹片在苗床面上弯成拱，隔一定距离一根，盖上薄膜保温、保湿、防鸟鼠危害。

5）田间管理。毛竹一年生实生苗具丛生的特征，有极强的分蘖能力，呈丛生状态，第二年丛生和分蘖同步发展呈现混生状态，第三年则大量生鞭发笋，散生占优势，第四年后完全成为散生状态。播种后，要经常观察苗床温度，气温 20℃ 左右为宜，保持苗床土壤湿度，5 ～ 7 天就开始发芽，发芽时先长出胚根，再长出胚芽。胚根的生长速度大于胚茎 1 ～ 2 倍。胚根先生长根毛，再分生侧根；胚茎逐渐伸长，长出真叶。在适宜条件下，发芽后的幼苗，经过 40 ～ 50 天（秋播 100 天），开始从苗基部分蘖出新苗，分蘖苗约需一个月的时间完成其高生长。毛竹带壳种子播种 20 天后便可出苗，待幼苗高 10 ～ 15 cm 时移植，及时对空穴补上小苗，对过多的苗要移开，移植后每穴保持一两株健壮小苗。此后，每 40 ～ 50 天又从苗基部分分蘖出 1 ～ 3 株小苗，一年内可分蘖 4 ～ 6 次，分蘖苗一次比一次增高长粗，一年生苗每丛约 8 ～ 15 株，一般苗高为 30 ～ 40 cm，毛竹新生苗（一年生）具有极强的分蘖繁殖能力，可利用新生苗进行育苗繁殖，以苗繁苗，建立永久苗圃，待新生苗长至地径 1 cm 左右小竹时，便可选择挖取用于造林。田间管理主要抓好以下几个环节。

① 揭草去膜：分两次进行。大部分播种穴出苗后揭去 1/2，再经过 7 ～ 10 天全部揭除。

白天去掉薄膜，晚上覆盖，达到炼苗目的，最后完全揭除。

② 间苗补苗：在幼苗展叶 3 ～ 5 片、苗高 10 ～ 12 cm 和分蘖前的阴雨天进行。要求随起随栽，多带宿土，栽植时苗根要舒展，深浅适宜（比原入土深约 0.5 cm），株行距 30 cm×30 cm，保持每穴一两株，淋足定根水，再覆盖一层松土至苗茎位置。

③ 搭棚遮阴：移栽后可搭遮光棚，高 100 cm 左右，透光度 50% ～ 60%，早盖晚揭，夏季高温后逐步减少遮阴时间，白露前后全部揭除。

④ 注意保湿：播种后至出苗前都要保持苗床土壤湿润，夏季高温干旱时要利用沟渠进行速灌速排，降温抗旱，雨季积水及时排涝。在竹苗周围覆盖一层谷壳、草节、木屑等，既能抗旱，又可减轻雨后竹苗沾泥影响竹苗生长。

⑤ 经常除草：做到“除早、除小、除了”。不伤幼苗、分蘖芽和带动苗根部。雨后、浇水和追肥后应及时松土，竹苗周围浅松细松，行间深松疏松，深度 1 ～ 3 cm。

⑥ 培土壅根：结合除草松土进行，以不露根为度。既能抗旱又可防止地表高温灼伤分蘖芽。

⑦ 注意追肥：按照“先稀后浓、少量多次”的原则，对基肥不足或竹苗生长不旺时需进行追肥。实生苗展叶数片，用 5% ～ 10% 腐熟的清粪水提苗。进入分蘖期后，可用 2.5% ～ 5% 沤熟的饼肥或者 10% ～ 40% 腐熟的人粪尿等追施“分蘖肥”，一般施追肥不超过 8 月底。

(2) 造林种植

利用毛竹种子培育实生苗进行造林，起苗、运苗都比较方便，经过苗圃培育的竹苗生长健壮、根系发达、造林成活率高，同时耗费种竹少，能适应大规模发展毛竹生产种植的需要。毛竹实生苗造林，一般经 3 ～ 5 年可郁闭成林，6 ～ 7 年开始间伐利用。毛竹实生苗造林应做好以下四个方面的工作。

1）造林地的选择。为了培育速生、丰产优质的竹林，提高发展毛竹林的经济效益，造林前必须根据毛竹生物学和生态学的特性，选择适宜的立地条件，做到适地适竹，相对集中，开展适度规模经营。

2) 整地挖穴。整地是造林的重要生产环节，是造林过程中一项重要的技术措施，整地质量的好坏直接影响到造林质量的高低。通过整地可以疏松土壤、改善土壤的物理性状，改善土壤的水、肥、气、热等条件；通过合理的整地，加速土壤的风化作用，促进可溶性盐类的释放和各种营养元素的有效化，使土壤养分得到改善，孔隙度增加，增强土壤的透气性，提高土壤保蓄水分的能力；通过整地使毛竹地下鞭根系统向四周伸展的机械阻力变小，提高造林成活率和成林速度。

在生产实践中，毛竹实生苗造林常采用穴状整地，株行距 3 m×4 m，植穴规格长 × 宽 × 深为 60 cm×60 cm×40 cm，穴底平整，把心、表土分别堆放于穴的两侧，以便在种植时先回表土后填新土，提高种植质量。在植被较多的地方，要按株行距离，每行先除去 2 m 宽带的杂草、灌木，然后再挖栽植穴，不宜全面砍伐，以保持水土，适当留作蔽阴，既提高造林成活率，又可以减少投资、提高工效。

应大力提倡提前整地，整地可以提前至 5 ～ 6 个月。提前整地可以充分发挥利用外界有利条件，节省整地用工，合理安排劳力，降低造林成本；同时，可以调节土地的水分状况，并使杂草、灌木等充分腐烂，穴土充分风化，增加土壤肥力，较好地改善土地条件，提高造林成活率，还可以保证造林工作的及时完成。在土地疏松、肥沃、立地条件较好，杂草、灌木不多的造林地上，可以随整随造。

3）造林季节的选择。大面积的毛竹实生苗造林，为了提高造林成活率，最好选择在母竹出笋前的初冬和早春进行种植。

早春正是毛竹的孕笋期，笋芽从休眠、半休眠状态开始转向活动，积累储存了丰富的养分，笋芽开始萌动，竹子生理活动日趋活跃，早春种竹后，能立即出笋，抽枝展叶，由于春季气温适宜，春雨绵绵，使春季种竹具有较高的成活率。但是，必须注意，春季是毛竹地上部分生长最快的季节，竹笋从抽枝到成竹，抽枝展叶生长极快，早春种竹后，根未扎好，枝叶先放，地下鞭根不扎实，部分母竹马上出笋，地上部分生长快，地下部分生长慢，由于地上部分生长过快，消耗了母竹积累的养分，影响了地下鞭根生长的速度，上下生长比例失调，因此，春季种竹对当年出土的竹笋以少留为宜，并且待留新竹在抽技后展叶前疏去 1/4 的顶梢，控制顶端优势，减少水分蒸发和养分消耗，促进地下部分生长，加快成林速度。

冬季 11 月（即农历十月），有一段时间气温回升，降水较多，气候好似春天，被人们称为“十月小阳春”，降水量与蒸发量基本平衡，风速较低，气温逐渐下降。这时毛竹的生理活动处于半休眠状态，鞭根储藏的养分多，消耗的养分、水分少，每年春节前后，都有一次较强的降水过程，这时候的土壤湿度适宜，有利于新竹鞭根伤口的愈合，再加上母竹种植后，在新环境中有几个月的适应过程，鞭根扎实，开春后就能出笋，抽枝发叶，成活率高。但是，要在 11 月的初冬进行，12 月的寒冬不宜种植。

4）起苗定植。毛竹实生苗（1 ～ 3 年生）具有丛生的特性，有极强的分蘖繁殖能力，一年内可分蘖 4 ～ 6 次，分蘖苗一次比一次长得高大。待长至播种后的第三年呈混生状态，小竹地径 1cm 左右时，可选取挖出用于造林。种竹能否成活关键在于维持竹苗水分代谢平衡，能否快速成林关键在于肥分的管理，能否成材关键在于抚育间伐，合理留养。

①起苗。起苗应在阴天或在晴天的下午进行。起苗时，选择生长茂盛，呈散生状态的单株，地径 1cm 以上的小竹苗作出圃合格苗。掘苗前，先在苗圃地里将其 2/3 的枝叶和梢部用枝剪剪掉。然后，用铁锹带苗土成 20cm 左右的菱形或方形挖起，尽量少伤根、多带宿土。

就地栽植可不包扎。远途运输，要用草或塑料薄膜将土墩包扎好，按数量捆扎成把。装车、卸车尽量小心，轻装慢放，防止震落宿土，造成竹苗失水，装车时要从车尾开始一把一把斜放好，竹蔸与竹蔸靠近，避免挤压，装好后，盖上篷布，降低水分蒸发，减少风的危害。遇晴天、风大、路远时，盖篷布前要覆盖浸透水的湿稻草，日夜兼程运往目的地，缩短途中时间，做到随挖、随运、随栽。

② 定植。种竹定植应选择阴雨天或雨湿透泥土后进行。定植前每穴可施充分腐熟的有机肥 5 kg 以下，与表土和穴底土一起拌和埋于穴底，有机肥用量不宜过多，特别是未腐熟的有机肥，如果穴内用量过多，未腐熟的有机肥就会产生较多的热量烧伤竹根，这样不仅不能促进新种母竹的快速成林，而且会降低成活率。另外，有机肥腐熟后，体积缩小，在母竹根盘下形成空隙，使母竹位置移动下陷，鞭根与土壤分离，影响母竹生长。施基肥的穴塘，可适当大些、深些，大小可视基肥的用量而定。施基肥时，先将腐熟的有机肥在穴低摊平，然后覆盖一层 5 ～ 9 cm 厚的表土并踩实。

把分蘖苗放入穴中，除去包扎，使根群舒展，苗竿扶正，壅土踏实，要求回土细碎，切忌土块过大，使土层与母竹根群密集，只踏实带土团周围，不要踩竹墩中心，以免损伤笋芽，栽植深度比原来苗圃时深 3 cm 为宜。培土成馒头形，再加上一层松土，以防积水，定植后穴面盖上一层干草，淋足定根水。

宜适当浅栽，否则，栽得过深新笋难以长出土层，更主要的是深土层中空气不足，养分较少，土地坚硬，加上有些地方地下水较高，使竹根在土中得不到足够的空气而窒息，引起烂芽烂鞭，母竹栽植后长期不发笋，导致造林失败；栽植过浅，容易摇动和易遭干旱危害。种植后，如遇连续的晴天、土壤干燥、竹叶失水，应浇水，以保持穴土湿润。

(3) 栽后管理

采用毛竹实生苗造林，必须对新造竹林进行浇水灌溉、除草松土、合理施肥和搞好保护，只有加强管理，才能提高竹子造林成活率，加快成林步伐，主要管护措施为以下七个方面。

1）搞好保护。毛竹实生苗栽植后至郁闭成林，都要注意做好对竹林的保护，特别是新栽当年，要有专人负责，做好抚育管理工作。为避免人畜破坏，应严格禁止人畜进入林内践踏。遇雨水冲刷出现露根露鞭、竹苗歪斜或根际摇动，要及时进行培土填盖。待新竹抽枝后、展叶前要及时砍去 1/5 ～ 1/4 的竹梢，这样就可以去掉顶端优势，可以减少竹苗水分蒸发，提高抗旱能力，有利于促进枝叶生长、鞭根延伸和防台风危害。竹苗容易发生病虫害，应十分注意病虫害的防治工作，经常进行林间检查，特别是食笋害虫和食叶害虫对新造竹林危害很大，必须及时防治，使新造竹林快速健康成林郁闭。

2）及时补植。部分新栽竹苗，因天气干旱、带土过少和其他原因，会引起新栽竹苗干枯或死亡，应及时进行补植。遇竹叶枯黄或落叶，但枝条色青并有芽，这是因母竹调节内部水分代谢平衡出现的假死现象，经过缓苗期，会抽出新叶，因此落叶母竹凡枝条色青的都应予保留，待确定死亡后再补植。经夏、秋季节，母竹死亡率在 20% 以上的要检查死亡原因，总结经验，并在下一栽竹季节补植。

3）水分管理。实生苗怕涝、怕旱，林地土壤的水分状况是影响竹子造林成活率的重要因素。新栽的竹苗，经过挖掘、运输和栽种，鞭根受到损伤，吸收水分的能力减弱，呼吸作用加强，如果土壤水分不足，竹苗的鞭根呼吸困难，不能满足枝叶蒸腾作用的需要，因而失水枯死。如果林地排水不良，土壤中空气缺乏，竹鞭不能正常呼吸代谢，造成鞭根腐烂。只有在土壤湿润而又不积水的条件下，竹苗的鞭根既可得到充足的水分，又能得到足够的空气，才能有利于吸收水气，恢复生长。因此新造竹林第一年内水分管理尤为重要，如遇天晴无雨，土地干燥，竹叶失水，必须进行浇水灌溉，遇久晴无雨，应连续浇水。在水源方便的平地或缓坡地，可开水沟引水自流灌溉，在水源困难的丘陵山地，应挑水逐株浇灌。浇水必须以浇透为好，不宜少量多次，灌溉量以竹苗鞭根附近的土壤湿润为度。要掌握“头水要早、末水要饱、中间要巧”的原则。春天浇迎春水，秋末冬初大浇封冻水。在生长夏季要看天、看地、看竹浇水，保持林地土壤湿润。浇水时要加入少量的粪尿和氮素肥料，可以提高竹子抗旱能力。浇水后，还应将表层的泥土锄松，加盖一层 1 ～ 2 cm 厚度的细土。

4）除草松土。新造竹林，竹子密度较疏，林内光照充足，容易滋生杂草、灌木，不仅消耗竹林水分和养分，而且直接妨碍竹子生长，因此，在新竹郁闭前必须除草松土，清除的杂草作机肥，疏松土壤，覆盖林地可减少水分蒸发，促进地下鞭根生长，加快成林速度。一般新造竹林每年应实施二次，有条件的地方，可以实施 3 次。第一次在当年五六月进行，深翻 25 cm 的土层，将底土翻到表层，特别是鞭根四周宜深翻，促进深层竹鞭向外围扩展。这时已长出新竹，林地上的杂草较嫩，除后易腐烂。第二次在当年八九月进行，这时毛竹正在行鞭排芽，林地上杂草生长也很旺盛，竹子与杂草都需要大量消耗水分和养分，矛盾较大，在有鞭部位，浅翻 15 cm 左右，此时新鞭生长加快，成熟竹鞭开始笋芽分化，应注意保护鞭和芽的生长，但在新鞭未达到的外围宜进行深翻，进行鞭根引导，促进提早成林。第三次在次年 2 月，以浅削为主。

平缓地可全部除草松土，坡地上可在竹丛周围 1 m 范围内除草松土，随着竹丛的扩大和竹鞭的蔓延，除草松土的范围要逐年扩大，除草松土时应注意不损伤竹鞭和笋芽，有条件的地方，除草松土应结合施肥。

5) 合理施肥。结合竹林松土合理施肥，能促进新竹生长，提早成林。随着立竹株数的增加，施肥量应逐年增加。为了促进地下竹鞭生长，提高出笋率和成林率，加速新造竹林及早成林投产，1 年可三次施肥，时间为 2 月、6 月、9 月。新造竹林各种肥料（有机肥、化肥）

都可以使用，但应掌握“勤施薄肥、少量多次、浓度宜淡”的原则，同时注意施肥方法。在春季，竹林生长旺盛施速效氮肥，如尿素、氨水、饼肥、复合肥、人粪尿等，当年母竹每株可施化肥 1 ~ 3 两，人粪尿 5 ~ 10 kg，化肥应均匀撒施，也可冲水浇施，浓度宜淡不宜浓，人粪尿应冲水 2 ~ 4 倍，浇施。秋冬季，竹林生长缓慢，施缓效的有机肥，如厩肥、骨粉、土杂肥、塘泥等，可在竹株附近开沟挖穴施后盖土，也可直接撒在林地上，然后盖上土层，新造竹林每亩每年可施一次厩肥土杂肥或塘泥，既增加了土壤肥力，又可以保持土温，对新竹鞭芽越冬很有好处。

6）合理留养。合理留养是促进毛竹成林成材的关键。毛竹幼林阶段，留养的新竹离母竹距离越远越好，可促进地下竹鞭快速密布全林地，使新造林快速均匀地郁闭成林。一般春季 2 月种竹，大部分母竹当年就会出笋，新造竹林出笋后，如同一株母竹出笋过多一样，会常因水分供应不足而成退笋，不能成竹。应及早挖去一些竹笋，每株每次发笋保留两三株健壮竹笋让其成竹，其他新笋可及时疏去，不宜全部留养，对于新笋即使一株不挖全部留养，也不可能全部成竹，即使能成竹，由于留养过多，营养不足，母竹细小，过分密集成丛，使地上竹林结构不合理，而且地上部分消耗养分过多，抑制了地下部分竹鞭的生长，使地上与地下部分比例失调。因此在造林第二年就应积极地采用“三留三挖”的方式进行挖笋，即“留远挖近、留强挖弱、留稀挖密”，进而提高母竹留养质量，又促进地下鞭生长。在第三四年，仍应采用疏笋方式，留养数量逐年增加。

幼林竹株一般量多细小，除新栽当年长出的新竹，无论大小，都要加以保护，其余要按照“去小留大、去老留幼、去弱留强、去密留稀”的“四去四留”的原则，抚育间伐，促进幼林快速成长，提早成林成材。有些生长稠密而健壮的植株，可以挖来用作母竹来造林。

7）间作增收。新造竹林在前 2 年内可以套种其他作物，既可以充分利用地力和光能，又对土壤起到覆盖作用，减少水土流失，防止杂草滋生，以耕代抚新造竹林。合理间种豆科植物、蔬菜或其他经济作物，不仅可以增加新造竹林的经济收入，以短养长，而且可以防止杂草滋生，又可以疏松土壤，改善水肥条件，促进新竹生长，使新造竹林提早成林投产。竹林间作必须以养竹为目的，间作作物不宜太密，与母竹距离宜远些，减少间作作物与母竹争夺养分、水分和生存空间，影响竹林生长，在间作抚育管理中，应保护母竹的鞭芽与鞭根。在收获时，农作物茎秆宜归还竹林，增加土壤肥力和有机质。随着散生竹鞭的蔓延和扩大，应逐年缩小间种面积，最后停止间种。

更多案例和种植栽培技术，敬请参考《南方主要树种育苗关键技术》和《北方主要树种育苗关键技术》。《南方主要树种育苗关键技术》是针对培养、提高广大林业、园林苗圃经营者、专业户和合作组织的现代育苗技能，普及、推广先进实用技术而编写的一部兴林富民专业书籍。《南方主要树种育苗关键技术》突出技术关键，内容丰富，简练通俗，对于发展现代林业，做大、做强南方主要树种的采种、育苗能力，发展种苗产业，提高从业人员科技素质具有积极作用。《北方主要树种育苗关键技术》是总结多年来北方常见造林树种的育苗技术先进经验和已在实践中检验的实用的育苗科技成果，旨在为生产第一线的育苗工作者提供有益的技术指导。《北方主要树种育苗关键技术》共分两大部分，第一部分略述了我国北方地区的自然环境条件以及树木资源特点，综合论述了北方地区进行树木育苗的基本技术途径和方法。第二部分针对北方地区常见的造林绿化树种，就其优质种质资源、主要良种名录、主要繁殖材料的生产、关键育苗技术和壮苗标准给予详细阐述。

3.3 抚育采伐技术

3.3.1 抚育采伐的目的、种类与方法

抚育采伐与主伐的区别见表 3.4。

表 3.4　抚育采伐与主伐的区别

比较点	区　别	
	抚育采伐	主　伐
目　的	培育林木	取得木材
年　龄	幼、中、近熟林	成熟林
选　木	有选木，很重要	有或无，较重要
更　新	无更新问题	有更新问题

1.哪些林分需要抚育采伐?

郁闭度 0.8 以上，林木分化明显，出现自然整枝，影响林木冠幅和枝晶生长的林分，以及遭受病虫害、火灾及风折、雪压等自然灾害的林分需要抚育采伐。

2.抚育采伐的种类有哪些?

根据国家颁布的“森林抚育规程”规定，我国森林抚育采伐分为透光伐、疏伐和生长伐，特殊林分还可采用卫生伐。

1）透光伐是在幼林时期（第 1 龄级）实施，林冠尚未完全郁闭或已经郁闭，林分密度大，林木受光不足，或者有其他阔叶树或灌木树种妨碍主要树种的生长时，需要透光伐。主要是解决树种间、林木个体之间、林木与其他植物之间的矛盾，保证目的树种不受非目的树种或植物的压抑。

2）疏伐是林木从速生期开始，直至主伐前一个龄级为止的时期内，树种之间的矛盾焦

点集中在对土壤养分和光照的竞争上，为使不同年龄阶段的林木占有适宜的营养面积而采取的抚育措施。

3）生长伐是为了培育大径材，在近熟林阶段实施一种抚育采伐方法称为生长伐。在疏伐之后继续疏开林分，促进保留木直径生长，加速工艺成熟，缩短主伐年龄。

4）卫生伐是为了保持林分的健康和防止森林病虫害的传播与蔓延而采取的一种抚育采伐方式。只是在因为要达到这些目的及发生其他自然灾害的情况下，并且不能与最近的其他抚育采伐结合实施时，才单独实行卫生伐。

3.3.2 抚育采伐的开始期

1.怎样确定抚育采伐的开始期?

抚育采伐的开始期是指什么时候开始抚育采伐。开始早，对促进林木生长的作用不大，不利于优良的干形形成，也会减少经济收益；开始晚，则造成林分密度过大，影响保留木的生长。合理确定抚育采伐的起始期，对于提高林分生长量和林分质量有着重要意义。

抚育采伐开始期的确定，根据经营目的、树种组成、林分起源、立地条件、原始密度、单位经营水平等不同而不同。还必须考虑可行的经济、交通、劳力等条件。具体确定可根据以下几种方法。

1）根据林分生长量下降期：林分直径和断面积连年生长量的变化，能明显地反映出林分的密度状况。因此直径和断面积连年生长量的变化，可作为是否需要实施第一次生长抚育的判断指标。当直径连年生长量明显下降，说明树木生长营养空间不足，说明林分密度不合适，已影响林木生长，此时应该开始抚育采伐。当林分的密度合适，营养空间可满足林木生长的需要则林木的生长量（为了简单可用直径生长量）不断上升。据研究南方杉木在中上等立地条件下，4 年生为胸径生长最旺盛期，到 5 年生开始下降，六七年生时明显下降；断面积生长量在 5 年生达到最高，于六七年时开始下降。因此，可以将六七年生作为该立地条件和造林密度下，杉木林首次抚育间伐的时间。

2）根据林木分化程度确定：在同龄林中林木径阶有明显的分化，当林分分化出的小于平均直径的林木株数达到 40% 以上，或 IV、V 级木占到林分林木株数 30% 左右，应该进行第一次抚育采伐。福建省杉木、马尾松被压木（IV、V 级木）株数占总株数 20% ～ 30%；建柏、柳杉被压木株数占总株数 15% ～ 25%，可采取间伐。

3）根据林分直径的离散度：林分直径的离散度是指林分平均直径与最大、最小直径的倍数之间的距离。不同的树种，开始抚育采伐时的离散度不同。例如，刺槐的直径离散度超过 0.9 ～ 1.0，麻栎林的直径离散度超过 0.8 ～ 1.0，应实施第一次抚育采伐。

4）根据自然整枝高度确定：林分的高密度引起林内光照不足，当林冠下层的光照强度低于该树种的光合补偿点时，则林木下部枝条开始枯死掉落，从而使活枝下高增高。一般当幼林平均枝下高达到林分平均高 1/3 时（如杉木）或 1/2 时（建柏、柳杉），应实施初次疏伐。

5）根据林分郁闭度确定：这是一种较早采用的方法，用法定间伐后应保留的郁闭度为准，当现有林分的郁闭度达到或超过法定保留郁闭度时，即应首次间伐。一般树种间伐后应保留的郁闭度为 0.7 左右。如果，林分的郁闭度达 0.8 或 0.9（如杉木、建柏、柳杉）（马尾松），可实施首次间伐。

有时用树冠长和树高之比来控制（称为冠高比）。一般冠高比达到 1 ∶ 3 时，应考虑实施初次抚育采伐。使用这种方式，必须区别阳性树种和耐阴树种，并且要有实际经验或以其他指标加以校正。

6）根据林分密度管理图确定：林分密度管理图是现代森林经营的研究成果，我国对杉木、落叶松等主要造林树种已建立了比较成功的林分密度管理图。在系统经营的林区，可用林分密度管理图中最适密度与同树种、同年龄、同地位级的实际林分密度对照，实际林分密度高于图表中密度时，表明现有林分应实施抚育采伐。

3.3.3 抚育采伐的强度

1.确定抚育采伐强度的原则是什么?

能提高林分的稳定性，不致因林分稀疏而招致风害、雪害和滋生杂草；不降低林木的干形质量，又能改善林木的生长条件，增加营养空间；有利于单株材积和林木利用量的提高，并兼顾抚育采伐木材利用率和利用价值；形成培育林分的理想结构，实现培育目的，增加防护功能或其他有益效能；紧密结合当地条件，充分利用间伐产物，在有利于培育森林的前提下增加经济收入。

2.抚育采伐强度的分级标准是什么?

采伐强度用采用伐木的材积占前林分蓄积量的百分率表示，一般分为 4 级。

1）弱度：砍去原蓄积量 15% 以下。

2）中度：砍去原蓄积量 16% ～ 25%。

3）强度：砍去原蓄积量 26% ～ 35%。

4）极强度：砍去原蓄积量 36% 以上。

抚育采伐时，各次采伐所取得的材积总数占主伐时蓄积量的百分率称为总强度。也可分为 4 级。

1）弱度：占主伐时林分蓄积量的 40% ～ 50%。

2）中度：占主伐时林分蓄积量的 51% ～ 75%。

3）强度：占主伐时林分蓄积量的 76% ～ 100%。

4）极强度：占主伐时林分蓄积量的 100% 以上。

3.怎样确定抚育采伐的强度？

抚育采伐强度确定的方法，比较理想的是应该通过长期的、不同抚育间伐强度的定位研究，制定出在一定立地条件下，与经营目的相适应以及各不同生长发育阶段林分应保留的最适株，以此作为标准来确定现实林分的采伐强度。抚育采伐强度的确定方法分为定性采伐和定量采伐两大类。

4.常见的定性抚育采伐方法有哪些？

根据树种特性、龄级和利用的特点，预先确定某种抚育采伐的种类和方法，再按照林木分级确定应该砍去什么样的林木，由选木的结果计算抚育采伐量。

1）按林木分级确定抚育采伐强度。利用克拉夫特林木分级法，在下层疏伐中可确定哪一等级或某等级中的哪一部分林木应该砍掉，从而决定抚育采伐强度。通常强度级别可分为：弱度抚育采伐，只砍伐 V 级木；中度抚育采伐，砍伐 V 级和 IV 级木；强度抚育采伐，砍伐全部 V 级和 VI 级木。

2）根据林分郁闭度和疏密度确定抚育采伐强度。遵照“森林抚育采伐规程”的规定，将过密的林木（林分郁闭度或疏密度要高于 0.8）实施疏伐后，林分郁闭度下降到预定的郁闭度，一般采伐后林分郁闭度保留在 0.6 和疏密度保留在 0.7 以上。

5.常见的定量抚育采伐方法有哪些？

根据林分的生长与立木之间的数量关系，在不同的生长阶段按照合理的密度，确定砍伐木或保留的数量。主要有以下几种。

1）根据胸高直径与冠幅的相关规律确定。树冠幅度的大小，反映林木的营养面积大小，也影响林木直径的大小。一般冠幅越大，胸径越大，胸径大了单位面积上的株数就少了。根据直径、冠幅和立木密度的相关规律，推算不同直径时的适宜密度，用此密度指标作为确定间伐强度的依据。因为林木直径便于测定，这种方法应用较为普遍。

2）根据树高与冠幅的相关规律确定。采伐强度确定的合理，是指把过密的林木砍除后使留下的林木属合理保留株数。一株数占地面积大致与它的树冠投影面积相等，可用树冠投影面积代表一株数的营养面积。冠幅与树高的比值称为树冠系数。不少树种冠幅直径为树高的 1/5，于是常用 $(H/5)^2$ 代表近似的营养面积。那么单位面积上的合理保留株数，可利用下式就可求得：$N_0=10000/(H/5)^2=250000/H^2$

式中：N_0——每公顷合理保留株数；H——林分优势木平均高。

采用下列公式求得抚育采伐强度：$P_n=(N-N_0)/N\times100\%$

式中：P_n——抚育间伐株数强度；N——现有林分株数；N_0——合理保留株数。

3）用林分密度管理图。该图由等树高线、等疏密度线、最大密度线和自然稀疏线组成，用来表达林分的生长与密度之间的变化关系，可作为定量抚育间伐设计的依据。

6.抚育采伐对木材质量会造成哪些影响?

提高林木品质的因素，主要是选木原则决定的“留优汰劣”“砍弯留直”等措施。采伐后林木由优良、通直、健壮的植株组成，质量必然提高。木材品质提高表现在以下几个方面：可促使年轮加宽，增加木纤维长度；提高晚材百分率，使木质坚实；导管和管胞长度增加说明疏导组织加强，也提高了木材强度。但是，抚育采伐容易降低木材品质因素，如降低树干饱满度。树干形数随采伐强度的增加而减少；尖削度随着采伐强度的增加而显著增加。

抚育采伐引起树干尖削度增加的道理源于林木和孤立木区别的理论。因为强度大使保留木周围变得空旷，侧方光增加，下部枝条发达，干形发育朝向孤立木特点，从而尖削度增加。采伐后容易引起徒长枝生长，造成干形不良。

7.透光伐的主要对象是什么?

1）抑制主要树种生长的次要树种、灌木、藤本，甚至高大的草本植物，需要透光伐。

2）在纯林或混交林中，主要树种幼林密度过大，树冠相互交错重叠、树干纤细、生长落后、干形不良的植株，需要透光伐。

3）实生起源的主要树种数量已达营林要求，伐去萌芽起源的植株；在萌芽更新的林分中，萌条丛生，择优而留，伐去其他多余的萌条，需要透光伐。

4）在天然更新或人工更新已获成功的采伐迹地或林冠下造林，新的幼林已经长成，需要砍除上层老龄过熟木，以解放下层新一代的目的树种需要透光伐。

8.透光伐实施方法分哪几种?

1）全面抚育。按一定的强度对抑制主要树种生长的非目的树种普遍伐除。在交通便利、劳力充足，薪炭材有销路而且林分中主要树种占优势，分布均匀的情况下适用这种方法。

2）团状抚育。主要树种在林地上的分布不均匀且数量不多时，只在主要树种的群团内，砍除影响主要树种生长的次要树种。

3）带状抚育。将林地分成若干带，在带内进行抚育，保留主要树种，伐去次要树种。一般带宽 1 ～ 2 m，带间距 3 ～ 4 m，带间不抚育（称为保留带）。带的方向应考虑气候和地形条件，如缓坡地或平地南北设带，使幼林充分接受阳光；带的方向与主风方向垂直，以防止风害；带的方向与等高线平行，以防止水土流失等。

9.怎样确定透光伐的时间、次数与强度?

1）时间。夏初，当落叶的非目的树种处于春梢已长成，叶片完全展开的物候阶段，此时进行透光伐最为适宜，可降低伐根萌芽能力，也容易识别各树种之间的相互关系，此时枝条柔软，采伐时不易砸倒碰断保留木。而冬季最差，因为冬季幼树枝条较硬脆，采伐上层木时很易砸伤碰断保留木。

2）次数。透光伐需根据次要树种的萌芽状况来确定重复次数，一般每隔 2 ～ 3 年或 3 ～ 5 年进行一次。

3）强度。透光伐时，因为在幼龄阶段，林分多半由密度较大的小林木组成。单位面积株数虽多，而材积很少;也可能砍伐林内混生的个别大的上层木，株数虽少，而单株材积很高。因此，透光伐不像疏伐那样按蓄积量或株数计算采伐强度，否则变动幅度常常很大，且在生产上无多大现实意义，可用单位面积上解放了或保留了若干主要树种的株数，作为强度的参考指标。

10.疏伐有哪些主要方法?

林木从速生期开始，直至主伐前一个龄级为止的时期内，树种之间的矛盾焦点集中在对土壤养分和光照的竞争上，为使不同年龄阶段的林木占有适宜的营养面积而采取的抚育措施。根据树种特性、林分结构、经营目的等因素，疏伐的主要方法有 4 种:下层疏伐法、上层疏伐法、综合疏伐法、机械疏伐法。

11.什么是下层疏伐法?

下层疏伐是砍除林冠下层的濒死木、被压木，以及个别处于林冠上层的弯曲、分叉等不良木。实施下层疏伐时，利用克拉夫特林木生长分级最为适宜。利用此分级法，可以明确地确定出采伐木。一般下层疏伐强度可分为 3 种：弱度下层疏伐，只砍除 V 级木；中度下层疏伐，砍伐 V 级和 VIb 级木；强度下层疏伐，砍伐 V 级和 IV 级木。

12.下层疏伐法有哪些优点?

此方法的优点在于简单易行，利用林木分级即能控制比较合理的采伐强度，易于选择砍伐木；砍除了枯立木、濒死木和生长落后的林木，改善了林分的卫生状况，减少了病虫危害，从而提高了林分的稳定性。但此法基本上是“采小留大”，若采用弱度抚育，则对稀疏林冠、改善林分生长条件的作用不大，获得的材种以小径材为主，上层林冠很少受到破坏，基本上是用人工稀疏代替林分自然稀疏，因而有利于保护林地和抵抗风倒危害，在针叶纯林中应用较方便。我国目前开展的疏伐多数采用下层疏伐法，如杉木、松、落叶松等即是如此。

13.什么是上层疏伐法?

上层疏伐法以砍除上层林木为主，疏伐后林分形成上层稀疏的复层。它应用在混交林中，尤其上层林木价值低、次要树种压抑主要树种时，应用此法。实施上层疏伐时首先将林木分成：优良木（树冠发育正常、干形优良、生长旺盛）、有益木（有利于保土和促进优势木自然整枝）、有害木（妨碍优良木生长的分叉木、折顶木、老狼木等）三级。

疏伐时首先砍伐有害木，对生长中等或偏下的主要树种和伴生树种（有益木）应适当加以保留，当然过密的有益木也应伐除一部分。上层疏伐法主要是砍伐优势木，这样就人为地改变了自然选择的总方向，积极地干预了森林的生活。砍伐上层林木，疏开林冠为保留木创造与以前显著不同的环境条件，能明显促进保留木的生长。但技术比较复杂，同时林冠疏开程度高，特别在疏伐后的最初一两年，易受风害和雪害。上层疏伐法在混交林比较适用。

14.什么是综合疏伐法?

综合疏伐法结合了下层疏伐法和上层疏伐法的特点，既可从林冠上层选伐，亦可从林冠下层选伐。可以认为它是上层疏伐法的变形。综合疏伐法在混交林和纯林均可应用。

进行综合疏伐时，将在生态学上彼此有密切联系的林木划分出植生组，在每个植生组中再划分出优良木、有益木和有害木，然后采伐有害木，保留优良木和有益木，并用有益木控制应保留的郁闭度。在每次疏伐前均应重新划分植生组和林木级别。综合疏伐法是在树木所有的高度和径级中砍伐林木，采伐强度有很大的伸缩性，而且取决于林分的性质、组成、林相和经营目的。采伐后使保留的大、中、小林木都能直接地受到充足的阳光，形成多级郁闭。此法灵活性大，但选木时要求较高的熟练技术，疏伐后对林分生长效果经常并不理想，尤其在针叶林中，易加剧风害和雪害的发生。综合疏伐法一般适用于天然阔叶林，尤其在混交林和复层异龄林中应用效果较好。

15.什么是机械疏伐法?

机械疏伐法又称隔行隔株抚育法、几何抚育法。这种方法用在人工林中，机械地隔行采伐或隔株采伐，或隔行又隔株采伐。此法基本上不考虑林木的分级和品质的优劣，只要事先确定砍伐行距或株距，采伐时大小林木统统伐去。

这种方法的缺点是砍伐木中有优质木，保留木中有不良木。它的优点是技术简单、工效高；生产安全，作业质量高；便于清理迹地与伐后松土。该法多用于过密的幼林。

16.卫生伐砍伐林木的对象是什么?

卫生伐砍伐林木对象：枯立木、风倒木、风折木、受机械损伤或生物危害的树木、弯曲木、病虫害木等。卫生伐没有固定的间隔期和采伐强度，一般无经济收入，只有在集约林区及防护林、风景林、森林公园林分中应用较多。

17.卫生伐有哪些特点?

1）采伐时间紧迫。需要卫生伐的林分，常是遭受火灾、虫害、雪压等偶然性的灾害，发生后灾害害严重时需要及时处理，往往很紧迫。

2）重复期不定。卫生伐对林分具有拯救性质，处理过后不能预定下一次的采伐时间。有的灾害可能一个轮伐期中只有一次（如火灾）；有的虽然有第二次，重复期也不能固定。

3）采伐强度不定。卫生伐的原因不同，危害程度不同，需要伐除的数量也不同，如火烧林分的卫生伐，其采伐强度由被烧木的数量决定。

4）砍伐木特征不定。不同原因的卫生伐，砍伐木特征不一样，如防护林、风景林中的卫生伐，主要砍伐过熟木、病枯木。雪压、雪折林分，则砍除雪害木。

5）应用范围广。卫生伐常在防护林、风景林、森林公园林分中应用较多，用材林很少应用。更多情况下，不受林种和林龄的限制，应用比较广泛。

6）经济条件要好。卫生伐多会在经济上亏本，一般在集约林区，有价值的林分中才能开展。

3.4 管护技术

3.4.1 松土除草

1.松土的作用是什么?

可增加地表和大气的接触面积，降低地面对太阳辐射的反射率，增大对太阳辐射的吸收、增大地面有效辐射，从而使近地层空气温度增加；可增加土壤的空隙度，减少土壤热容量和导热率，使地表土壤白天温度比松土前增加、夜间温度比松土前减少，从而增大地温日较差，这有利于林木的生长；可以破碎地表结块，疏松林地表层土壤，提高土壤的保水性，同时割断上下土层之间的毛细管联系，减少土壤水分蒸发；可加速土壤空气与近地层空气的交换，使土壤空气中的二氧化碳减少、氧气增加，这有利于根部的生长，同时可促进土壤微生物的活动，加速有机物分解。但是，不同地区、不同条件下松土的主要作用有明显差异，干旱、半干旱地区雨后松土主要是为了保墒蓄水；水分过剩地区松土在于排除过多的土壤水分，增强土壤的通气性，以提高地温；盐碱地松土则希望减少春季返碱时盐分在地表积累。

2.除草的作用是什么?

主要是清除与幼林竞争的各种植物，排除杂草、灌木对水、肥、气、热的竞争，排除杂草、灌木对林木生长的危害。杂草往往适应性强，容易繁殖，具有快速占领营养空间，夺取并消耗大量水分、养分的能力。杂草、灌木的根系发达、密集，分布范围广，又常形成紧实的根系盘结层，阻碍幼树根系的自由伸展。有些杂草甚至能够分泌有毒物质，直接危害幼树的生长。一些杂草、灌木作为某些森林病害的中间寄主，是引起森林病害发生与传播的重要媒介。未除草的幼林地，林木的径生长和高生长会降低 1/5 ～ 1/3。

3.松土除草的一般方法是什么?

松土与除草一般可同时进行。松土除草的方式一般有全面法、带状法、块状法。一般应与整地方式相适应。也就是对全面整地的，实施全面松土除草；对局部整地的实施带状或块状松土除草。但这些都不是绝对的。有时全面整地可以采用带状或块状抚育，而局部整地也可全面抚育。具体采用哪种方法，还要考虑林木生长状况、林地环境、当地劳力和经济情况来决定。

松土与除草也可根据实际情况单独进行。湿润地区或水分条件良好的幼林地杂草灌木繁茂，可只除草（割草、割灌）而不松土，或先除草割灌后，再松土；干旱、半干旱地区或土壤水分不足的幼林地，为了有效地蓄水保墒，往往以松土为主。除草一般要求是连根拔出，原则是“除早、除小、除了”。但对萌生性、根蘖性弱的草可采用割除的办法。在炎热干旱季节，杂草灌木的适当庇阴，可降低土表温度和地面辐射热，使幼树免受日灼危害，因而在干旱高温季节不宜中耕除草。除草用的工具除了锄头、镰刀、铲子等外，割草机现在用的也较多。松土的工具一般是锄、锨等，株行距整齐的人工林也可用新式步犁或小型机耕犁。松土除草同时进行时，最好把草翻压在土层里，当作绿肥增加土壤有机质，达到一举多得的功效。

4.如何确定松土的深度?

松土的深度应根据幼林生长情况和土壤条件确定。苗木根系分布浅，松土不宜太深；土壤质地黏重、表土板结或幼龄林长期缺乏抚育，而根系再生能力又较强的树种，可适当深松；特别干旱的地方，可深松一些。总的原则：（与树体的距离）里浅外深；树小浅松，树大深松；沙土浅松，黏土深松；湿土浅松，干土深松。一般松土除草的深度为 5 ～ 15cm，加深时可增加到 20 ～ 30cm。据研究，竹类松土深度大于 30cm，比不松土出笋量增加 80%，并且不会导致一两年内出笋量下降。

5.怎样确定松土除草的年限和次数?

松土除草的持续年限应根据造林树种、立地条件、造林密度和经营强度等具体情况而定。一般可连续进行数年，直到幼林郁闭为止。生长较慢的树种应比速生树种的抚育年限长些，如东北地区落叶松、樟子松、杨树可为 3 年；水曲柳、紫椴、黄波罗、核桃楸可为 4 年；红松、红皮云杉、冷杉可为 5 年。干旱地区，植被茂盛的林分，抚育的年限应长些；造林密度小的幼林通常需要较长的抚育年限。速生丰产林整个栽培期均须松土除草，但后期不必每年都进行。每年松土除草的次数，一般为 1 ～ 3 次。松土除草的具体时间须根据杂草灌木的形态特征和生活习性、造林树种的年生长规律、生物学特性及土壤的水分、养分状态确定。

6.化学除草剂有哪些类别?

现今市场上的除草剂种类非常多，使用时要区别种类，正确选择。从不同方面分析，除草剂有以下分类方法 :① 根据化学结构可以分为无机化合物除草剂和有机化合物除草剂；② 根据作用方式分为选择性除草剂和灭生性除草剂 ;③ 根据除草剂在植物体内的移动情况分为内吸型除草剂和触杀型除草剂 ;④ 按使用方法分为茎叶处理剂和土壤处理剂。

7.化学除草剂的使用方法是什么?

(1) 茎叶处理法

把除草剂溶液直接喷洒在正在生长的杂草茎叶上以杀死杂草的方法。该方法多用触杀型除草剂，使用的喷雾器有机动喷雾器和背负式喷雾器两种。喷雾前要准备好配药容器和过滤纱布等，然后按单位面积施药量和应加水的比例，计算出水和药的数量。用药量要根据容器的大小确定，称的水量要求准确。把称好的药剂倒在纱布上，在有水的容器中搅动药剂至完全溶解为止，然后按比例加入所需水量稀释，即配成药液。药水要现配现用，不宜久存，以免失效。往茎叶上喷洒时雾点应细而均匀。

(2) 土壤处理法

除草剂直接和土壤接触杀死杂草。该方法多用内吸性除草剂，采用喷雾、泼浇、撒毒土等方法将除草剂施到土壤上，使除草剂在土壤中形成一定厚度的药层，让杂草种子、幼芽、幼苗根部或杂草其他部分接触吸收除草剂而死亡。土壤处理法一般用于清除以种子萌发的杂草或某些多年生杂草。

其一，喷雾法。使用常规喷雾器把除草剂药液均匀地喷洒在土壤表面或表层，要求药剂直接接触土壤，药液量根据土壤湿度而定，一般干旱地区用量大，较湿润土壤使用中量，其雾滴直径为 250 ～ 500μm，施药时喷头距离土壤 30cm 左右。喷雾处理法有表面封闭式和表层混合式两种形式。表面封闭式即药液喷洒在土壤表面后不再翻动土壤，利用毒土层杀死萌动出土的草芽。表层混合式即药液均匀喷洒在土壤表面，然后再耙一下表层土壤，使药液在土层 3 ～ 5cm 处形成药土层，利用除草剂的挥发性在土壤中杀死草芽。

其二，泼浇法。将药剂配制成较稀的药液，装入喷壶或水车，搅拌均匀后泼洒在土壤表面。

其三，毒土法。将除草剂与湿润的细土或细沙土按一定比例均匀混合，撒在土壤上。

3.4.2 灌溉与排水

1.干旱有哪些危害？灌溉的主要作用是什么？

干旱对树木的危害很大，它能破坏树木体内的水分平衡，使树木生长减弱或停止，造成植株矮小、林分产量降低。干旱林区树木嫩枝、根部的延伸、直径的生长，种子的发育，都会由于水分供应不足而受到限制，因此该地区的树木大都低矮。一些地区重造轻管形成的低质低效林，相当一部分是由于不及时灌溉造成的。扩大灌溉面积是加速林业发展的重要措施。

林地缺水是一些地方林业生产的制约因子。水是土壤肥力的四大要素之一，灌溉是补充林地土壤水分的有效措施。林地灌溉对提高幼林成活率、保存率，加速林分郁闭，促进林木快速生长具有十分重要的作用。灌溉使林木维持较高的生长活力，激发休眠芽的萌发，促进叶片的扩大、树体的增粗和枝条的延长，以及防止因干旱导致顶芽提前形成。在盐碱含量过高的土壤上，灌溉可以洗盐压碱，改良土壤。

水是组成植物体的重要成分，也是光合作用的原料。在林地干旱的情况下灌溉，可改变土壤水势、改善林木生理状况，使林木维持较高的光合和蒸腾速率，促进干物质的生产和积累。据研究，在干旱的 4 ～ 6 月对毛白杨幼林进行灌溉，可提高叶片的生理活性，提高光合速率，增加叶片叶绿素和营养元素的含量，可使毛白杨幼林胸径和树高净生长量分别提高 30% ～ 40%。

2.怎样确定林地灌溉时期？

林地是否需要灌溉要根据气候特点、土壤墒情、林木长势来判断决定。从林木年生长周期来看，幼林可在树木发芽前后或速生期之前灌溉，使林木进入生长期有充分的水分供应，落叶后是否冬灌可根据土壤干湿状况决定；从气候情况看，如北方地区 7、8、9 这 3 个月降雨集中，一般不需要灌溉；从林木长势看，主要观察叶的舒展状况、果的生长状况。据对 4 年生泡桐幼树不同月份的灌溉试验表明，7、8、9 这 3 个月灌溉，既不能显著影响土壤含水量，也不能显著影响泡桐胸径和新梢生长；4、5、6 这 3 个月灌溉可以显著提高土壤含水量，而且 4 月灌溉还可以显著地促进胸径和新梢的生长。

3.如何确定林地灌溉的灌水量？

林地灌溉一般比农田难度大，要科学计算灌水量，避免浪费。灌水量随树种、林龄、季节和土壤条件不同而异。工作中计算灌水定额，常用蒸腾系数作依据，即植物生产 1g 干物质所消耗的水分的量作为需水量，同时要考虑地下水供应量和降水量。合理灌溉的最好依据是生理指标状况，如叶片的水势、细胞质液的浓度、气孔开度等，因为它们能更早地反映出植株内部的水分状况。但是现在这方面研究，成熟的经验、方法比较少。一般要求灌水后的土壤湿度达到相对含水量的 60% ～ 80% 即可，并且湿土层要达到主要根群分布深度，这种方法比较简单实用，只要用烘干法算出土壤含水量，再根据土层厚度算出单位面积土重，就能大概算出单位面积的灌水量。对林分灌溉时还要注意掌握合理的灌水流量，灌水流量是单位时间内流入林地的水量。灌水流量过大，水分不能迅速流入土体，造成地面积水，既恶化土壤的物理性质，又浪费用水。

4.林地灌溉的水源有哪些？

地势比较平缓林区的一般采用修渠引水灌溉，水源来自河流与水库。有地下水资源，其他条件允许，也可打井取水灌溉。但是由于林业用地的复杂性，干旱半干旱地区的很多地方不具备引水、取水灌溉的条件。黄土高原的大部分地区多年平均降水量为 300 ～ 600mm，而且降水的时空分布极不平衡，雨季相对集中于 7、8、9 这 3 个月，春旱严重，伏旱和秋季干旱的发生率也很高。因此汇集天然降水几乎成为这些地区林业用水的唯一来源。人工集水作为灌溉水源的方式人们研究得比较多。如王斌瑞等在年降水量不足 400mm 的半干旱黄土丘陵区，根据不同树种对水分的生理要求与区域水资源环境容量采用了径流林业配套措施，人工引起地表径流并就地拦蓄利用，把较大范围的降水以径流形式汇集于较小范围，使树木分布层内的来水量达到年均 1 000mm 以上，改善了林木生长的土壤水分条件，加速了林木生长。集水技术为林业生产开辟了新的水资源，使其所收集的水被储存在土壤层中。如能就近修筑储水窖，则可使雨季的降水集中起来，供旱季使用。

5.目前我国有哪些节水灌溉方式？

传统的灌溉方式有漫灌、畦灌、沟灌。漫灌要求土地平坦，用水量大，且容易引起局部冲刷和灌水量多少不均。畦灌需将土地整为畦状后灌水，应用方便，灌水均匀，节省用水，但要求作业细致，投工较多。沟灌在株行距整齐的人工林方可采用。近年来在一些速生丰产林和城市森林公园开始较多采用节水灌溉。目前，我国重点推广的节水灌溉技术有管道输水技术、喷灌技术、微灌技术、集雨节水技术、抗旱保水技术等。

6.什么是低压管道输水灌溉？

低压管道输水灌溉又称管道输水灌溉，是通过机泵和管道系统直接将低压水引入田间进行灌溉的方法如图 3.4 所示。这种利用管道代替渠道输水灌溉，既避免了输水过程中水的蒸发和渗漏损失，又节省了渠道占地，能够克服地形变化的不利影响，省工省力。一般可节水 30%、节地 5%。

图 3.4　低区管道输水灌溉

7.什么是喷灌？

它是利用专门设备把水加压，使灌溉水通过设备喷射到空中形成细小的雨点，像降雨一样湿润土壤的一种方法。它的优点是能适时适量地给林木提供水分，比地面灌溉省水 30%～50%；水滴直径和喷灌强度可根据土壤质地和透水性大小调整，不破坏土壤的团粒结构，保持土壤的疏松状态，不产生土壤冲刷，使水分都渗入土层内，避免水土流失；可以腾出占总面积 3%～7% 的沟渠占地，提高土地利用率;适应性强，不受地形坡度和土壤透水性的限制。

8.施行喷灌有哪些技术要求？

施行喷灌的技术要求：风力在 3～4 级时应停止喷灌，刮风增加蒸发，影响喷灌的均匀度；一般情况下水喷洒到空中，比在地面时的蒸发量就大，如在午后或干旱季节，空气相对湿度低，蒸发量更大，水滴降低到地面前可以蒸发掉 10% 以上，因此，可以在夜间风力小时进行喷灌，减少蒸发损失。

9.什么是微灌？

微灌包括滴灌、雾灌、渗灌、小管出流灌溉、微喷灌等。滴灌是利用滴头（滴灌带）将压力水以水滴状或连续细流状湿润土壤实施灌溉的方法，它可用电脑控制自动运行。雾灌技术是近几年发展起来的一种节水灌溉技术，集喷灌、滴灌技术之长，因低压运行，且大多是局部灌溉，故比喷灌更为节水、节能，雾化喷头孔径较滴灌滴头孔径大，比滴灌抗堵塞，供水快；渗灌是利用一种特制的渗灌毛管埋入地表以下 30 ～ 40cm，压力水通过渗水毛管管壁的毛细孔以渗流形式湿润周围土壤的一种灌溉方法；小管出流灌溉是利用直径 4mm 的塑料管作为灌水器，以细流状湿润土壤进行灌溉的方法；微喷灌是利用微喷头将压力水以喷洒状湿润土壤的一种灌溉方法。

10.林地排水的原因是什么? 林地排水的效果如何?

为了改变沼泽化林地与水湿森林地段的生境条件，实施林地排水是经营森林的一项重要工作。我国东北、西南等林区有较多的积水林地。在积水林地，土壤毛细管中充满了水，空气不能自由的进入土壤，造成好气性细菌少，所以有机质分解慢、养分供应不足，林木的根系会因氧气不足而窒息死亡；在水湿林地，林木根系分布很浅，容易风倒；这一切都会使林木生长缓慢甚至死亡，森林更新也非常困难。林地经过排水，减少了土壤水分，改善了土壤营养与热量条件，因而可较大的提高林分生产力。在强力排水影响下，材积连年生长量的提高随树种而不同，松林与云杉林提高 2 ～ 3 倍，桦木林提高 1 ～ 2 倍，黑赤杨林提高 0.5 倍。幼龄林与干材林的生长在排水后显著加快，而成熟林对排水的反应很小。表 3.5 说明了林地沼泽化是造成森林生产力低下的重要原因。

表 3.5　60 年生的落叶松林不同水湿程度的林木生长状况

林型	土壤水湿程度	树高 /m	胸径 /cm	材积 /m^3
灌木蕨类落叶松林	排水良好	25.5	20.7	0.4674
苔草落叶松林	季节性积水	19.9	15.6	0.2165
杜香泥炭藓落叶松林	死水沼泽	5.7	4.8	0.0059

11.实施林地排水的前提条件是什么?

有下列情况之一的林地，必须从事排水工作：① 林地地势低洼，降雨强度大时径流汇集多，且不能及时宣泄，形成季节性过湿地或水涝地；② 林地土壤渗水性不良，表土以下有不透水层，阻止水分下渗，形成过高的假地下水位；③ 林地临近江河湖海，地下水位高或雨季易淹涝，形成周期性的土壤过湿。

12.林地排水的方式有哪些?

排水分为明沟排水和暗沟排水。明沟排水是在地面上挖掘明沟，排除径流。暗沟排水是在地下埋置管道或其他填充材料，形成地下排水系统，将地下水降低到要求的深度。一般排水沟的间距在 100 ~ 250m 为宜。泥炭层下面为沙土时，排水沟的间距应大于黏土和壤土。泥炭层越厚，沟间距应越小。

13.林地排水有哪些技术要求?

多雨季节或一次降雨过大造成林地积水成涝，应挖明沟排水；在河滩地或低洼地，雨季时地下水位高于林木根系分布层，则必须设法排水，可在林地开挖深沟排水；土壤黏重、渗水性差或在根系分布区下有不透水层，由于黏土土壤空隙小、透水性差，易积涝成灾，必须搞好排水设施；盐碱地深层土壤含盐量高，会随水的上升而达地表层，若经常积水，造成土壤次生盐渍化，必须利用灌水淋溶。我国幅员辽阔，南北雨量差异很大，雨量分布集中时期亦各不相同，因而需要排水的情况各异。一般来说，南方较北方排水时间多而频繁，尤以梅雨季节要进行多次排水。北方 7、8 月多涝，是排水的主要季节。例如，我国南方总结出的低洼易涝渍害林地防涝治渍的水管理技术：渍水低产地的初步治理采用明沟排水为主，辅助以田间墒沟或鼠道等临时排水治渍措施，高标准治理采用明沟排涝和暗管排水治渍相结合的措施。

3.4.3 养分综合管理与施肥

1.为什么要进行林地施肥?

在现代林业生产中，肥料的作用越来越显得重要，特别是在商品用材林的经营中，合理施肥已成为提高林木产量和质量的一项重要措施。

从事林业生产和经营的土地一般比较贫瘠，往往是种不了其他作物的才去种树；间伐、修枝、森林主伐（特别是皆伐）、伐区清理等会造成大量有机质和营养元素的输出，能使林地营养物质循环的平衡受到影响；一些林地多代连续培育某种针叶树纯林，使得包括微量元素在内的各种营养物质极度缺乏，地力衰竭，理化性质变坏；一些地方受自然或人为的因素影响，归还土壤的森林枯落物数量有限或很少，以致某些营养元素流失严重。另外一些轮伐期短的速生丰产林，如桉树林生长快、产量高，光合作用效率高，单位生物量对水、肥的利用率明显高于其他树种，如不注意林地管理，就会造成土壤养分过多消耗，导致地力衰退。

林木所含化学元素可多达几十种，但并不都是所必需，并不都需通过施肥来满足需要、促进生长。对树木生长起决定作用的是土壤中相对含量最少的养分因子，其道理如装水的木桶（见图 3.5 和图 3.6）。施肥时，要考虑短板效应。如盐土中林木富含钠，海滩上的林木富含碘，这两种林地就不必施钠肥和碘肥。

判断植物必需的营养元素应满足以下标准：① 这种元素对植物的营养生长和生殖生长是

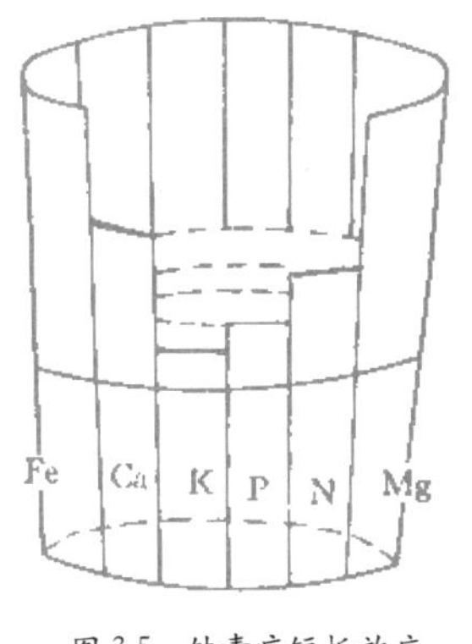

图 3.5　缺素症短板效应

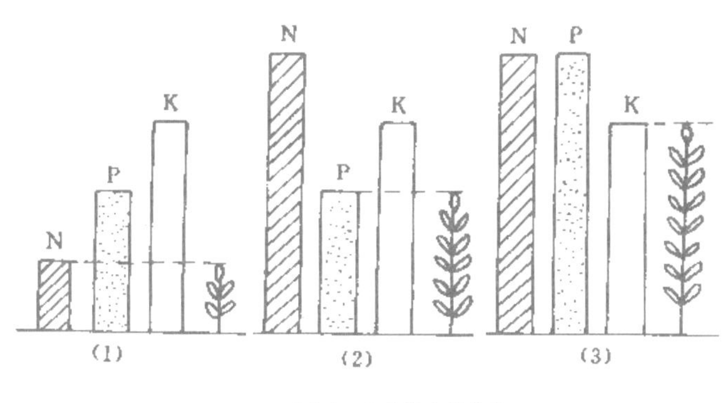

图 3.6　最少养分的变化

必需的；② 缺少该元素植物会显示出特殊的症状（缺素症）；③ 这种元素必须对植物起直接营养作用。经研究林木生长需要碳、氢、氧、氮、磷、钾、硫、钙、镁、铁、铜、锰、钴、锌、钼和硼等十几种元素。在这些元素中，碳、氢、氧是构成一切有机物的主要元素，占植物体总成分的 95%以上，其他元素只占植物体总成分的 4%左右。碳、氢、氧从空气和水中获得，其他元素主要从土壤中吸收。植物对碳、氢、氧、氮、磷、钾、硫、钙、镁等需求量较多，故这些元素叫大量元素；对铜、锰、钴、锌、钼、硼等，需要量很少，这些元素叫微量元素。铁从植物需要量来看，比镁少得多，比锰大几倍，所以有时称它为大量元素，有时称它为微量元素。植物对氮、磷、钾这 3 种元素需要量较多，而这这三种元素在土壤中含量又较少，因此，人们生产含有这 3 种元素的肥料较多，氮、磷、钾又称为肥力三要素。

施肥具有增加土壤肥力，改善林木生长环境，改善林地理化、生物性质的良好作用，通过施肥可以达到加快幼林生长，提高林分生长量，缩短成材年限，促进母树结实以及控制病虫害发生发展的目的。施肥还可使幼林尽快郁闭，增强林木的竞争力和林分抵御灾害的能力。据研究，落叶松林年养分吸收量 197.384 kg/hm^2，但其归还量仅占吸收量的 61.64%；30 ～ 75 年生的鹅耳枥、水青冈林每年每公顷吸收 92 kg 的氮素，归还量却只有 62 kg；杉木微量元素的年归还量为年吸收量的 66.4%；马尾松林氮、磷、钾的归还系数也分别只是吸收系数的 23%、26%和 29%。归还量与吸收量的差距，需要施肥给予补充。日本重视幼林施肥，用柳杉林作试验，使它的轮伐期从 40 年缩短到 35 年。芬兰有试验表明，对林地施肥可使林木生长量增加 30%。我国许多地方给母树施肥，使种子的产量增加、质量提高。

2.林木缺素的诊断方法有哪些?

林木缺素诊断是预测、评价肥效和指导施肥的一种技术工作，常用的有土壤分析法、叶片诊断法等。

(1) 土壤分析法

分别在某一树种生长正常地点及出现缺素症状的地点，各取 5 ～ 25 份土样，按土壤学的方法，测定各种营养元素的含量，对比两地土样养分含量差异，进行营养分析，即可得知土壤中那些营养元素缺乏。

(2) 叶片诊断法

植物缺乏某一营养元素，叶片会表现出一些症状，利用这一现象作缺素症判断，指导合理施肥，叫叶片诊断法。这一方法简便易行，运用得较多。

3.林地肥料的种类及作用是什么?

直接或间接供给林木所需养分，改善土壤理化、生物性状，可以提高林木产量和质量的物质称肥料。从林木干重所含某种元素多少，林木对某种元素所需量的多少，可将肥料分为大量元素肥料、中量元素肥料、微量元素肥料。大量元素肥料为氮、磷、钾肥；中量元素肥料为硫、钙、镁肥；微量元素肥料为铁、硼、锌、钼、铜、锰、氯肥。从肥料的来源、性质、作用可分为有机肥料、无机肥料、微生物肥料。

有机肥料是以含有机物为主的肥料，如堆肥、厩肥、绿肥、泥炭（草炭）、腐殖酸类肥料、人粪尿、家禽粪、海鸟粪、油饼和鱼粉等。有机肥料含多种元素，故称完全肥料。有机肥料中的有机质施入土壤，要经过土壤微生物分解，通过矿化过程、腐殖化过程才能被林木吸收，故又称迟效肥料；有机肥料肥效长，故又称长效肥料。有机肥料作用的特点：培肥土壤效果显著，有利于形成良好的土壤结构；提供有机营养物质和活性物质，如胡敏酸、维生素、酶及生长素等可促进植物新陈代谢，刺激作物生长，能明显地提高作物产量和质量；有机肥料在矿化腐解过程中产生的 CO_2 可提高林地 CO_2 浓度，增强光和效率；有机肥料中既有大量元素，又有微量元素，能够为林木提供多种养料，经常使用有机肥料的土壤，一般不易发生微量元素缺乏症。

无机肥料又叫矿物质肥料，它包括化学加工的化学肥料和天然开采的矿物质肥料，如氮、磷、钾、硫、钙、镁、铁、硼、锌、钼、铜、锰、氯肥等。氮肥等为化学加工肥料，磷肥多为天然开采的矿物质肥料。无机肥料作用特点：主要成分能溶于水，或者容易变为能被植物吸收的部分，肥效快;营养元素含量比例高，使用起来省工省力;但长期使用会造成土壤板结。

微生物肥料是指含有大量活的有益微生物的生物性肥料，如“5406”抗生菌肥、固氮菌剂、磷细菌肥料、钾细菌肥料、菌根真菌肥料等。微生物肥料的作用特点：它本身并不含有植物生长所需要的营养元素，它是以微生物生命活动来改善作物的营养条件，发挥土壤潜在肥力，刺激植物生长，抵抗病菌对植物的危害，从而提高植物生长量。

4.林地施肥的方法有哪些?

林地施肥一定要注意提高肥料利用率，提高经济效益，做到合理施肥。在实施过程中，要遵循以下几个技术要求。

1）明确施肥目的：以促进林木生长为主要目的时，应考虑林木的生物学特性，以速效养分与迟效养分相配合，适时施肥；以改土为目的时，则应以有机肥为主。

2）按土施肥：依据土壤质地、结构、pH 值、养分状况等，确定合适的施肥措施和肥料种类。如缺乏有机质和氮的林地，以施氮肥和有机质为主；红壤、赤红壤、砖红壤林地及一些侵蚀性土壤应多施磷肥；酸性沙土要适当施钾肥；沙土施追肥的每次用量要比黏土少，等等。减少土壤 pH 值可施硫酸亚铁，提高土壤 pH 值可施生石灰。

3）按林木施肥：不同的树木有不同的生长特点和营养特性，同一种林木在不同的生长阶段营养要求也有差别。阔叶树对氮肥的反应比针叶树好；豆科树木大都有根瘤，它们对磷肥反应较好；橡胶树要多施钾肥；幼树主要是营养生长，以长枝叶为主，对氮肥的用量较高；母树施以磷、钾为主的氮磷钾全肥，可以提高结实量和种子的质量。

4）看气候施肥：在气候诸因素中，温度和降水对施肥的影响最大。它们不仅影响林木吸收养分的能力，而且对土壤中有机质的分解和矿物质的转化，对养分移动及土壤微生物的活动等都有很大影响。如氮肥在湿润条件下利用率高，雨后施追肥宜用氮肥；磷肥叶面喷洒时，在干热天气条件下效果好，等等。一般土壤温度在 6 ～ 38℃，随着温度的升高，根系吸收养分的速度加快。最适宜根系吸收养分的温度是 15 ～ 25℃。光照充足，光合作用增强，同时对养分的吸收量也多，因此随着光照增加可适当增加施肥量。

5）根据肥料特性施肥：不同的肥料其养分含量、溶解性、酸碱性、肥效快慢各不相同。选用时要根据肥料的性质 、成分及土壤肥力状况，做到适土适肥、用量得当。用量少，达不到施肥的目的；用量过多，不仅造成浪费，还会造成污染等副作用。磷矿粉、生石灰仅适用于酸性土壤，石膏、硫黄仅适用于碱性土壤；改良碱性土，宜选用酸性无机肥料，同时大量施用有机肥；改良酸性土，宜选用碱性肥料和接种土壤微生物，配以大量有机肥。

5.如何对绿肥作物进行分类?

我国地域辽阔，植物资源丰富。据调查有价值的绿肥资源有 670 余种，已栽培利用和可栽培利用的 300 余种，常用的有 30 余种。绿肥作物按其来源可分为天然绿肥（各种野生绿肥植物、杂草及灌木幼嫩枝叶）和栽培绿肥；按其科属及固氮与否可分为豆科绿肥（如紫云英、苕子、田菁、苜蓿、紫穗槐等）和非豆科绿肥（肥田萝卜、油菜、黑麦草等）；按其生长季节分为夏季绿肥（猪尿豆、木豆等）和冬季绿肥（巢菜等）；按其生长期可分为一年生绿肥和多年生绿肥（紫穗槐、胡枝子、羽扇豆等）；还可分为草本、灌木、乔木（刺槐、赤杨、木麻黄、桦木等）绿肥。

6.绿肥作物的作用有哪些?

在林地上引种绿肥作物和改良土壤树种，既能增进土壤肥力又可改良土壤结构，其主要作用如下。

1）扩大有机肥源：种植绿肥可增加林地有机肥料。

2）增加土壤氮素：豆科植物具有生物固氮能力，一般每亩林地每年可增加氮素 5 ～ 15 斤，高的可达 22 斤，相当于施尿素 7 ～ 20 斤。

3）富集与转化土壤养分：有的绿肥植物根系入土较深，可以吸收土壤底层的养分，使耕层土壤养分丰富起来；如十字花科的绿肥植物对土壤中难溶性磷酸盐有较强的吸收能力，可提高土壤有效磷的含量。

4）改善土壤结构和理化性质：绿肥腐解过程中所形成的腐殖质，能促使土壤团粒结构的形成，改变黏土和沙土的耕性，增加土壤的保肥保水能力，提高土壤微生物的活性，提高土壤缓冲作用。

5）有些绿肥植物还可固沙、保土、防杂草及提供饲料和其他副产品。

7.绿肥作物的主要栽培方式有哪些?

先在贫瘠的无林地上栽植绿肥作物或对土壤有改良作用的树种，使土壤得到改良后再实施目的树种造林。在造林的同时种植绿肥作物，绿肥作物与造林树种混生或间作。在主要树种或喜光树种的林冠下混植固氮作物或固氮小乔木，以提高土壤肥力。

在低产低效林改造时，可伐除部分原有树种，间种绿肥植物或改良土壤树种。如河南民权的申集林场对沙地加杨低价值林改造时，采用隔行伐掉加杨栽植刺槐或在加杨林下栽植紫穗槐的方法均达到了良好的效果。

8.林内凋落物有什么作用?

森林凋落物富含氮、磷、钾和灰分元素，尤其是叶子含量很高见表 3.6。林内自然状态下的养分循环，森林凋落物起着重要作用，这种循环能使灰分元素及其他营养元素在土壤中富集，被人们称为森林的自肥现象。发挥森林的自肥作用，就要保护好林内凋落物。

表 3.6　华北地区主要森林的凋落物中氮、磷、钾的含量

森林类型（树种）	阔 叶 树				针 叶 树					
	刺槐	山杨	白桦	椴树	元宝枫	栓皮栎	落叶松	侧柏	云杉	油松
凋落物所含氮、磷、钾/(kg/t)	20.4	18.6	18.3	18.1	14.0	13.4	16.2	16.0	14.5	12.1

森林凋落物对林地的作用不仅是提供营养元素，而是多方面的培肥功能。

1）凋落物在土壤中分解后，自身可以增加土壤营养物质的含量，还可产生活性物质，提高林木对土壤钙、镁、钾、磷的利用率。

2）凋落物在林内可保持土壤水分，减少水土流失。在雨季 1kg 枯枝落叶可吸水 2 ~ 5kg，饱和后多余的水渗入土壤中，减少了地表径流。由于凋落物的存在，提高了林地保持水土的能力。

3）凋落物转化为腐殖质时，能促进土壤团粒结构形成，使土层疏松，提高土壤对水分和养分的保持能力和供应能力。

4）凋落物可缓和林内土壤温度的变化。凋落物能适当地阻止地面长坡辐射，并将土壤与温度变幅大的空气隔开，使林地趋于冬暖夏凉，这可延长林木根的生长。

5）凋落物可以防止林内杂草滋生。凋落物的覆盖能抑制林地杂草的生长，限制土壤种子库杂草种子的萌发和杂草植株的形成。

6）森林凋落物能够协调林地水、肥、气、热关系，提高土壤肥力。因此在营林中，要禁止焚烧或搂取林内凋落物，应及时将凋落物与表土混杂，加速分解转化，最大限度地发挥其作用。

3.4.4 林地间作和矮化密植

本节简要介绍了林地间作和矮化密植的内容，欲了解更多关于林地间作的知识，请参考《林地间作》一书。《林地间作》是中国农业科学技术出版社于 2009 年出版的图书，作者是王恭祎、赵波。这本书是专门论述林地间作的科技书籍，由林粮间作、林经（经济作物）间作、林菜间作、林菌（食用菌）间作、林药间作、林草间作六大部分组成，对于每类林地间作，都从立地条件和应用范围，树木和果树种类选择，与之实行间作的各类作物的种类和品种选择，具体技术要点，生态效益、社会效益、经济效益分析，应用前景等方面进行了较为详尽的论述。特别强调了在退耕还林地区严禁林粮间作。该书自成体系，既反映了发展林下经济的研究成果，也反映了生产成就。

欲了解更多关于矮化密植的技术，可参考《苹果矮化密植》一书。《苹果矮化密植》是中国农业科技出版社于 1988 年 6 月出版的图书。果树密植栽培是近几十年来国内外果树生产现代化的重要内容之一。所谓矮化密植就是通过行之有效的方法，降低树高和控制树冠，充分利用空间和地力、增加果园单位面积栽植株数，提高劳动生产率和单位面积产量。该书试图通过阐述科学管理方法和操作技术，从而达到上述要求。

1.林地间作有哪些优点?

(1) 能提高林地光能利用率

由于提高了覆盖度，增加了群落总叶面积，从而扩大了立体用光幅度，减少了漏光，提高了反射光的利用。因此，单位面积林地的光能利用率增加，单位面积的生物产量增加。

(2) 可更有效地利用地力

间作后林地作物根系总容积增大。林木和间种作物根系性质不同，它们在土壤中的分布层次和吸收营养物质、营养元素的种类、数量也不完全相同，从而能更充分地利用地力。如泡桐与小麦间作，泡桐根系多分布在40cm以下的土层中，而小麦则多分布在30cm以上的土层中。

(3) 可保护或提高土壤肥力

覆盖林地的作物，其枝叶和浅表土层的根系，在雨季可起到保持水土的作用，减少地表径流，保护土壤肥力。死掉的根、枯落的枝叶可转化为土壤腐殖质。

(4) 可促进林木生长

依据林木和间作植物的生物学特性，利用种间共生互补的生态学原理选择林下植物，可促进林木生长。如广为采用的林下种植养地作物苜蓿、紫穗槐、花生，东北的林参间作，均能促进林木的生长，主要绿肥作物养分含量见表3.7。另外，对林下植物较精细的管理，如除草、松土、施肥等，被人们称作对林木的以耕代抚，也可促进林木生长。如对间种作物进行耕作，能促进林木根系向土壤深处伸展，扩大其吸收面。

表3.7　主要绿肥作物养分含量

种类	鲜 重／(g/kg)				干 重／(g/kg)		
	水分	N	P_2O_5	K_2O	N	P_2O_5	K_2O
紫云英	88.0	3.8	0.8	2.3	27.5	6.6	19.1
紫花苜蓿	—	5.6	1.8	3.1	21.6	5.3	14.9
草木樨	80.0	4.8	1.3	4.4	28.2	9.2	24.0
肥田萝卜	90.8	2.7	0.6	3.4	28.9	6.4	36.0
田 菁	80.0	5.2	0.7	1.5	26.0	5.4	16.8
紫穗槐	60.9	13.2	3.6	7.9	30.2	6.8	18.7
黄 荆	—	—	—	—	21.9	5.5	14.3
葛 藤	84.0	5.0	1.2	8.7	31.8	7.8	55.5
蚕 豆	80.0	5.5	1.2	4.5	27.5	6.0	22.5
光叶紫花苕子	84.4	5.0	1.3	4.2	31.2	8.3	26.0

(5) 可增加经济效益

林地间作弥补了林业生产周期长、见效慢的弱点，可获得早期效益，取得以短养长的效果。黄淮海平原的桐粮间作、枣粮间作，林粮双丰收，深受群众欢迎。我国南方的胶茶间作，上层是橡胶树，第二层是药用树种肉桂萝芙木，第三层是茶树，最下层是中药砂仁，这样把喜光和耐阴程度不同、生长高度不同、根系深浅不同的植物结合起来，上层橡胶林冠的适当遮阴，能减轻春寒对茶叶的危害，下层茶树冠层可以起到削弱风力及蓄积地面热量的作用，从而可以有效地减轻橡胶寒害，其结果可使橡胶产量增加1成，茶叶产量增加1成以上，还可获得一些药材销售收入。

2.林地间作应注意哪些问题?

根据各地实践经验，在进行林地间作时应注意以下几个问题。

(1) 必须坚持以林为主

历史上一些林农间作，顾农不顾林，最终造成树毁农业减产。现今一些退耕还林地段，林下种植作物后，顾经济效益不顾生态效益，顾眼前利益不顾长远利益。当林下作物与树木发生矛盾时，树让路于间作植物，这种主次颠倒的短期行为，必将极大地损坏退耕还林工程的作用。所以，无论是用材林还是公益林，林地间作时，必须坚持以林为主。

(2) 间种作物的特性必须与林内树种的特性错位互补

速生阳性树种宜间作矮秆耐阴作物，如刺槐间作花生。深根性树种宜间作浅根性作物，如旱柳与玉米间作，旱柳根系深扎，根幅相对较小，玉米根在表层，两者之间水肥矛盾小。在陕西靖边尔德井村试验，同样条件下，柳树和玉米间作，玉米平均亩产在 800 kg 以上，而杨树与玉米间作，玉米平均亩产只有 500 kg。林内宜间作耐干旱作物；宜间作绿肥作物。林内不宜间作耗水量大的作物；不宜间作消耗某营养元素量大的特性与树种相同的作物；不宜间作生物化学作用上与林木有相克作用的作物，如月桂属植物产生的生化抑制物质酚化合物能使黑云杉受害，紫菀属植物产生的生化抑制物质能使糖槭受害。

(3) 经营管理时必须注意保护树木

在对间种作物经营管理时，必须保证不受严重的机械损伤，中耕及收获时要注意加强对林木的保护。

3.林地间作有哪些主要形式?

由于林地间作可以达到以短养长、以耕代抚、加快林木生长等作用，总之可提高营林收益、部分解决育林资金，所以许多营林单位和个人都把它作为扩大林业生产、发展多种经营的重要形式，积极采用和推广。各地在工作实践中总结出了许多林地间作的形式，常见的有以下几种。

(1) 林—林混交型

用材树种和经济林树种混交或经济林树种之间混交。这种形式很多，仅与茶树混交的就有许多的形式。常见混交的用材树种有泡桐、杉木、杨树、侧柏、刺槐、竹子等；经济林树种有橡胶、乌桕、荔枝、板栗、山茱萸、杏、苹果、紫穗槐、黄荆等。

(2) 林—农间作型

这是一种比较常见的林农结合形式，林木在与作物混合种植时，有些是不规则的散生状态，有的是按一定的株行距有规律排列的如图 3.7 所示。间作的农作物要选择适应性强、矮秆、较耐阴、有根瘤、根系水平分布的种类，豆科植物为最好。树种要选择冠窄、干通直、枝叶稀疏、冬季落叶、春季放叶晚、根系分布深的树木，如泡桐、杨树、臭椿、香椿、池杉、沙枣等。

(3) 林—牧间作型

这是指在林分内种植牧草。林木能够调节气候、改善环境，给牧草创造良好的生长环境条件；牧草可以发展畜牧业，同时一些牧草可以当作绿肥作物，提高土壤肥力，促进林木生长。牧草选择应以苜蓿等豆科类植物为主。

图 3.7　林—林与作物间作

(4) 林—药间作型

中国的多数中草药都生长在森林内，很多药用植物具有耐阴的特点，甚至有的只能在庇阴的条件下才能生长。所以林—药间作在我国有着特别广阔的发展前景。例如东北地区林—参（人参）间作，不仅使每平方米林地可增加收益 1.60 元以上，还促进了林木的生长。其他的如华北地区的泡桐与牡丹间作；亚热带地区的杉木林下间作黄连；热带地区的橡胶林下间种砂仁、生姜；半干旱的三北地区杨树与甘草间种等都收到了较好的效果。

4.什么是矮化密植？矮化密植栽培的意义是什么？

矮化密植通常是指利用生物学、栽培学等手段，使树体矮小，树冠紧凑，便于密植的一种栽培方法，如图 3.8 所示。

矮化密植栽培是当前经济林集约化栽培的重要标志之一，是实现经济林早产、高产、优质、高效、低耗的重要手段。

图 3.8　矮化密植

5.矮化密植的注意事项有哪些?

1）矮化密植园的建园投资较高。

2）矮化砧抗寒、抗风能力较差，不耐干旱和多湿。

3）砧木和接穗之间，有时会因不亲和等原因，导致接口部肿大，形成大脚（杏嫁接李）或小脚（酸枣嫁接大枣）现象，导致树势早衰甚至死亡，应注重选择适宜砧穗组合。

4）矮密树的枝叶量少，成花容易，光合产物较多地用于花果的生长发育，易导致树势早衰。

5）必须因地制宜，合理采用。

6.怎样确定矮化密植的栽植方式?

（1）一次性定植

一次性定植指从建园开始，到最后砍伐的整个生产过程中，经济林木的密度始终不变。

密度取决于砧木种类、接穗品种、土壤类型、光能利用、经济效益、气候条件、管理水平等：半矮化砧中等密度 825 ～ 1650 株 /hm^2，矮化砧 1650 ～ 2250 株 /hm^2，乔化砧 405 ～ 660 株 /hm^2。

（2）计划密植

计划密植指在建园时增加栽植株数，以获得较高的早期产量，其后随树冠扩大，逐步移栽或间伐，以维持适宜密度和较高产量的栽培方式。

计划密植分永久性植株和临时植株两类树。临时植株一般为永久性植株的 1 ～ 3 倍。永久株的密度，应根据当地的立地条件、栽培管理水平、砧木种类、树种品种、机械化程度及经济条件而定，如板栗永久性植株的密度可为 600 ～ 1250 株 /hm^2。

7.如何做好矮化密植的整形修剪?

(1) 树形

适宜的树形有改良纺锤形、自由纺锤形、细长纺锤形、圆柱形、小冠疏层形、树篱形、开心形、扇形等。

(2) 修剪

1）要及早控制先端和直立枝，以免影响主干、中心干、主枝生长。

2）枝组内要合理分工，留足预留枝，并控制花量，及时疏去衰老枝和过密枝，以保持结果枝组健壮、稳定。

3）矮化树在幼树期，要促进树体生长，使其早成花，早结果，结果后再控制过旺的营养生长，逐步理顺生长和结果的关系。

4）刻、拉、剥技术，已广泛用于促进用果类经济林木早成花、早结果。

8.如何做好矮化密植的土、肥、水管理?

(1) 土壤管理

1) 矮化密植的经济林根系分布较浅，并局限在较小的范围内。

2) 如果土层过浅，不能满足地上部需要，必须创造适合根系生长的良好土壤条件。

3) 根系密度大，树冠矮，栽后深翻熟化，改良土壤的操作比较困难，因此改土工作尽量在植前一次完成，进行全园深翻改土，施大量有机肥。

根系常集中在土壤表层，在生长季应避免中耕除草过度，园地覆盖有利于保持土壤水分、减少水土流失、防治土壤温度的急剧变化、提高土壤肥力。

(2) 施肥特点

1) 枝、叶、根系密度大，产量高，需肥量较大，应遵循少量多次的原则，以免引起烧根。

2) 基肥以有机肥为主，秋施为宜，年年施入，可采用环状沟施、放射状沟施、条沟施肥、全园撒施等方法。

3) 秋施基肥后，要充分灌溉。

4) 追肥可在开花前后、春梢停止生长、果实膨大、秋梢停止生长时进行，氮、磷、钾搭配合理，并补充微肥。

5) 追肥主要采用土施，与根外追肥相结合。根外追肥前期，以氮为主，中期磷、钾结合，后期氮、钾结合。

6) 施肥量要根据土壤及叶分析结果来决定。

(3) 水分管理

1) 矮化密植园蒸腾耗水量随栽植密度的增加而增加，应及时灌溉。

2) 灌溉以根系主要分布层内的土壤水分状况为标准。

3) 灌水量以水分渗入根系主要分布层内为原则，必须灌透。

4) 灌水可采用沟灌、喷灌、滴灌、渗灌等方法进行。

5) 雨季应及时排水，防止积涝成灾。

3.4.5 林木修枝技术

1.移栽苗修剪的常用技术有哪些?

以榆树苗为例。移栽榆树苗一般都是裸根进行的，因此，在移植过程中，可能就会不可避免地损伤一部分树根。为了使新植榆树苗木能迅速成活和恢复生长，一定要对地上部分进行合适的修剪，以减少水分蒸腾，来保持植株上下部分水分代谢的平衡。对移栽榆树苗的修剪，主要是为了令苗木保持一个内高外低、自然饱满的形状，达到通风透光、生长旺盛的目的。移栽榆树苗的修剪技术主要有以下几种方法。① 去蘖培养有主干的榆树苗，移栽时要将从根部萌发的蘖条齐根剪掉，从而避免水分流失。② 疏枝对冠丛中的病枯枝、过密枝、交叉枝、重叠枝，应从基部疏剪掉。对根蘖发达的榆树苗，应多疏剪老枝，使其不断更新，旺盛生长。③ 短截：为提高成活率，避免榆树苗不必要的部分消耗养分，需保留合适的 3 ～ 5 条主枝，其余的疏去。保留的主枝短截 1/2 左右，侧枝也需疏去 2/3 左右的弱枝；对于夏季在当年生枝条的榆树苗，移栽后应重剪。可将保留的枝条剪去 2/3，以便集中养分促发新枝的目的。

2.怎样修剪绿化树和材质树?[①]

树木修枝是造林绿化抚育管理措施之一。通过修枝人为的“助、减、缓”等技术措施调节、控制通风与透光，给树木生长发育创造适宜条件，造就通直干形、冠形优美的优质材质。 修枝应根据林种与树种的不同、造林密度与造林目的差异而采取不同的方法。

针叶树种造林时，可修掉残枝、死枝、多头枝，只保留一个直立枝。造林后 5 ～ 15 年修掉过密的枝条，修去侧枝一两轮，每隔四五年修一次。杨树用于营造防护林与用材林，应及时选留主干上的中心枝作为领导枝，将其竞争枝及时除掉，摘、指侧芽，修掉多余的侧枝，促进高、粗的生长。城乡四旁绿化与城市绿化小区树木的修枝要讲究树型美观大方，别具一格，适宜观赏。对于已截顶的柳树，应有目的培养成“四面斗”或“三股撑”形，避免有两个主干的“料杈”形。

修剪切口要光滑，严防劈裂。茬高以 1 ～ 2 cm 为宜。过高过低都会影响创面愈合和树木的生长。修剪季节以早春或晚秋和冬季为宜。早春以树液流动前为宜。如树木发芽时修剪，树体水分蒸腾快，失水，消耗养分多，不利于树木生长。有的速生树种，如杨、柳等也可以

① 更多相关内容请参考《树木整形修剪技术图解》一书。

夏季修枝。但是，注意不要在阴雨天修枝，以免伤口浸水，感染病害。

修枝要注意“冬剪枝，夏控侧”，即冬季实行强树重剪，弱树轻剪，重点把直立强壮的竞争枝从基部修掉。夏季实行强旺枝重控，控强留弱，把树势调整均衡，掌握强侧打头，壮枝重剪，弱枝轻剪、小枝多留的原则，以达到突出主干并促进树木加快生长的修剪目的。

3.4.6 管护技术案例：特殊立地灌溉和林地间作

1.特殊立地类型林地的灌溉技术

(1) 盐碱林地的灌溉改良技术

我国有近 1 亿公顷的盐碱地，其中内陆和滨海地区均有不少中低产的盐碱林地。据试验，只有少量树种可以适应含盐量 0.1%以上的盐碱地；只有个别树种可以适应。含盐量 0.3%以上的盐碱地。据江苏省调查资料，盐碱地上种的杨树要经过灌溉压减才能正常生长。盐碱土的冲洗改良技术内容包括冲洗前的平整土地、冲洗地段田间排灌渠系统和畦田的布置、冲洗排水技术、耕翻等环节。冲洗定额的总水量需分次灌入畦田，在土质较轻或透水性良好的土壤上，采用较小的分次定额（1050 ～ 1500m^3/hm^2）和较多的冲洗次数，脱盐效果较好；在土壤质地黏重、透水性差的情况下，则宜采取较大的分次定额（1500 ～ 2100m^3/hm^2）。冲洗灌溉有间歇冲洗和连续冲洗两种办法。间歇冲洗是为了延长渗水在土层中的停留时间，增加盐分的溶解，在硫酸盐盐土上，间歇冲洗效果较好；以氯化物为主的盐土，可采取前次灌水渗入后，立即实施第二次灌水。冲洗的顺序一般为先低处后高处，先含盐重的后轻的，先近沟的后远沟的。

(2) 黄土丘陵沟壑林地的径流林业技术

该地区降水季节集中、水土流失严重，引水灌溉非常困难，采用径流林业技术，实施集水灌溉是行之有效的办法。常用的有修水窖、地膜覆盖、反坡梯田整地、鱼鳞坑整地等；在退耕还林工作中，甘肃省采用漏斗式、扇形式径流集水技术，取得了一定成效；如地膜覆盖是将树盘整成内低外高的反坡形，然后选用相应规格的地膜进行自上而下的或自外而内的盖在树盘上，地膜覆好后用细土将四周及开缝处压实压严，以不透风跑墒为度，四周留 0.1 m 左右以便雨水渗入树坑内，补充土壤水分。

(3) 塔里木沙漠公路防护林咸水滴灌技术

新疆维吾尔自治区南部的塔里木盆地，中央地带是我国面积最大的流动性沙漠塔克拉玛干沙漠。20 世纪 80 年代沙漠腹地发现大型油气田，1995 年塔里木沙漠公路建成。塔克拉玛干沙漠腹地年均降水量只有 10.7mm，夏季气温最高 43.2℃，全年约有一半时间为风沙天气。为确保塔里木沙漠公路安全运行，经过 10 年的先导试验，2003 年塔里木沙漠公路防护林生态工程正式启动。在极端干旱的流动沙漠中植树造林，人们形容为‘在沙漠里种活一棵树木，要比养活一个孩子还难”。中国科学院新疆生态与地理研究所等部门的技术人员,研究出了“优选树种、咸水滴灌”的配套技术。筛选出了能够适应塔克拉玛干沙漠生存条件的 88 种植物,将红柳、梭梭、沙拐枣作为防护林的主要树种栽在沙漠公路两旁,混合栽植其他植物,优化配置。然后每隔 4 km 钻凿一眼机井,配备一台小型柴油发电机,抽取公路沿线储量巨大的地下咸水,对各类树木、植物进行根部滴灌。如今已初见成效,沙漠腹地出现了400 多公顷的绿洲,人们称之为“生态工程激活死亡之海”。

2.林地间作的技术模式

林地间作的技术模式,由于不同地区条件有别,没有统一的、一成不变的模式。下边举两个例子。

(1) 河南省灵宝市黄土丘陵区侧柏、紫穗槐间作模式

1) 立地条件。该区属黄土丘陵沟壑区,年均气温 10 ~ 14℃,年均降水量 600 mm 左右,6 ~ 9 月占全年降水量的 51%,海拔多在 1000 m 以下,土壤多为褐土。该区地形破碎,水土流失严重,森林植被少,生态环境十分脆弱。

2) 技术思路。应以营建水土保持林为主。侧柏耐干旱、瘠薄,且为乡土树种,在当地生长较好。但是侧柏生物产量低,枯枝落叶少,对土壤改良作用小。紫穗槐生物产量高,条子、叶均可获得短期收益;根系发达、有根瘤菌,能固定空气中的氮,提高土壤肥力;且残根多,能改良土壤理化性质。侧柏与紫穗槐间作,二者优势互补,可使林地涵养水源和保持水土能力大大加强,同时达到以短养长的效果。

3) 主要技术措施。

① 整地:在干旱瘠薄山地造侧柏林,宜采取水平阶整地或鱼鳞坑整地方式。水平阶规格,阶面宽 0.5 ~ 1m,深 30 cm,长不限,阶距与定植行距相同。鱼鳞坑整地,坑长 70 cm、宽 50 cm、深 30 cm。

② 间作方式:采用行间混交方式,株行距侧柏为 1.5 m×3 m,紫穗槐为 0.75 m×3 m。

③ 抚育管理:对幼龄林应采取松土、除草、培土等抚育措施,当紫穗槐生长过旺时可施行割灌、平茬。

④ 成效和目标:紫穗槐与侧柏间作可提高水土保持效果,又能促进土壤改良、促进侧柏生长。紫穗槐从第 2 年起开始平茬利用,短期内可给营林者带来收益,达到以短养长的目标。

(2) 陕西省镇安县秦巴山区板栗、紫花苜蓿间作模式

1) 立地条件。该区地处秦岭东段南坡,海拔 344 ~ 2601 m,年均降水量 840 mm,年日照 1947.4 h,太阳辐射通量密度 110.86 W/m^2,属北亚热带半湿润气候区,适宜多种林木生长。境内山川相间,谷峰相连,地貌特征复杂多样。土层厚度 30 ~ 50 cm,多为黄沙土、沙土

和壤土。水土流失严重，干旱连年发生。干旱和水土流失是影响当地林业发展的限制因素。

2）技术思路。该区是一个农业区，经济基础较差，农民重经济林，轻生态林。为切实解决林种、树种单一，正确处理国家要“被子”与群众要“票子”之间的关系，使长、中、短经济效益结合，社会、生态效益并举，采用板栗与紫花苜蓿间作模式，以求加大防护效能，控制水土流失，改善生态环境，同时可以通过种草，发展畜牧业，促进农村产业结构的调整。

3）主要技术措施。

① 树种、草种选择：根据合理布局、适地适树适草原则，树种选择当地优良品种镇安大板栗，草种以紫花苜蓿为主。

② 栽植：板栗采用一两年生优质壮苗，实行人工植苗方式栽植，春秋两季均可栽植；紫花苜蓿以秋季点播为主。

③ 采用技术：推广应用覆膜技术、抗旱造林技术，提高造林成活率，保证造林的质量和成效。

④ 抚育管护：注意及时松土除草，防止杂草生长，改善林地条件。可用除草剂清除杂草，提高工效。搞好板栗的整形修剪和病虫害防治。

⑤ 成效和目标：该模式以提高林地利用率和土壤肥力、减少水土流失、改善生态环境为目标。栗园 5 年可见成效，10 年即达丰产期，每亩年产 150 kg，产值 900 元；栗叶、栗枝、栗苞还可继续利用，发展栗蘑，促进食用菌产业的发展；紫花苜蓿当年即可见效，第二年每亩可产鲜草 6000 kg 或草籽 100 kg，实现产值 2000 元，经济效益相当可观。能够发挥“一地多用、一林多层、一劳多效”的作用。

第4章 木材采运技术

第 4 章　木材采运技术

4.1 采伐技术

4.1.1 采伐基础知识

1. 森林采伐的主要分类是什么?

森林采伐包括主伐、抚育采伐、更新采伐和低产林改造。

2.用材林的主伐方式有哪些? 怎样选择主伐方式?

用材林的主伐方式为择伐、皆伐和渐伐。中幼龄树木多的复层异龄林，应当实行择伐。择伐强度不得大于伐前林木蓄积量的 40%，伐后林分郁闭度应当保留在 0.5 以上。伐后容易引起林木风倒、自然枯死的林分，择伐强度应当适应降低。两次择伐的间隔期不得少于 1 个龄级期。

成过熟单层林、中幼龄树木少的异龄林，应当实行皆伐。皆伐面积一次不得超过 5 公顷，坡度平缓、土壤肥沃、容易更新的林分，可以扩大到 20 公顷。在采伐带、采伐块之间，应当保留相当于皆伐面积的林带、林块。对保留的林带、林块，待采伐迹地上更新的幼树生长稳定后方可采伐。皆伐后依靠天然更新的，每公顷应当保留适当数量的单株或者群状母树。

对天然更新能力强的成过熟单层林应当实行渐伐。全部采伐更新过程不得超过一个龄级期。上层林木郁闭度较小，林内幼苗、幼树株数已经达到更新标准的，可进行二次渐伐，第一次采伐林木蓄积量的 50%；上层林木郁闭度较大，林内幼苗、幼树株数达不到更新标准的，可实施三次渐伐，第一次采伐林木蓄积量的 30%，第二次采伐保留林木蓄积的 50%，第三次采伐应当在林内更新起来的幼树接近或者达到郁闭状态时进行。毛竹林采伐后每公顷应当健壮母竹不得少于 2000 株。

3.哪些森林只许进行抚育采伐和更新采伐?

1）大型水库、湖泊周围山脊以内和平地 150 m 以内的森林，干渠的护岸林。

2）大江、大河两岸 150 m 以内，以及大江、大河主要支流两岸 50 m 以内的森林；在此范围内有山脊的，以第一层山脊为界。

3）铁路两侧各 100 m、公路干线两侧各 50 m 以内的森林；在此范围内有山脊的，以第一层山脊为界。

4）高山森林分布上限以下 200 m 以内的森林。

5）生长在坡陡和岩石裸露地方的森林。

4.什么是低效林?

受人为因素的直接作用或诱导自然因素的影响，林分结构和稳定性失调，林木生长发育衰竭，系统功能退化或丧失，导致森林生态功能、林产品产量或生物量显著低于同类立地条件下相同林分平均水平的林分总称。根据起源的不同，低效林可分为低效次生林和低效人工林；根据经营目标的不同，低效林可分为低效防护林和低质低产林。

5.衡量低效林的通用标准是什么?

凡符合下列条件之一者，可判定为低效林。

1）林相残败，功能低下，并导致森林生态系统退化的林分。

2）林分优良种质资源枯竭，具有自然繁育能力的优良林木个体数量< 30 株 /hm^2 的林分。

3）林分生长量或生物量较同类立地条件平均水平低 30% 以上的林分。

4）林分郁闭度< 0.3 的中龄以上的林分。

5）遭受严重病虫、干旱、洪涝及风、雪、火等自然灾害，受害死亡木（含濒死木）比重占单位面积株数 20% 以上的林分（林带）。

6）经过 2 次以上樵采、萌芽能力衰退的薪炭林。

7）因过度砍伐、竹鞭腐烂死亡、老竹鞭蔸充塞林地等原因，导致发笋率或新竹成竹率低的竹林。

8）因未适地适树或种源不适而造成的低效林分。

6.补植的适用性及方法是什么?

1）改造对象：适用于残次林、劣质林及低效灌木林。

2）补植树种：防护林宜考虑通过补植形成混交林，商品林根据经营目标确定补植树种。

3）补植方法：根据林地目的树种林木分布现状，确定补植方法，通常有均匀补植（现有林木分布比较均匀的林地）、块状补植（现有林木呈群团状分布、林中空地及林窗较多的林地）、林冠下补植（耐阴树种）、竹节沟补植等方法。

4）补植密度：根据经营方向、现有株数和该类林分所处年龄阶段合理密度而定，补植后密度应达到该类林分合理密度的 85% 以上。

7.封育的适用性及方法是什么?

1）改造对象：适用有目标树种天然更新幼树幼苗的林分，或具备天然更新能力的阔叶树母树分布，通过封育可望达到改造目的低效林分。改造对象主要为残次林和低效灌木林。

2）封育方法：对天然更新条件及现状较好的林分采取封禁育林，对自然更新有障碍的林地可辅以人工促进更新。封育按《封山（沙）育林技术规程》（GB/T 15163—2004）的规定执行。

8. 更替的适用性及方法是什么?

1）改造对象：适用于残次林、劣质林、树种不适林、病虫危害林、衰退过熟林及经营不当林。

2）更新树种：根据经营方向，本着适地适树适种源的原则确定。

3）改造方法：将改造小班所有林木一次全部伐完或采用带状、块状逐步伐完并及时更新。视林分情况，可对改造小班全面改造，也可采用带状改造、块状改造等方法，通过2年以上的时间，逐步更替。

4）限制条件：位于下列区域或地带的低效林不宜采取更替改造方式。

①生态重要等级为1级及生态脆弱性等级为1、2级区域（地段）内的低效林。

②海拔1800m以上中、高山地区的低效林。

③荒漠化、干热干旱河谷等自然条件恶劣地区及困难造林地的低效林。

④其他因素可能导致林地逆向发展而不宜进行更替改造的低效林。

9.抚育的适用性及方法是什么?

1）改造对象：适用于低效纯林、经营不当林及病虫危害林。

2）抚育方法：需要调整组成、密度或结构的林分，间密留稀，留优去劣，可采取透光伐抚育；需要调整林木生长空间，扩大单株营养面积，促进林木生长的林分，可采用生长伐抚育或育林择伐；对病虫危害林通过彻底清除受害木和病源木，改善林分卫生状况可望恢复林分健康发育的低效林，可采取卫生抚育或育林择伐。抚育强度按《森林抚育规程》（GB/T 15781—2015）的规定执行。

10.调整的适用性及方法是什么?

1）改造对象：适用于需要调整林分树种（品种）的低效纯林、树种不适林。

2）调整树种：根据经营方向、目标和立地条件确定调整的树种或品种。生产非木质林产品的商品林侧重于市场需求的调研分析确定，生产木质林产品的商品林应充分考虑立地质量和树种生长特性。此外，防护林宜通过调整改造培育为混交林。

3）改造方法：可采取抽针补阔、间针育阔、栽针保阔等方法调整林分树种（品种）。

4）改造强度：一次性间伐强度不宜超过林分蓄积的 25%。

11.复壮的适用性及方法是什么?

1）改造对象：适用于通过采取培育措施可望恢复正常生长的中幼龄林。

2）改造方法：主要有施肥（土壤诊断缺肥为主要原因导致的低效林）、林木嫁接（品种或市场等其他原因导致的低效林）、平茬促萌（萌生能力较强的树种，受过度砍伐形成的低效林）、防旱排涝（因干旱、湿涝为主要原因导致的低效林）、松土除杂（因抚育管理不善，杂灌丛生，林地荒芜的低效幼龄林）等方法。

12.伐木过程中使用油锯的注意事项有哪些?

森林的伐木工作需要具有技术经验的专业操作人员进行高效率的伐木工作，因为伐木环境是在大型森林木场中，容易受到周围自然环境和天气影响，所以伐木过程中经验和对油锯（见图 4.1）的熟识度均非常重要。伐木过程中有很多需要特别注意的细节事项。

图 4.1　油锯

首先，要注意天气的影响，一般木场森林等树木较多的地方比较容易起雾，因为能见度较差和湿度较大，所以这个时候就要特别注意使用油锯安全伐木，油锯如果因为潮湿度的原因不能灵活使用千万不可以强行操作，避免损坏油锯对树木造成破坏，或者造成更严重的事故威胁人身安全。

其次，在油锯的使用过程中要注意佩戴安全帽和防护手套，这是伐木作业的基本常识。一定要大声提醒周围的人离开树木倒下的危险区域。新手伐木者可以向富有经验的技术人员请教其他相关经验，保证自己和他人的伐木施工安全。

最后，油锯在使用过后要保养维护，先除去油锯上的杂物灰尘。保证排气口的通畅无阻，这种高速运转通电的设备，如果有异物被吸入排气孔会造成内部零件的损坏，或者线圈积攒大量热量不能及时散发烧坏油锯机器，或者不利于作业者的人身安全；如果发现油锯存在有摩擦损坏的地方要进行修补，平日对于油锯外部只要用清水简单擦拭处理就可以了；如果发现轴承部分出现了异常的声音，那么一定要及时上机油，保养的时候油锯最适合室温条件，最低温度不能低于 10℃，使用的机油温度要加热至 40 ～ 60℃；同时为了保证油锯的质量和工作稳定性，油锯要定期排查故障，检测是否能够正常工作，彻底排除安全隐患，保证施工安全，这种检查通常是需要每隔 6 个月开展一次。

13.怎样确定合理的伐木顺序?

伐木顺序的确定是应该遵守一定的原则，按照一定的要求方向伐倒树木，不能随便乱倒。确定合理的伐木顺序，是坚持合理采伐，提高伐区作业劳动生产效率，节约森林资源，降低生产成本的重要内容。从一个作业区的伐木顺序来说，应该根据集材方式来决定。所谓集材方式，即从伐木地点将木材汇集到装车场或山上楞场，采取什么园林机械或设备为动力来进行集材作业。集材方式的确定是根据伐区的自然条件，现有的集材设备和生产工艺组织形式等决定的。根据事先所设计的集材方式，合理的采伐顺序：当以根端朝前集材时，伐木工应从伐区的最远边开始伐木，即先道后号，由远向近；当以小头朝前集材时，伐木工应从伐区的最近的一边，即靠近装车场的一边开始伐木，先道后号，由近及远。

在小班（小号）内，应该先伐倒集材支道上的树木，或集材主道和支道附近的小树，然后以集材道为中心，先伐一侧，后伐另一侧。这样掌握树倒方向就有了目标。在伐木过程中，每棵立木还得排好采伐顺序。一般以在前的先伐，在后的后伐为原则。如果小径木影响大径木的倒向，则先伐小径木后伐大径木，可避免小径木被大径木打伤，又为采伐大径木时消除障碍。如果小径木并不影响大径木的倒向，同时小径木并没有被大径木打伤的危险，则以先伐大径木为宜。因为这可以避免先伐倒的小径木垫伤大径木的树干。个别树木切身大（倾斜度大的树），无法借向的，必须按其自然倾斜方向伐倒。但是采伐前必须先把附近与其倒向相反的树完全伐倒后，再伐这棵树，以免造成砸伤树干和造成搭挂现象，或树头倒在其他树木的底下，而影响其他树木的采伐。

4.1.2 择伐作业与更新

1.择伐作业的概念与分类是什么?

择伐指每次在林中有选择性地伐去一部分成熟木，林地上始终保持着多龄级林木。择伐后更新的林分仍是异龄复层林。

(1) 集约择伐法

1）单株择伐：伐去单株散生的已达轮伐期和劣质的林木，特点是形成的空隙面积小，适合较耐阴树种更新。

2）群状择伐：小团状或小块状采伐成熟木，每块可包括两株或更多的林木，块的最大直径可达周围树高的 2 倍。特点是根据树种对光照的要求确定块地的大小。块状林为同龄，全林仍是异龄的。

(2) 粗放择伐法

着重于木材的利用，取材是主要目的，忽视了今后森林的产量与质量。

径级择伐：确定采伐木的标准主要是径级，即根据对木材的要求决定最低的采伐径级。特点是一般的采伐强度为 30%～60%甚至更高。伐后林分郁闭度较低，次要树种占优势，保留木易发生枯梢风倒。

2.择伐作业有哪些技术要求？

(1) 采伐木的确定

1）采伐最老世代的个体。

2）对复层混交林应在上层选择砍伐木，为下层目的树种的生长创造条件。

3）单层混交林无论是针叶树种混交、阔叶混交林或是针阔混交林，都应先砍成熟的大径级的林木，同时砍去一部分非目的树种的中小个体，为目的树种的生长创造条件。

4）无论是什么类型的林分，都应将林分中生长不良的、干形不良的（风景林除外）、双生木、断梢木与部分病虫害木砍去，但不能将所有的枯立木、病腐木全部伐掉，要保留一部分供啄木鸟、猫头鹰栖息之用。

(2) 采伐强度与间隔期的确定

择伐的采伐强度是指伐区上每次的采伐量与林木总蓄积量的比值。由林分的年生长量来决定。年生长量高的自然每次采伐量可以大一些，则采伐强度就大一些。

间隔期是指两次采伐之间所间隔的年数。采伐强度又与间隔期的长短密切相关，间隔期短则采伐量小，间隔期长则采伐量就多。通常以年生长量去除采伐量，来决定间隔年限。

(3) 更新与抚育的要求

择伐主要采用天然更新，如天然更新的幼苗幼树不够，则应人工补栽，使单位面积的幼苗幼树株数达到标准，而且分布均匀。

为了保证更新与促进幼苗幼树生长，在采伐时要严格控制树倒方向。

择伐作业不仅要伐大留小、采坏留好，还有对保留的中小径木与林下幼苗幼树抚育，以此来促进保留木与幼树的生长。

4.1.3 皆伐作业与更新

1.皆伐的排列方法有哪些？

(1) 带状间隔皆伐

第一次采伐的伐区，两侧保留的林墙可起下种及保护更新的幼苗、幼树的作用。一般第一次采伐的伐区应配置在下风方向，有利于天然更新下种。

第二次采伐的伐区已无周围林墙，这时为了达到更新目的，可以采用：①人工更新；②保留母树；③于种子年采伐；④改用渐伐等。

（2）带状连续皆伐

每一个新伐区紧靠前一个伐区设置，前一带采伐后，迹地更新起来，再接着砍伐第二位采伐带，以此类推。

带状间隔皆伐和带状连续皆伐相比，前者的优点是采伐集中，采伐年限缩短，主要缺点是不能利用侧方林墙下种的面积较大，且易遭风害。

（3）块状皆伐

在地形不整齐或者不同年龄的林分成片状混交的条件下，很难采用带状皆伐，多应用这种块状皆伐的方式。

一般情况下，伐区面积一次不得超过 $5hm^2$。

2.如何进行皆伐迹地的人工更新？

栽苗顺序：采取“五先五后”，即先沟外后沟内、先栽已整地后栽现整地、先阳坡后阴坡、先栽萌动早的树种后栽萌动晚的树种、先小苗后大苗的办法。

方法：主要采取植苗更新，可节省种子，保存率高，幼林郁闭早，抚育管理较容易，且成林、成材较快。另一种方法，直播更新在技术上还存在一些问题。

3.皆伐作业的选用条件有哪些？

1）皆伐人工更新最适于喜光树种构成的人工单层林。

2）皆伐最适用于全部是成、过熟木的林分，或者需要进行林分改造更换树种的林分。

3）皆伐不选在沼泽水湿地，或水位较高排水不良土壤上的森林。

4）在山地条件，凡陡坡和容易引起土壤冲刷或处在崩塌危险的森林，严禁皆伐。

5）森林火灾危险性大的地域，如沿铁路和公路干线两侧，也不宜选用皆伐。这里应建立一个异龄林保护带，避免因皆伐带来大量易燃的采伐剩余物。

6）原计划皆伐的地区，遇到游览和风景价值极大的地段，尽量改用其他方式采伐，如渐伐、单株择伐或群状择伐等。

4.1.4 渐伐作业与更新

1.渐伐的步骤有哪些？

(1) 预备伐

概念：在成熟林分中为更新条件而实施的采伐。

要求：在郁闭度大，树冠发育较差，林木密集而抗风力弱和活，死地被物很厚，妨碍种子发芽和幼苗生长的林分中实施。

采伐强度：25% ～ 30%，采伐后林分郁闭度就降到 0.6 ～ 0.7。

(2) 下种伐

概念：预备伐若干年后，为疏开林木促进结实和创造幼苗生长的条件而实施的采伐。

要求：最好结合种子年实施（目的：① 有更多的种子落在林地上；② 适当地破坏死地被物，增加种子与土壤接触机会）。

采伐强度：10% ～ 25%，采伐后林林分郁闭度就降到 0.4 ～ 0.6。

(3) 受光伐

概念：为逐渐成长起来的幼树增加光照而实施的采伐。

要求：下种伐到受光伐的间隔期，耐阴树种需较长时间（4 ～ 6 年），喜光树种可短些（2 ～ 4 年），甚至可省略受光伐，直接实施后伐。

采伐强度：10% ～ 25%，采伐后林分郁闭度就降到 0.2 ～ 0.4。

(4) 后伐

概念：受光伐后 3 ～ 5 年，幼树逐渐接近或达到郁闭状态，需要将林地上所有的老树伐去。

要求：下种伐到受光伐的间隔期，耐阴树种需较长时间（4 ～ 6 年），喜光树种可短些（2 ～ 4 年），甚至可省略受光伐，直接实施后伐。

采伐强度：10% ～ 25%，采伐后林分郁闭度就降到 0.2 ～ 0.4。

2.渐伐的种类有哪些?

1）均匀渐伐，又叫广状渐伐，就是在预定要实施渐伐的全林范围内，同时均匀地实施前述的各次采伐。

2）带状渐伐是按一定方向分带来进行的。在一个采伐列区上由一端开始，在第一个伐区上 (即采伐基点) 首先实施预备伐，其他带保留不动。

3）群状渐伐一般是将生长有幼苗幼树而上层林木稀疏的地段作为基点，先实施采伐，然后向四周逐渐扩大及于全林，至最后老林伐尽时，林地上出现许许多多金字塔形的新林树群。

3.渐伐的选用条件是什么?

1）天然更新能力强的成过熟单层林，应当实行渐伐。全部采伐更新过程应在一个龄级期内。

2）在山区条件下，坡度陡、土层薄，容易发生水土流失的地方或具有其他特殊价值的森林，以及在容易获得天然更新但土层浅薄的林分，都不宜采用皆伐，而以渐伐为宜。

3）渐伐的采伐次数和采伐强度具有很大的灵活性，除强喜光树种外，可以适用于任一能成材树种。

4）许多森林内，前更幼树在更新中起着重要作用，可根据林下更新的数量，相应采取渐伐的不同采伐强度，促进更新或加快幼苗生长。

5）当林冠下更新的幼树较多、上层木限制幼树生长时，采用渐伐可取得较好的成效。

4.2 运输技术

4.2.1 森林采运工艺基础知识

1.什么是林产品?

按联合国粮农组织的分类标准，林产品主要是工业原木以及原木为原料经过复杂加工形成的林产品，即锯材、人造板、家具、纸及纸浆和木浆。

2.林产品的特征有哪些?

(1) 林产品的多样性及差异性

从我国目前的统计口径来看，林产品是包括以森林资源为基础而生产的木材和以木材为原料的各种产品，主要包括原木、锯材、木质人造板、各种木质成品和半成品、木浆、以木材为原料的各种纸及纸制品、林化产品等林业部门和其他相关部门所生产的上述各类产品。同时还包括种苗、花卉、种子、林区土特产品、林果类产品等。可见林产品是千差万别的，这种差异性往往使得林产品的运输、配送、储存工作量增大，成本增加。

(2) 供给地的地域性和集中性

我国是一个大国，幅员辽阔，森林资源分布却极不均匀，主要分布在东北林区及西南林区，且大多数比较边远。这样也就形成了林产品的生产重点集中在上述偏远地区，造成了林产品供给的地域性和集中性。这种林产品供给的地域性和集中性与需求的大量分散性显然是矛盾的，使林产品的运输成本大幅度提高。

(3) 需求的多样性和广泛性

从用户需求的角度分析，林产品的需求来自于社会的多个部门、多个行业。而且这些需求是多样的、广泛的。同时随着社会经济的不断发展，这种需求的多样性和广泛性还会继续扩大，而生产者与消费者信息的不对称性也加大了供需之间的矛盾。这就注定了林产企业的生产经营、物资配送活动必须具有更大的弹性，应该面向全社会，在经营管理方面革新，高度重视物流管理。

3.森林采运工艺的主要类型有哪些?

(1) 原木集材、运材工艺

这是世界上应用最早、最广泛的一种工艺类型，适用于手工作业。采用这种工艺时，伐区作业由伐木、打枝、集材、归楞、装车或推河、清理采伐迹地等工序组成，工艺流程复杂。由于在伐区造材，伐倒木或原条分散，造材质量不易保证，影响出材率。这种工艺在机械化程度不高的中国南方林区以及一些发展中国家仍有采用。

(2) 原条集材、运材工艺

这是世界各国基本实现采运机械化后广泛采用的一种工艺类型。它简化了作业工序，只在山上楞场进行原条装车和储备一定数量的原条，造材、选材作业移到储木场进行，因而可保证造材质量，提高出栈率，且能充分利用梢头等剩余物。20 世纪 60 年代以来，中国东北林区所有采运企业都广泛采用这种工艺，原条运输量已占 90% 左右。

(3) 伐倒木集材、运材工艺

这是世界林业发达国家如俄罗斯、美国、加拿大等国在基本实现全盘机械化条件下采用的一种工艺类型。用重型汽车运材，运输线路质量较好，打枝、造材和选材都集中在储木场进行，有利于采伐迹地清理和充分利用采伐剩余物。

(4) 木片运输工艺

在伐区就地利用削片机将伐倒木或原条削片；或采用伐倒木、原条集材，在山上楞场集中削片，再用木片运输汽车运到需用单位。这种工艺类型主要用在直接为造纸厂提供原料的林区，一般实行皆伐作业和人工更新。

4.什么是木材运输?

木材运输是从树木伐倒后到储木场或需材单位的全部运输作业，即在伐区集材到装车场或集运到河边楞场的木材（原条、原木等)，通过陆路或水路运送到储木场或需材单位的木材运输生产过程。

5.木材运输的特点有哪些?

木材运输的特点主要有单向性、重载下坡、运材岔线的临时性、木材运输货流的汇集性、木材在水中的漂浮性、木材的长大沉重性。

单向性是指林内木材单向运输到衔接点，两个运输方向的货流量很不均衡。因此运输设备的有效利用率低。基本货物（木材）是由伐区运向储木场，反向运输除较少的生产资料和生活资料外，多为空车运行。两个运输方向的货流量很不均衡。因此运输设备的有效利用率低。这同时也对道路设计、车辆结构和运输管理等产生影响。如林区道路的重载上坡路线坡度宜缓，重载下坡的陡坡路线宜短；汽车从储木场向伐区空载行驶时多采取载运挂车方式，以节省材料消耗。

重载下坡是木材由地势较高的伐区运向地势较低的贮木场，多为重载下坡运行。这时的道路坡度阻力为负值，等于增加牵引力。这对线路坡度不大的丘陵林区道路，有利于提高运输载量；对线路坡度较大的山区林道，则会使运输安全性降低。

运材岔线的临时性是指运材岔线一般都修筑临时性的廉价道路。

木材运输货流的汇集性是由于森林资源分散，单位面积上的木材采伐蓄积量有限，且需按永续经营利用原则计划木材生产，伐区作业大多分散在相当大的林地面积上实施。各个伐区所生产的木材通过道路网（岔线、支线、干线）向中间楞场或储木场汇集。道路网沿线的货流量是递增的。

4.2.2 木材运输的基本类型

1.木材运输的种类有哪些?

木材运输的基本类型可以分为四种，即水运、陆运、空运和管道运输。木材管道运输是指在密封的管道内，借助加压的水流将木片运输一定的距离，或者利用加压的气流运输木片。

2. 木材水运的优缺点各是什么?

木材水运是将伐区生产的木、竹材通过水路运送到储木场的作业。木材运输的主要方式之一。中国古代建造宫殿、庙宇和房屋等用的木材大多是用这种方式运送的。木材水运的基本建设投资小、耗能少、运输成本低，短期内运出木材量大。因此在河流密布、水源充足的林区或流域多采用这种运输方式。但水运时木材损耗较大，还常受水位和气温影响。

3.木材水运的主要方式有哪些?

水运方式主要有下列 3 种。① 单漂流送。单根木材流送的方式，也称赶羊流送。适用于上游中、小河流。准备作业包括清理河道，设置推河楞场和出河场，以及沿河建立水文观测站、通信站等。木材推河最好是在集材后直接实施，可减少中间作业。但在不均衡生产的情况下，要沿河设置推河楞场暂时存放待运。人力推河多用捅钩；机械推河用绞盘机、拖拉机或推土机。单漂流送作业方式因不同的河流、水位、树种而异。在平原、丘陵河川进行时须划分河段，定时、定点、定量地流送。这种方式省工，不需任何能源，但流送中木材难于控制，容易插垛和失落。② 排运。木排沿水路的运输比单漂流送容易控制，适用于较大的河流、湖、海。③ 船运。木材装在船上的运输。航船运输自带动力，驳船运输由拖轮拖带或顶推。船运成本高，但速度快，能逆流而上，且不易丢失，适用于江河、湖泊、海洋。

4.为保证木材顺利流送，需采取哪些工程措施?

保证木材顺利流送而采取的工程措施和设置的建筑物主要有以下几类。① 河道整治。

包括清理有碍流送的障碍物如礁石、险滩、树根及残存的水工建筑物，以及为保证流送线路的水深和宽度而进行的河道疏浚、修建护岸工程、挖掘引河和截弯取直等。在流送特别困难的河段，还可另辟人工水路（水滑道或渠道）。②防护诱导设施。目的是诱导木材沿着规定的线路流送，防止流散或搁浅。包括在河床上修筑固定的导流堤坝，以改变水流方向或集中水流，或在不易设置固定诱导设施的比较宽深的河段，利用水力设置漂浮诱导设施等。③水闸。是在单漂流送的河道中筑起的拦河坝，起调节流量、抬高水位的作用。当水位达到需要高度，能保证木材流送速度时，即开闸放水，木材借助水力流送到下游。④阻拦设施。在单漂流送的中途或终点用来阻拦或储存木材的工程设施。一般为河绠，由绠绳、绠漂和绠座组成。绠绳多用钢丝绳，末端固定在河岸的绠座上，绠漂多用木制或箱形钢丝网水泥制成，用以浮托绠绳。有横河绠和顺河绠之分。前者包括拦木架，横向拦断整个河道，多建在中、小河流上；后者包括羊圈，沿河设置，绠宽一般占河宽的 1/2 以上，通常修建在较大的通航河流上。拦木架与羊圈均为墩座式硬结构，在中国南方山区流速高的河流中应用，为中国特有。⑤出河设施。

5.木材陆运的主要类型有哪些?

根据道路结构和运材设备分为汽车运材（木材公路运输）、森铁运材（森林铁路运输）、平车道运材、索道运材、缆车道运材（缆曳铁路运输）、冰雪道运材等。中国现以汽车运材和森铁运材为木材陆运的主要类型。

1）汽车运材。具有投资少、见效快，机动性强、适应性广、可深入伐区等优点。1913 年首先在美国试用，20 世纪 20 年代有较大发展。中国于 1949 年试用，第一个五年计划期间已以自产汽车投入林区运材。1986 年有林区公路 13.9 万公里，运材汽车 2.1 万台。运材汽车分轻型、中型和重型 3 种。中国东北、内蒙古林区以原条运材为主，多用中型和重型汽车；南方林区以原木运材为主，多用中型运材汽车。此外还有由汽车和挂车组成的汽车列车。林业企业设有林区公路管理部门和汽车运材管理部门。

2）森铁运材。世界各国森林铁路轨距不同。中国森林窄轨铁路轨距为 762 mm。1986 年全长 1.1 万公里，主要分布在吉林、黑龙江、内蒙古等地；森铁机车 647 台（其中蒸汽机车 366 台、内燃机车 281 台），台车 2.1 万台。森林铁路除运输木材外，也运输生产资料、生活物资及旅客。森林铁路部门下设机务、车务、工务、电务和检修等技术管理机构，按列车运行图组织行车工作。

6.木材货物运输的安全固系方法有哪些?

木材是“活”商品，如果捆束不充分，会出现货物的各个部分的单独的移动。木材的装卸务必不能过高，否则可能会导致车辆或货物的不稳定。以下介绍了木材货物运输中安全运输方法。

(1) 锯木

锯木在运输中通过采用与 ISO4472 和相关标准相符的标准包装。请注意：如果没有用其他方式证明，通过在木材上面覆盖的任何塑料都会降低摩擦系数，进而使之需要更多的捆绑物。通常在两端用皮绳或钢丝绳绑紧包装，并且在装载前，应核实绳子的安全性。如果绳子出现损坏或不牢固，必须采取其他方法将整个货物完全系固至车辆上。锯木包装更适合使用装有中间横栏的装载平台上运输。

如何在每节都使用中间横栏系固货物，防止其侧向移动？如果每节长度为 3.3m 或以下，至少需要两根横栏；如果每节长度为 3.3m 以上，至少需要三根横栏。另外，除了中间横栏，每节货物至少还需要 3 个预张力不小于 4000N 及捆绑力不小于 16000N 的顶部捆绑系固。包装的纵向系固可以采取与任何其他货物相同的系固方法。如果没有中间横栏，但包装已恰当并且牢固的绑紧，则包装可以采取与任何其他货物相同的系固方法。在某些情况下，使用的捆绑绳的数量小于货物的节数，则每节货物必须系固。如果捆绑是用于阻止货物的移动，因此，首先，计算防止滑动所需要的捆绑绳的数量；其次，计算防止倾斜所需要的捆绑绳的数量；再次，两个数值中较大的数为最少需要的捆绑绳数量。并且不建议使用后部支撑（承枕），货物在各节中纵向分布（沿着车辆的长边放置）运输会更安全，每节单独使用立式支撑（横栏）。

(2) 圆木

应坚持载荷分布的基本原则，并且务必确保在可能的情况下，对货物予以阻挡，使之靠紧前板。建议使用带张紧装置的链条或网状捆绑物，在整个运输过程中，检查并保持所有捆绑物都已系紧。所有的捆绑物的捆绑力不得小于 16000N，预张力不得小于 4000N。建设使用自动张紧装置。在经过林道驶入公路前，应特别检查货物和捆绑物的情况。横向装载（横放在车辆上）的木材运输，使用前板支撑。并且不建议使用后部支撑（承枕），货物在各节中纵向分布（沿着车辆的长边放置）运输会更安全，每节单独使用立式支撑（横栏）。

(3) 纵向装载

靠外边的每根原木或每块锯木应至少使用两根立式支撑（横栏）加以限制。施加 0.5g 的侧向加速度后，横栏的力度应能够防止车辆变宽。任何短于两根横栏之间距离的木材应放在货物的中间，并且所有原木最好能头尾交替倒置，确保负载平衡。当木材采用两根横栏支撑时，木材的两端至少超出横栏 300mm。外部的木材的中心或顶部不得高于横栏。中间木材的顶部必须高于侧边木材，形成货物顶点，使货物可以通过捆绑物适当地张紧。根据标准 EN12642XL，在第一节木材之前 – 驾驶室和木材之间 – 应装上前板且保证货物不能高于前板。在每节货物（木桩）上给木材施加垂直压力的顶部捆绑应系紧，且数量如下：

当有树皮的木材如果每节货物的最大长度不超过 3.3m，每节至少需要一个捆绑物，如果每节货物大于 3.3m，至少需要两个捆绑物；当没有树皮的木材每节至少需要两个捆绑物。顶部捆绑应横向固定在每节货物的前后的侧横栏上，并且尽可能对称。

(4) 横向装载

常规的捆束方法不能充分地系固横向装载在车辆平台上的木材。只能将绳子或链条从车辆前端穿过木材顶部后系至其后部，这不能称为一种合格的货物系固方法。如果木材横向装载，必须使用合适的侧门，而且货物不能高于侧门。

(5) 长杆

长杆运输是一种非常特别的“木材拖运”，通常使用长货挂车运输，或将木材系固至车辆一端的拖车上。车辆必须装有足够强度的承枕和横栏，用以限制货物。有必要使用链条或织带系固货物，并且通常至少应使用 3 根链条或织带，并且其中一根应绑住悬挂在外的部分或整个货物的中间。可以使用拴扣或锁紧器紧固捆绑物。

第5章 花卉栽培技术

第5章　花卉栽培技术

花卉产业是21世纪最有希望和活力的产业之一，被誉为“朝阳产业”。花卉不仅以其绚丽的色彩、婀娜的姿态及沁人心脾的芳香深入人心，惹人喜爱，美化园林，改善环境，丰富生活内容，更以其潜在的商品价值，为人们创造财富，推动社会经济的发展，成为当今世界贸易及社会生活不可或缺的组成部分。很多花卉的栽培技术与前面一部分重复，故不再赘述，此处单独列出了一些仅针对花卉的栽培技术，供广大农民朋友参考。如果想了解更多关于花卉栽培技术的知识，敬请参考柏玉平的《花卉栽培技术》一书。此外可登录中国花卉网技术频道（http://www.china-flower.com/technic/）查询具体花卉的种植栽培方法。

5.1 花卉基础知识

1.什么叫花卉?

“花卉”有狭义和广义两种解释。狭义的“花卉”是指具有观赏价值的草本植物,如菊花、凤仙花等。广义的“花卉”指的是凡是花、茎、叶、果或根在形态或色彩上具有观赏价值的植物。所以广义的花卉不单包括草本植物，还包括乔木、灌木、藤本及地被植物等。

获得广泛的接受但通常没有科学来源的名称统称为花卉的普通名称，简称用普通名，如菊花、紫罗兰等。普通名称的取名方式有多种多样，有些是根据花朵的形态来取名，像鸡冠花、舞女兰等；有些根据开花的季节来取名，如春兰、秋兰等；有些根据译音，如康乃馨等；还有其他的取名方式。事实上，有些花卉当有些人还不认识它们的时候，它们的名字就因文学或影视作品的出版发行而名声远扬了，如紫罗兰、郁金香等。花卉的普通名称虽然被广泛承认和接受，但是它们往往存在一花多名、异花同名等现象，因而容易使人们产生混淆，不利于交流和贸易。

对于花卉的学名，按照《国际栽培植物命名法规》，是以属—种—栽培品种三级划分而成的。属名与种名由拉丁文或拉丁化的词组成，在印刷体上为斜体字。品种名称不用斜体字，它又有两种写法：一种是在品种名称前面加上一个缩写符号“cv.”；另一种是直接在品种名称上加上单引号。不像普通名称，每一种花卉都只有一个学名，这样，在交流、贸易、科研等场合上就排除了被弄错的可能性。

2.花卉怎么进行分类?

花卉种类多、分布广，不仅包括有花植物，还有苔藓和蕨类等植物，其栽培应用方式也多种多样。因此花卉分类由于依据不同，有多种分类方法。常用的分类方法如下。

第一，按照植物学系统分类。其分类是以植物学上的形态特征为主要分类依据，按照科、属、种、变种来分类并给予拉丁文形式的命名。

第二，按照自然分布分类。主要分为热带花卉、温带花卉、寒带花卉、高山植物、水生花卉、岩生花卉和沙漠植物。

第三，按照原理用途分类。分为花坛花卉、盆花、切花和摘花。

第四，按照观赏部位分类，分为观花花卉、观果花卉、观茎花卉和观叶花卉。

第五，按照自然开花季节分类。分为春花类、夏花类、秋花类和冬花类。

第六，按照经济用途分类，分为观赏花卉、药用花卉、香料花卉和食用花卉。

第七，按照生态习性分类。主要分为一年生草本花卉、二年生草本花卉、多年生草本花卉和木本花卉。

第八，按照原产地分类。全球共划分为 7 个气候型。在每个气候型所属地区内，由于特有的气候条件，形成了野生花卉的自然分布中心。这 7 个气候型分别是中国气候型、欧洲气候型、地中海气候型、墨西哥气候型、热带气候型、沙漠气候型和寒带气候型。

下面主要介绍花卉的实用分类。花卉的实用分类，是从园艺的立场出发采用的花卉的分类方法，这里主要把花卉分成 8 个类群。

一是一、二年生草本花卉。一年生草本花卉是指从种子播种在一年内完成其整个生育周期的花卉；二年生草本花卉是指从种子播种在二年内完成其整个生育周期的花卉。

二是宿根草本花卉。宿根草本花卉是指二年以上生长周期的多年生草本花卉（以下球根花卉除外）。

三是球根花卉。球根花卉为多年生草本的一种。为了耐受干燥、低温等不良环境，在地下部形成了特殊形态与生态的肥厚状，并储藏了大量的养分。可分为春植球根和秋植球根两种。

四是木本花卉。为茎木质化、多年生长的观赏花卉，可分为有一根或少数几根主干的高大乔木以及较多分枝较短树冠的灌木。

五是温室花卉。在温带自然条件下，或者不能越冬，或者越冬困难的草本或木本花卉。

六是观叶植物。以叶片作为主要观赏对象的植物，但也有部分植物的花也有观赏价值，如凤梨科花卉。

七是兰花。包括整个兰科植物。栽培种类不断增多，杂交品种更是数不胜数。

八是仙人掌类与多肉植物。它是沙漠气候型原产的植物，体内呈肉质。

3.种植花卉有什么作用?

(1) 在生活、文化中发挥作用

花卉是美丽的自然产物，它的美丽主要表现在颜色、形态和香味上。花卉给人们以美的享受，人人都有爱美之心。在世界上，虽然国家、民族、肤色、语言、风俗、制度等都不一样，但人们爱好花卉都是共同的。

种花能调剂人们的精神生活，使人轻松愉快，消除疲劳，增进身心健康，还能锻炼意志和提高科学文化修养。特别是当经过自己辛勤劳动而培育出的花开放时，那种心情是无法比拟的。

在国内外，人们都把花作为美好、幸福、吉祥、友谊的象征，在喜庆日子、宴会、探亲访友、看望病人、迎送宾客以及国际交往活动等场合中，用花作为馈赠礼物已成为了一种良好的习惯。

(2) 在园林绿化中发挥作用

花卉是园林绿化、美化和香化环境的重要材料。将花卉用来布置花坛、花镜、花台、花丛等，可为人们提供优美的工作和休息环境，使人们在生活之中或劳动之余得以欣赏自然，从而达到为人们生活和工作服务的目的。

花卉还有防尘、杀菌、吸收有害气体，起到净化空气、调节气候、减低城市噪声等作用，对人们的身心健康极有益处。

(3) 种植花卉具有很高的经济效益

由于多种原因，当前花卉在种植业中经济效益高居榜首。在意大利，每公顷水果、蔬菜与鲜切花的产值比为 1 ∶ 1.2 ∶ 10；在哥伦比亚，每亩花卉最多可创汇 4450 美元，可购大米 2 万公斤。不论是发达国家还是发展中国家，高效益的花卉业已成为许多国家争先发展的目标。我国自改革开放以来，花卉业发展也十分迅速，因种花而致富者难以计数。

(4) 花卉在其他方面也有重要作用

花卉可供食用。我国一直就有食用花的习惯，如金针菜、百合、霸王花等。鲜花中含有大量氨基酸、维生素、微量元素等物质，有益于身体健康。国外也把鲜花用来配制菜肴以及制作饮料、食品等。

花卉可供药用。从我国中医学角度来看，花卉是防治疾病、强健身体的良药。中药中常见的有金银花、桔梗、贝母、石斛、鸡冠、麦冬等。

花卉也可以用来配茶，如菊花茶、茉莉花茶、玫瑰茶、桂花茶等。

花卉还可以用来提炼香精，如桂花、玫瑰、玉兰花、丁香等花朵都可用来提炼香精。用玫瑰花提取出的玫瑰油相当于黄金的价格，甚至高于黄金。

4.种花赚钱应如何作可行性分析?

要想建立一个以赢利为目的的花圃，需要先开展多方面的调查并作可行性分析。主要涉及以下问题。

第一，市场的需要及发展前景。花卉并不是人们生活中的必需品，目前国内外花卉消费量的增长是与国民经济的发展和人们收入的提高成正比的。我国各地经济发展不平衡，所以若是打算把产品用于供应本地市场，就要考虑本地市场的容量竞争对手情况、花卉市场前景和发展规模等问题。

第二，当地的气候条件。花卉种类成千上万，原产地并不一样，对环境条件的要求也就不尽相同。我国各地自然气候差异很大，就本省而言，各地气候条件也有差异。所以在设施栽培无法保证的情况下，应根据当地的自然气候条件来确定适宜发展哪一类或哪一种花卉。

第三，技术力量依托。花卉比其他农作物对技术要求更高，更需要精心管理。技术力量的强弱关系到能否生产出更好更多的花卉产品。所以要建立花圃达到赢利的目的，必须有花卉专家来参与。另外，还要有优秀的管理人员，有些花圃就因在管理方面做得不好而导致无法获得预期的经济效益，甚至亏本。

第四，运输条件。鲜切花和盆花是国际市场上交易的两种主要花卉产品，而鲜切花所占的比例更大。主要原因之一是鲜切花易于包装运输，而盆花由于重、运输成本高、需检疫等原因，主要满足本地及附近地区的需要。虽然鲜切花易于运输，但其鲜活性很强，国内外对较远距离都需用空运。

第五，资金。必须根据资金的多少，来确定生产规模。根据国内外的经验，一般花圃要有一定的规模才能获得较好的经济效益。对于用温室和大棚来种花，成本要大大提高，这就更要注意对其经济效益的分析。

5.花卉是怎样进行分级和定价的?

花卉的种类和品种虽然繁多，但花卉的产品归结起来不外就是盆花、切花、球根、种子和花苗五大类。

盆花的分级和定价一般是按照种类或品种、植株大小和生长状况，结合市场行情考虑。盆花可以分为观花盆花、观叶盆花和观果盆花三类。观花类盆花主要分级依据是品种、株龄的大小、花蕾的大小、着花数的多少以及植株生长的状况，再结合市场的行情来定价。观叶盆花大多按照主干或株丛的直径、植株的高度、冠幅的大小、株形、植株的丰满程度、生长状况等来分级,再结合市场的行情定价。观果类盆花主要根据每盆植株上挂果的数目、果实的分布状况、株形、植株的丰满程度、生长状况等来分级，再结合市场的行情定价。有的观果盆花，以一个果实为定价的基本核算单位，再乘以挂果的数量，就是这盆花的出售价格。

在花卉市场上，一般性的商品盆花都有一个比较统一的价格。但在推广或出售优良品种时，其价格往往要超过一般品种价格的数倍之多。新发现或培育出来的奇特品种的价格更高，例如有的珍稀兰花品种需数万元一株。这是因为花卉属于观赏性商品，而不是人们生活的必需品，因此“物以稀为贵”就成了左右盆花价值的决定因素。

切花的分级和定价标准主要是根据品种花色、花枝和花序的长度、花枝上的花朵数目、花朵的大小和开放程度、花枝的外观等。国外对一般的鲜切花都制订了分级标准,档次越高,拍卖时的价格当然也就越高。目前我国还没有对鲜切花制定统一的分级标准。

球根一般是按照品种和大小来进行分级和定价的。种子和花苗的定价一般是根据成本，再结合市场的行情来考虑的。例如绿巨人组培苗，刚刚开始出现在我省市场上时，曾卖到十余元一株，而现在一株还不到一元就可买到。

5.2 花卉的地栽应用

1.花坛有哪些应用？如何选取花卉？

花坛一般多设于广场和道路的中央、两侧及周围等处，主要在规则式（或称整形式）布置中应用。有单独或连续带状及成群组合等类型。花坛要求经常保持鲜艳的色彩和整齐的轮廓，因此，多选用植株低矮、生长整齐、花期集中、株丛紧密而花色艳丽（或观叶）的种类，一般还要求便于经常更换及移栽布置，故常选用一二年生花卉。

植株的高度与形状，对花坛纹样与图案的表现效果有密切关系。如低矮紧密而株丛较小的花卉，适合于表现花坛平面图案的变化，可以显示出较细致的花纹，故可用于毛毡（模纹）花坛的布置。如五色苋类、白草、香雪球、蜂室花、三色堇、雏菊、半支莲、半边莲及矮翠菊等。也有运用草坪或彩色石子等镶嵌来配合布置的。根据采用花卉的不同,可表现宽仅 10 ~ 20cm 的花纹图案,植株高度可控制在 7 ~ 20cm。有些花卉虽然生长高大,但可利用其扦插或播种小苗就可观赏的特性，也用于毛毡花坛，如孔雀草、矮一串红、矮万寿菊、荷兰菊、彩叶草及四季秋海棠等。

花丛花坛是以开花时整体的效果为主，表现出不同花卉的品种或品种的群体及其相互配合所显示的绚丽色彩与优美外貌。因此，在一个花坛内，不在于种类繁多，而要图样简洁、轮廓鲜明，体形有对比，才能获得良好的效果。常用的品种有三色堇、金盏菊、金鱼草、紫罗兰、福禄考、石竹类、百日草、一串红、万寿菊、孔雀草、美女樱、凤尾鸡冠、翠菊、藿香蓟及菊花等。

花坛中心宜选用较高大而整齐的花卉材料，如美人蕉、扫帚草、洋地黄、高金鱼草等；也有用树木的，如苏铁、蒲葵、海枣、凤尾兰、雪松、云杉及修剪的球形黄杨、龙柏等。花坛的边缘也常用矮小的灌木绿篱或常绿草本作镶边栽植，如雀舌黄杨、紫叶小檗、葱兰、沿阶草等。

2.花镜有哪些应用？如何选取花镜中的花卉？

花镜以树丛、树群、绿篱、矮墙或建筑物作背景的带状自然式花卉布置，这是根据自然风景中林缘野生花卉自然散布生长的规律，加以艺术提炼而应用于园林。花镜的边缘，依环境的不同，可以是自然曲线，也可以采用直线，而各种花卉的配植是自然斑状混交。

3. 花台有哪些应用？如何选取花台中的花卉？

花台是将花卉栽植于高出地面的台座上，类似于花坛但面积常较小。设置于庭院中央或两侧角隅，也有与建筑相连且设于墙基、窗下或门旁。花台用的花卉因布置形式及环境风格而异，如我国古典园林及民族形式的建筑庭院内，花台常布置成“盆景式”以松、竹、梅、杜鹃、牡丹等为主，配饰山石小草，重姿态风韵，不在于色彩的华丽。花台以栽植草花作整形式布置时，其选材基本与花坛相同。

4. 哪些花卉可以用作篱垣及棚架

篱垣及棚架：草本蔓性花卉的生长较藤本迅速，能很快起到绿化效果，适用于篱棚、门楣、窗格、栏杆及小型棚架的掩蔽与点缀。许多草本蔓性花卉茎叶纤细，花果艳丽，装饰性比藤本强，也可将支架专门制成大型动物形象（如长颈鹿、象、鱼等）或太阳伞等，待蔓性花草布满后，细叶茸茸，繁花点点，甚为生动，更宜设置于儿童活动场所。

5.3 花卉的盆栽应用

1.常见盆栽花卉有哪些功效？

1）吊兰。吊兰不但美观，而且吸附有毒气体效果特别好。即便是未经装修的房间，养一盆吊兰对人的健康也很有利。

2）芦荟。芦荟有一定的吸收异味作用，且还有美化居室的效果。

3)仙人掌。大部分植物都是在白天吸收二氧化碳释放氧气,在夜间则相反。但仙人掌、虎皮兰、景天、芦荟和吊兰等却是一直吸收二氧化碳释放氧气的。

4）平安树。市面上比较流行平安树和樟树等大型植物，它们自身能释放出一种清新的气体，让人精神愉悦。平安树也叫“肉桂”。

5）月季。它能吸收硫化氢、氟化氢、苯、乙苯酚、乙醚等气体，对二氧化硫、二氧化氮也有相当的抵抗能力。

6）杜鹃。它是抗二氧化硫等污染的较理想的花木。如石岩杜鹃距二氧化硫污染源300多米的地方也能正常萌芽抽枝。

7）木槿。它能吸收二氧化硫、氯气、氯化氢等有毒气体。它在距氟污染源150m的地方亦能正常生长。

8）山茶花。它能抗御二氧化硫、氯化氢、铬酸和硝酸烟雾等有害物质的侵害，对大气有净化作用。

9）紫薇。它对二氧化硫、氯化氢、氯气、氟化氢等有毒气体抗性较强，每公斤干叶能吸收10g左右。

10）米兰。它能吸收大气中的二氧化硫和氯气。在含1PPM氯气的空气中熏4h，1kg干叶吸氯量为0. 0048g。

11）桂花。它对化学烟雾有特殊的抵抗能力，对氯化氢、硫化氢、苯酚等污染物有不同程度的抵抗性。在氯污染区种植48天后，1kg叶片可吸收氯4. 8g。它还能吸收汞蒸气。

12）梅。它对环境中的二氧化硫、氟化氢、硫化氢、乙烯、苯、醛等的污染，都能有监测能力。一旦环境中出现硫化物，它的叶片上就会出现斑纹，甚至枯黄脱落，这便是向人们发出的警报。

13）石榴。抗污染面较广，它能吸收二氧化硫，对氯气、硫化氢、臭氧、水杨酸、二氧化氮、硫化氢等都有吸收和抗御作用。

14）桃花。它对污染环境的硫化物、氯化物等特别敏感，可用来监测上述有害物质。

15）芦荟、吊兰、虎尾兰、一叶兰、龟背竹是天然的清道夫。研究表明芦荟、虎尾兰和吊兰吸收室内有害气体甲醛的能力超强。

16）常青铁树、菊花、金橘、石榴、紫茉莉、半支莲、月季、山茶、米兰、雏菊、蜡梅、万寿菊可吸收家中电器、塑料制品等散发的有害气体。

17）玫瑰、桂花、紫罗兰、茉莉、柠檬、蔷薇、石竹、铃兰、紫薇等芳香花卉产生的挥发性油类具有显著的杀菌作用。紫薇、茉莉、柠檬等植物5min内就可以杀死原生菌如白喉菌和痢疾菌等。茉莉、蔷薇、石竹、铃兰、紫罗兰、玫瑰、桂花等植物散发出的香味对结核杆菌、肺炎球菌、葡萄球菌的生长繁殖具有明显的抑制作用。

18）虎皮兰、虎尾兰、龙舌兰以及褐毛掌、矮兰伽蓝菜、条纹伽蓝菜、肥厚景天、栽培风梨等植物能在夜间净化空气。10m^2 的室内若有两盆这类植物，就能吸尽一个人在夜间排出的二氧化碳。

19）仙人掌、令箭荷花、仙人指、量天尺、昙花这些植物能增加负离子。当室内有电视机或电脑启动的时候负氧离子会迅速减少。而这些植物的肉质茎上的气孔白天关闭，夜间打开，在吸收二氧化碳的同时放出氧气使室内空气中的负离子浓度增加。

20）兰花、桂花、蜡梅、花叶芋、红北桂纤毛能吸收空气中的飘浮微粒及烟尘。丁香、茉莉、玫瑰、紫罗兰、田菊、薄荷这些植物可使人放松有利于睡眠。

此外，过于浓艳刺目、有异味或香味过浓的植物，都不宜在室内放置，如夹竹桃、黄花夹竹桃、洋金花（曼陀罗花）。这些花草有毒，对人体健康不利。夜来香香味对人的嗅觉有较强的刺激作用，夜晚还会排出大量废气对人体不利。万年青茎叶含有哑棒酶和草酸钙，触及皮肤会产生奇痒，误食它还会引起中毒。其他植物，如郁金香，含毒碱；含羞草，经常接触会引起毛发脱落；水仙花，接触花叶和花的汁液会导致皮肤红肿。

2.小盆栽有哪些运用价值?

小盆栽可以搬动，管理、观赏方便，可布置于茶几、书桌或小房间，是住在都市内没有充裕空间的爱好者最适合栽种的盆栽。小盆栽目前居住环境愈来愈小，小型盆栽在国内外逐渐引起注意。由于成形容易，将紧跟着中型盆栽成为未来的主流，尤其是花盆口径 15 ～ 20cm 的小品盆栽。

3.怎样按照室内光照选择观叶植物?

1）极耐阴室内观叶植物。它是室内观叶植物中最耐阴的种类，如蜘蛛抱蛋、蕨类、白网纹草、虎皮兰、八角金盘、虎耳草等。在室内极弱的光线下也能观赏较长时间，适宜放置在离窗台较远的区域摆放，一般可在室内摆放 2 ～ 3 个月。

2）耐半阴室内观叶植物。这是室内观叶植物中耐阴性较强的种类，如千年木、竹芋类、喜林芋、绿萝、凤梨类、巴西木、常春藤、发财树、橡皮树、苏铁、朱蕉、吊兰、文竹、花叶万年青、粗肋草、冷水花、白鹤芋、豆瓣绿、龟背竹、合果芋等。适宜放置在北向窗台或离有直射光的窗户较远的区域摆放，一般可在室内摆放 1 ～ 2 个月。

3）中性室内观叶植物要求室内光线明亮，每天有部分直射光线，是较喜光的种类，如彩叶草、花叶芋、蒲葵、龙舌兰、鱼尾葵散尾葵、鹅掌柴、榕树、棕竹、长寿花、叶子花、一品红、天门冬、仙人掌类、鸭跖草类等。

4）阳性室内观叶植物要求室内光线充足，如变叶木、月季、菊花、短穗鱼尾葵、沙漠玫瑰、铁海棠、蒲包花、大丽花等，在室内短期摆放，摆放期 10 天左右。

4.怎样按照室内温度选择观叶植物?

1）耐寒室内观叶植物。能耐冬季夜间室内 3 ～ 10℃的室内观叶植物有八仙花、芦荟、八角金盘、报春、海桐、酒瓶兰、沿阶草、仙客来、加拿利海枣、朱砂根、吊兰、薜荔、常春藤、波士顿蕨、罗汉松、虎尾兰、虎耳草等。

2）半耐寒室内观叶植物。能耐冬季夜间室内 10 ～ 16℃的室内观叶植物有蟹爪兰、君子兰、水仙、倒挂金钟、杜鹃、天竺葵、棕竹、蜘蛛抱蛋、冷水花、龙舌兰、南洋杉、文竹、鱼尾葵、鹅掌柴、喜林芋、白粉藤、朱蕉、旱伞草 、莲花掌、风信子、球根秋海棠等。

3）不耐寒室内观叶植物。室内 16 ～ 20℃才能正常生长的室内观叶植物有蝴蝶兰、富贵竹、变叶木、一品红、扶桑、叶子花、凤梨类、合果芋、豆瓣绿、竹芋类、火鹤花、彩叶草、袖珍椰子、铁线蕨、观叶海棠、吊金钱、小叶金鱼藤、千年木、万年青、白网纹草、金脉爵床、白鹤芋等。

5.4 花卉的切花应用

1.主要的切花花卉有哪些?

1）玫瑰：宜选尚未开放的花梁。花朵充实有弹性。花瓣微外卷，花蕾呈桶形。

2）剑兰：露色花苞较多，下部有 1 ～ 2 朵花开放，花穗无干尖、有黄、弯曲现象。

3）菊花：叶厚实、挺直。花果半开，花心仍有部分花瓣未张开。

4）康乃馨：花半开，花苞充实，花瓣挺实无焦边，花萼不开裂。

5）扶郎花：花瓣挺实、平展、不反卷、无焦边，无落瓣、发霉现象。

6）红掌（火鹤花）：花片挺实有光泽，无伤痕，花心新鲜、色嫩，无变色、不变干。

7）兰花：花色正，花朵无脱落、变色、变透明、蔫软现象，切口干净、无腐败变质现象。

8）百合：茎挺直有力，仅有一两朵花半开或开放（因花头多少而定），开放花朵新鲜饱满，无干边。

9）满天星：花朵纯白、饱满，不变黄，分枝多、盲枝少，茎干鲜绿、柔软有弹性。

10）勿忘我：花多色正，成熟度好、不过嫩，叶片浓绿不发黄，枝秆挺实，分枝多、无盲枝，如有白色小花更佳。

11）情人草：花多而密集，花枝软有弹性，枝形舒展，盲枝无或少，如有较多淡紫色开放的小花最好。

12）郁金香：花钟形，饱满鲜润，叶绿而挺。

13）其他：马蹄莲、银柳、洋桔梗等。

2.切花花卉如何分类?

1）宿根类：非洲菊、满天星、鹤望兰等。

2）球根类：百合、郁金香、马蹄莲、香雪兰等。

3）木本类切花：桃花、梅花、牡丹等。

3.切花如何保鲜?

花桶可算是花店中最为常见又不可或缺的物品，鲜花到货后，常常是先放入花桶，然后再进入制作销售环节。而花桶在与鲜花的亲密接触中，往往会成为致使鲜花衰败的隐形杀手。也有不少花店都有这样一个现象：用手轻摸鲜花桶内壁，内壁是滑滑的感觉。这是由于细菌的堆积而引起的，而细菌就是加速鲜切花衰败的重要因素之一 。

如何防止细菌产生？建议花店工作人员按照如下方法操作。

1）每周使用 84 消毒液彻底清洗花桶。清洗前要按照说明中的浓度稀释消毒液，然后将花桶浸于消毒液中泡 10 ～ 20min，之后再人工清洗，这样才能达到杀死细菌的目的。而一般花店只用清水做简单冲洗是达不到效果的。

2）特别要注意的是清洗后的花桶要叠放。因此，花桶的内侧与外侧全部要清洗干净，以防重叠污染。

3）清洗干净的花桶不要马上使用，要待其自然风干。此时，千万不能用抹布擦干，通常情况下抹布就是巨大的细菌源。

4）花桶在储存时应该桶口向下倒放，以防存储期间被污染。

正确的花材打理与清洁也可以减少细菌的繁殖，其方法如下。

1）将花材的下部叶片去掉后再放入花桶中，因为叶片浸在水中会成为巨大的细菌源。

2）打理花材的过程中不要伤到花茎，因为创伤口是细菌滋生的好地方。

3）再次剪根至关重要。通常脏物都聚集在花茎底部，因此，从根部剪掉 2 ～ 5cm 能去除很大的细菌源。

此外，使用保鲜剂也可以有效抑制细菌生长、促进水分吸收，为鲜花提供生长所必需的养分。但要注意正确的浓度配比，不要将新配制的保鲜液与在用的保鲜液混合使用。

4.切花的具体方法是什么?

为了让花能长时间绽放，在切取花枝时，切口最好削成 45° 的斜面，这样可以扩大吸水面积，也可以把花茎基部敲裂，来帮助吸水。在用于插花的水中，加入少量食糖，可以使花所需要的养分得到补充。加入少量食盐可防止细菌滋生，若加入少量维生素 C，对花的保护作用就更大了。花插好后，应放在空气流通、光线适宜的地方。要经常换水，防止花、叶掉入水中，污染水源。换水时，要将基部已不新鲜的切口剪去一部分，再插入水中。

剪取切花要用锋利的刀，不用剪子，以清晨或傍晚为宜。浸液用20℃的凉开水。插入水中的叶片要剪掉。摆放切花的地方切勿放置水果，要远离电视机。室内温度以15～18℃为佳。若在插花液中加入少量的砂糖或一两片阿司匹林药片，可利于保鲜，花色更艳。

5.5 常见露地花卉栽培技术

5.5.1 露地一二年生花卉的范畴及栽培特点

通常在栽培中所说的一、二年生花卉包括如下三大类。

第一类是一年生花卉，这类花卉一般在一个生长季内完成其生活史，通常在春天播种，夏秋开花结实，然后枯死，如鸡冠花、百日草等。

第二类是二年生花卉，在两个生长季内完成其生活史，通常在秋季播种，次年春夏开花，如须苞石竹、紫罗兰等。

还有一类是多年生作一、二年生栽培的花卉，其个体寿命超过两年，能多次开花结实，但在人工栽培的条件下，第二次开花时株形不整齐，开花不繁茂，因此常作一、二年生花卉栽培，如一串红、金鱼草、矮牵牛等。

1.一、二年生花卉的播种时期是什么?

一、二年生花卉，以播种繁殖为主，播种时期因地而异。

（1）一年生花卉的播种时期

一年生花卉又名春播花卉，多原产热带和亚热带，耐寒力不强，遇霜即枯死。通常于春季晚霜后播种。我国南方一般在2月下旬到3月上旬播种；北方则在4月上、中旬播种。此外，为提早开花，往往在温室或冷床中提前播种，晚霜过后再移植于露地。

（2）二年生花卉的播种

二年生花卉耐寒力较强，华东地区不加防寒保护即可越冬，北方华北地区多在冷床中越冬。二年生花卉秋播，要求在严冬到来之前，在冷凉、短日照气候条件下，形成强健的营养器官，次年春天开花。二年生花卉秋播时间因南北地区不同而异。

南方较迟，约在9月下旬到10月上旬；北方早些，约在9月上旬至中旬。华北地区一般在11月下旬进行，使种子在休眠状态下越冬，并经冬春低温完成春化阶段，如锦团石竹、福禄考等。还有一些直根性的二年生花卉亦属此类，如飞燕草、虞美人、矢车菊等。初冬直播在观赏地段，不用移植，如冬季未能播种，也可在早春地面解冻约 10cm 时播种，早春的低温尚可满足其春化的要求，但不如冬播生长良好。

2.一、二年生花卉的栽培过程是什么?

一年生花卉：整地作床—播种—间苗—移植—（摘心）—定植—管理（同总论露地花卉管理）。

二年生花卉：整地作床—播种—间苗—移植—越冬—移植—（摘心）—定植—管理（同总论露地花卉管理）。

3.常见的一、二年生花卉的栽培管理方法是什么?

(1) 矮牵牛

1) 形态特征。株高 30 ～ 60cm，茎稍直立或匍地生长，全身被短毛。上部叶对生，中下部互生，卵圆形，先端尖，全缘。

2）产地与生态习性。原产南美，是由南美的野生种经杂交培育而成。性喜温暖怕寒，耐暑热，在干热的夏季也能正常开花。最适生长温度为白天 27 ～ 28℃、夜间 15 ～ 17℃，喜阳光充足，耐半阴，忌雨涝，需疏松肥沃的微酸性土壤。

3）栽培技术。

① 繁殖技术：有播种和扦插两种方法。以播种繁殖为主，可春播也可秋播。露地春播在 4 月下旬进行，如欲提早开花需提前在温室内盆播。秋播通常在 9 月。

② 栽培管理技术：矮牵牛根系受伤后恢复较慢，故在移苗定植时应多带土团，最好采用营养袋育苗，脱袋定植。

4）园林应用。矮牵牛花大，色彩丰富，花期长，夏季仍开花不断，是目前最为流行的花坛和种植钵花卉之一。

(2) 一串红

1）形态特征。在华南露地栽培的可多年栽培和生长，呈亚灌木状。生产栽培多实行一年生栽培。全株光滑，株高 30 ～ 80cm，茎四棱形，幼时绿色，后期呈紫褐色，基部半木质化。

2）产地与生态习性。原产于南美巴西。性喜温暖湿润气候，不耐寒，怕霜冻。最适生长温度 20 ～ 25℃。喜阳光充足环境，但也能耐半阴。

3）生产栽培技术。

① 繁殖技术：采用播种、扦插和分株等方法繁殖。分批播种可分期开花，北京地区“五一”用花需秋播，10 月上旬假植在温室内，不断摘心，抑制开花，于“五一”前 25 ～ 30 天，停止摘心，“五一”繁花盛开。“十一”用花，早春 2 月下旬或 3 月上旬在温室或阳畦播种，冬季温室播种育苗，4 月栽入花坛，5 月可开花；3 月露地播种，可供夏末开花。

② 栽培管理技术：一串红对水分要求较为严格，苗期不能过分控水，不然容易形成小老苗，水分也不宜过多，否则会导致叶片脱落。

4）园林应用。一串红可单一布置花坛、花镜或花台，也可作花丛和花群的镶边。盆栽后是组设盆花群不可缺少的材料，可与其他盆花形成鲜明的色彩对比。

(3) 万寿菊

1）形态特征。茎粗壮而光滑，株高 30 ～ 60cm，全株具异味，叶对生或互生，单叶羽状全裂。裂片披针形，具锯齿，裂片边缘有油腺点，有强臭味，因此无病虫。

2）产地与生态习性。原产墨西哥，我国南北方均可栽培。喜温暖，稍耐早霜，要求阳光充足，在半阴处也可开花。

3）生产栽培技术。

① 繁殖技术：采用播种和扦插法繁殖。万寿菊一般春播 70 ～ 80 天即可开花，夏播 50 ～ 60 天即可开花。可根据需要选择合适的播种日期。早春在温室中育苗可用于“五一”花坛，夏播可供“十一”用花。

② 栽培管理技术：万寿菊适应性强，在一般园地上均能生长良好，极易栽培。苗高 15cm 可摘心促分枝。

4）园林应用。万寿菊花大色美，花期长，其中矮生品种最适宜布置花坛或花丛、花镜，还可作吊篮、种植钵；高生品种花梗长，切花水养持久。

(4) 三色堇

1）形态特征。株高 15 ～ 25cm，全株光滑，分枝多。叶互生，基生叶卵圆形，有叶柄；茎生叶披针形，具钝圆状锯齿。花顶生或腋生，状似蝴蝶，花色绚丽，每花有黄、白、蓝三色。

2）产地及生态习性。原产南欧，喜冷凉气候条件，较耐寒而不耐暑热，为二年生花卉中最为耐寒的品种之一。要求适度阳光照晒，略耐半阴。

3）生产栽培技术。

① 繁殖技术：通常进行秋播，8 ～ 9 月播种育苗，可供春季花坛栽植，南方可供春节观花。目前多采用温室育苗。

② 栽培管理技术：三色堇喜肥，种植前需精细整地并施入大量有机肥料作基肥，生长期间则应做到薄肥勤施。

4）园林应用。三色堇花期长，色彩丰富，株型矮，常用于花坛、花镜及镶边，或用不同花色品种组成图案式花坛。

(5) 鸡冠花

1）形态特征。株高 30 ～ 50cm，茎直立，上部有棱状纵沟，少分枝；单叶互生，卵形或线状披针形，全缘，有红、红绿、黄、黄绿等色，叶色与花色常有相关性。穗状花序单生茎顶。

2）产地及生态习性。原产印度，我国广泛栽培。喜光，喜炎热干燥的气候，不耐寒，不耐涝，喜肥沃湿润的沙质壤土，可自播繁衍。

3）生产栽培技术。

① 繁殖技术：均采用播种繁殖。露地播种期为四五月，3 月可播于温床。

② 栽培管理技术：鸡冠花忌水涝，但在生长期间特别是炎热夏季，需充分灌水。

4）园林应用。鸡冠花花序形状奇特，色彩丰富，花期长，植株又耐旱，适用于布置秋季花坛、花池和花镜，也可盆栽或切花，水养持久，制成干花，经久不凋。

除此之外还有百日草、凤仙花、金盏菊、波斯菊、雏菊、羽衣甘蓝等多种一、二年生花卉的栽培与应用。

5.5.2 露地宿根花卉栽培管理

宿根花卉生长强健，根系比一、二年生花卉强大，入土较深，抗旱及适应不良环境的能力强，一次栽植后可多年持续开花。在栽植时应深翻土壤，并大量施入有机质肥料，以保证较长时期的良好的土壤条件。宿根花卉需排水良好的土壤。此外，不同生长期的宿根花卉对土壤的要求也有差异，一般在幼苗期间喜腐殖质丰富的疏松土壤，而在第二年以后则以黏质壤土为佳。

宿根花卉种类繁多，可根据不同类别采用不同的繁殖方法。凡结实良好，播种后一至两年即可开花的种类，如蜀葵、桔梗、耧斗菜、除虫菊等常用播种繁殖。繁殖期依不同种类而定，夏秋开花、冬季休眠的种类适合春播；春季开花、夏季休眠的种类适合秋播。有些种类如菊花、芍药、玉簪、萱草、铃兰、鸢尾等，常开花不结实或结实很少，而植株的萌蘖力很强；还有些种类，尽管能开花生产种子，但种子繁殖需较长的时间方能完成，对这些种类均采用分株法繁殖。分株的时间，依开花期及耐寒力来决定。春季开花且耐寒力较强的可于秋季分株；而石菖蒲、万年青等则春秋两季均可。还有一些种类如香石竹、菊花、五色苋等常可采用茎段扦插的方法繁殖。

宿根花卉在育苗期间应注意灌水、施肥、中耕除草等养护管理措施，但在定植后，一般管理比较简单。为使生长茂盛、花多、花大，最好在春季新芽抽出时施以追肥，花前和花后再各追肥一次。秋季叶枯时，可在植株四周施以腐熟的厩肥或堆肥。

宿根花卉种类繁多,对土壤和环境的适应能力存在着较大的差异。有些种类喜黏性土，而有些则喜沙壤土。有些需阳光充足的环境方能生长良好，而有些种类则耐阴湿。在栽植宿根花卉的时候，应对不同的栽植地点选择相应的宿根花卉种类，如在墙边、路边栽植，可选择那些适应性强、易发枝、易开花的种类如萱草、射干、鸢尾等；而在广场中央、公园入口处的花坛、花境中，可选择喜阳光充足，且花大色艳的种类，如菊花、芍药、耧斗菜等；玉簪、万年青等可种植在林下、疏林草坪等地；蜀葵、桔梗等则可种在路边、沟边以美化环境。

宿根花卉一经定植以后连续开花。为保证其株形丰满，达到连年开花的目的，还要根据不同类别采取不同的修剪手段。移植时，为使根系与地上部分达到平衡，有时为了抑制地上部分枝叶徒长，促使花芽形成，可根据具体情况剪去地上或地下的一部分。对于多年开花，植株生长过于高大，下部明显空虚的应予摘心。有时为了增加侧枝数目、多开花也会进行摘心，如香石竹、菊花等。一般讲，摘心对植物的生长发育有一定的抑制作用，因此，对一株花卉来说，摘心次数不能过多，并不可与上盆、换盆同时进行。摘心一般仅摘生长点部分，有时可带几片嫩叶，摘心量不可过大。

5.5.3 露地球根花卉的栽培特点

球根花卉种类丰富，花色艳丽，花期较长，栽培容易，适应性强。

水培水仙是园林布置中比较理想的一类植物材料。荷兰的郁金香、风信子，日本的麝香百合，中国的中国水仙和百合等，在世界范围享有盛誉。球根花卉常用于花坛、花镜、岩石园、基础栽植、地被、美化水面（水生球根花卉）和点缀草坪等；又多是重要的切花花卉，每年有大量生产，如唐菖蒲、郁金香、小苍兰、百合、晚香玉等；还可盆栽，如仙客来、大岩桐、水仙、大丽花、朱顶红、球根秋海棠等。此外，部分球根花卉可提取香精、食用和药用等。因此，球根花卉的应用很值得重视，尤其中国原产的球根花卉，如王百合、芍药、鸢尾类、贝母类、石蒜类等，应有重点地加以发展和应用。

1.球根花卉调控花期的方法是什么?

球根花卉种类较多，但不论是春植球根还是秋植球根花卉，它们的花芽分化大都是在高温季节实施的。球根花卉由于原产地气候条件不同，因而不同种类对温度要求是不一样的，但多数球根花卉都属于日中性植物，成花时对光周期无特殊要求，只有少数花卉，如唐菖蒲、晚香玉等是长日照花卉。

2.球根花卉花芽分化的类型是什么?

一种类型是花芽分化在地上部叶片生长之前就已完成；另一种类型是花芽分化在叶片生长后期才进行的。

秋植球根花卉多数属于前一种类型，其花芽分化最适温度为 17 ～ 18℃，若温度超过 20℃，就不利于花芽分化。水仙、郁金香等开花的温度要比花芽分化的温度偏低，因此这类宿根花卉在夏、秋间花芽分化结束，须等到翌年早春才开花。多数春植球根花卉及一部分秋植球根花卉，属于后一种类型，如唐菖蒲、晚香玉、百合、美人蕉等。唐菖蒲花芽分化的最低温度要求在 10℃以上。

3.调控球根花卉的花期常采用的措施有哪些?

1）选择品种、分期播种、控制适温、补充光照。这种方法用于调控唐菖蒲花期，可基本上做到常年开花。美人蕉选择矮型早花种，在 11 月中下旬栽于温床内加温催芽，翌春定植于露地，可提早至 5 月初开花；若选择晚花种，可在 3 月上中旬于冷床内催芽，晚霜结束后定植于露地，花期可延迟到 10 月底。大丽花选择适宜品种也可分期开花。

2）孕蕾期控制温度。通过温度控制，可使已经孕蕾的宿根花卉提前或推迟开花，也可使正在开花的植株延长花期。水仙、郁金香、百合等鳞茎类球根花卉均可用此法调解花期。因为这类球根花卉的花芽已在鳞茎内形成，为促使其提早开花，一般只要在栽种鳞茎后提供花梗抽生的适温，即可开花。

3）打破球根休眠期。球根花卉具有休眠期，春植球根花卉冬季休眠；秋植球根花卉夏季休眠，因此种球的萌发，需要经过一个休眠期结束或打破的阶段。打破休眠，通常是采用低温或高温处理，也可采用激素处理。

4）延长球根休眠期。一般利用低温、干燥和应用激素等方法，使储藏器官休眠期延长，便可使其开花时间推迟。

5.6 常见水生花卉荷花的栽培技术

1.荷花的繁殖方法有哪些?

(1) 播种繁殖

播种繁殖节省种藕、劳力、资金，运输方便，操作简易，种后荷花生命力强，且可大面积快速繁殖。但实生苗易发生变异,不能保持品种的优良性状,一般多用于培育新品种。

播种繁殖技术，早在6世纪贾思勰《齐民要术》中在“种莲子法”的详细记载，其要领有三：其一，采摘播种用的莲子，一定要果皮变黑，完全成熟；其二，莲子要处理，破坏坚硬的果皮组织，便于水渗进，促使发芽，又不得损伤莲肉；其三，池塘撒播前，将莲子逐粒用泥团厚厚包裹，使莲子沉水后不致漂移。一旦发芽，幼根直扎泥中。全套基本技术，沿用至今，未离其宗。

莲子是长命种子，无休眠期，只要老熟，可随采随选随播，也可隔若干年、几十年乃至几百上千年，都可用作播种繁殖，条件是唯有老熟莲子才可供播种用。莲的果皮坚硬密封，是为了延续后代适应不良环境的自我保护装置。大湖里的红莲，处于频繁的水旱自然灾害而未被灭绝，这是因为散落在湖里的万计莲子，无疑属“天然播种”。一旦环境条件改善，新的生命悄然兴起。1954 年长江中下游洪水泛滥，湖北洪湖的 30000hm^2 荷花遭灭顶之灾。1958 年后，湖里的莲子大量萌发，又现碧叶接天。黑龙江流域及支流沿线的野荷，其所以能从远古留传至今，靠的就是莲子独具的自然衍生、传宗接代的本领。

1）湖塘直播。南京玄武湖公园有 2.46 hm^2 湖塘，1981 年春将洪泽湖所产的红花藕种和白花藕种的莲子，经破壳浸种处理，于4月中旬撒播在水深 10cm、宽 2 ～ 3m 的湖边播种带上。5 ～ 7 天后长出新根和幼叶，5 月上旬浮叶出水。对于漂浮的莲苗，按 0.6 ～ 1.0m 株距重新栽好。待立叶挺出后，提高水位 0.3 ～ 0.5m。苗期随时拔除杂草，防治蚜虫。6 月下旬开出第一朵荷花，7 月中旬至 8 月下旬，红红白白花满塘。当年结莲蓬 24750 只，采收莲子 150kg。播种繁殖成本为同年用种藕繁殖者的 26.7%。达到当年播种、当年开花、结实、生藕的效果。此法适合中等浅水湖塘，发展大株型少瓣荷花时采用。

2）育苗移栽。江苏藕乡宝应县的做法：3 月下旬将经处理果皮的莲实倾入容器，移置室内向阳处，注温水（25 ～ 30℃）浸泡，让莲子充分吸胀，每日换水 1 次。三四天后移至 25 ～ 30℃温箱中催芽，五六天后长出幼根，再移至塑料大棚内育苗。待莲苗长出 3 片幼叶时，按 8 ～ 12cm 株行距卧栽在肥沃的水田温床中，深度平泥，使其向自养过渡，培育壮苗。5 月中、下旬，气温上升至 20℃以上，便可带土移栽藕田。藕田整地要平，基肥要足，初栽浅水，随着莲苗的生长逐渐加深水位。每 667 m^2 用种量为 0.5 ～ 0.75kg。该县新区发展莲藕生产，用播种繁殖解决种藕不耐长途运输的问题，节省初种资金。特别是提早育苗，只要技术措施得当，管理精细，当年便有一定产量。湖北省水产研究所曾用子莲（红建莲）播种育苗移栽试验，在面积 1.27 hm^2 肥沃鱼池里移栽红建莲，播种苗 14000 株（平均每 667 m^2 有 700 多株），获得当年每 667 m^2 产莲子 29kg 的高产纪录。

3）盆栽播种。与选育新品种结合，宜选播小株型花种的莲实。长江流域 4 月下旬至 8 月下旬均可播种。无论早播、迟播，部分品种当年均能开花。

播种前应将莲子底剪破，勿伤子叶，在室内常温下浸种催芽。5 天左右萌发，20 天左右长出两三片嫩叶，同时生有幼根，即可播种于露天泥盆中。气温适宜（20 ～ 24℃）时，当浸种发芽露青，可提前播种，亦获全苗。

供播种用的无孔花盆（口径 14 ～ 17cm），内盛肥沃稀塘泥，泥深为盆高的 3/5。将莲实横卧于花盆边缘，轻按入泥，让果皮微露。一二天后莲苗固定泥中，才浇少量水。这时若见嫩叶叶柄被日灼焦伤，只要新芽显绿，仍可重新发叶。以后随幼苗逐渐长大，不断提高水位。

播种盆大者可不必移栽。小者（口径 14cm 以下）应待长出两三片立叶后，选用较原盆大的花盆进行移栽，移栽能促使当年开花。1982 年 6 月 28 日武汉东湖荷圃移栽锦边莲、娃娃莲、粉碗莲、玉碗、杏花春雨等品种的播种苗 15 盆，当年 9 月中旬开花 12 盆，占 80%。未移者 65 盆，只 29 盆开花，占 40%。移栽方法简单，先将新盆盛少量沃泥，随即脱盆带泥迅速移入新盆中央，注意勿折伤新叶，盆内空隙填充稀泥，移后直接灌水，成活率达 100%。

(2) 分藕繁殖

种藕有主藕、子藕、孙藕之分，只要具备一完整无损的顶芽（苫头）、两节间和尾端，新鲜、无病虫害，都可用来作种。藕农习惯用整支藕或主藕作种，每 667m^2 用量 250kg 左右，约占产量的 1/4，严重影响良种推广和经济效益。实际上，子藕、孙藕都适作种，其产量、开花数并不比使用整支藕或主藕逊色。分藕时间，因地制宜。我国南北纬度高低悬殊，大地回春早晚差距颇大，长江流域以"清明"前后最适宜。这期间气温基本稳定在 15℃左右，藕的顶芽开始萌发。农谚云："三月三（指农历），藕发苫"正是科学地反映了莲的这一物候现象。黄河流域应在 4 月 10 日左右。黑龙江哈尔滨地区，"五一"后气温才上升至 13℃以上，5 月 10 日前后为分藕适期。广东深圳、佛山地区春节时春光明媚，3 月上、中旬为分藕适期。

植莲，往往繁殖与栽培并行。种植藕莲、子莲的田块，要精细整地，做到两犁两耙，结合犁耙，每 667m^2 施畜粪肥 3000 ～ 4000kg，或饼肥 100kg 加畜粪肥 1000kg，或莲藕包膜专用肥 40kg 加碳酸氢铵 25kg。子莲每 667 m^2 用藕 170 ～ 200 支，1 穴种 1 支藕，行株距为 1.6m×1.6m 或 2.0cm×1.6m。具体操作是将藕支呈 20° ～ 25° 角斜插入泥 10 ～ 15cm 深，保证顶芽、侧芽全部盖住，只尾端翘露泥外。采用相对法排种，即藕头、藕尾颠倒横卧成排，仅田中间的两行藕头相对，田边四周的藕头一律朝田内，留出沿边 1.5 ～ 2m 的间距，以便将来藕鞭一旦伸向田边之前及时把藕头转向田内。采用三岔式排种的，是 1 穴种 3 支藕，藕头成扇形辐射向外，其他同相对排列。大田、池塘栽繁子莲、藕莲、花莲的方法，基本相同。

花莲多植于池塘，凡水深超过 1.4m 的池塘，一般不宜植莲，除非拥有特耐深水的品种。将水深 1m 以内的鱼塘改种荷花时，应先抽水捕鱼，毒杀福寿螺和螯虾。留浅水翻犁塘泥，土瘠者还应施基肥，每 667m^2 用量为 1000kg 腐熟畜粪肥。选用较耐深水的品种，如红色品系的青菱红莲、西湖红莲、玄武红莲、碧血丹心、艳阳天、红千叶、广昌莲、春不老等；粉色花品系的粉川台、八一莲、喜笑颜开、泽畔映雪、大锦、晓风凉月、红台莲等；白色花品系的白湘莲、一丈青、白天鹅、夜明珠、楚天祥云、碧莲、白千叶、黔灵白荷、白海莲、重瓣一丈青等。小池可 1 池栽 1 品种，稍大的池可多品种混栽，构成万紫千红的景观。种植密度较栽培子莲、藕莲灵活。一般每 2m^2 种 1 支藕（主藕、子藕均可），若求当年见效，则应密植，最多每 667 m^2 种 500 支藕。若池大、种藕少，种植密度仍不小于每 3m 有 21 支，可先栽半池或 1/3 池或更少，任其生长，二三年后自然荷花满池。

繁殖盆栽荷花，常与翻盆清种结合进行。分藕前选择合适的容器，大、中株型的品种，用平底缸栽，一般口径 35 ～ 60cm，1 缸栽两三支藕。1m 直径的大缸，1 缸栽四五支藕。碗莲用无孔花盆、釉钵或瓷碗栽植，口径以 17 ～ 24cm 为宜，每盆栽一两支藕。有些中等株型品种，如艳阳天、晓霞、大锦等，可塑性大，分栽在大小不同的容器中都能开花。而多数大株型品种，栽在缸里开花极少，更不适宜盆栽，如粉十八、素白莲等一旦投入池塘，茎叶舒展，花枝俏丽。中等株型的黄莲花亦然，缸植时着花寥寥，改植池塘，花灿若锦。使用基质，以富含有有机质的湖泥为上乘。缸植者还要掺入适量的腐熟饼肥或畜粪肥，可不必施基肥。泥层为容器深度的 3/5，浇水捣成稀糊状。栽时顶芽朝下，沿缸盆边斜插入泥，尾节翘露泥外。若栽两支种藕，另一支则在沿缸边藕头藕尾等距相接，斜插入泥。栽后一两日内不浇水，待泥稍干，藕身固定后才浇少量水。一时栽不完或留作出圃的种藕，应分品种捆扎挂牌，投入水池中或水沟中“假植”。若不求当年花繁，旨在增殖种藕系数，可采用大容器，以孙藕为繁殖材料。因孙藕细小，开花迟，着花疏，营养消耗少，地下茎分支多。再于生长中期（6月下旬）灌施 4×10^{-8} 萘乙酸（NAA）或吲哚丁酸（IBA）之类植物细胞分裂激素。如此处理，对多数碗莲品种能取得成倍增长地下茎的效果。

(3) 分密繁殖

荷花的地下茎未膨大形成藕前俗称“走茎”或“藕鞭”，古称“密”。藕鞭白嫩细长，有节与节间之分。节间初短后长，长者可达 90cm，节上环生不定根。大湖荷花的不定根可长达 30 ～ 40cm，它不仅是吸收水分、养分的器官，且起着固定和支撑植株的作用。节上有腋芽，可分化为叶芽、花芽，发育成幼叶和花蕾，侧芽又可萌生分支藕鞭。将生长中的藕鞭切成一段段，可繁殖成新株，是为“分密繁殖”。因分段切取藕鞭作繁殖材料，类似木本植物切取枝条扦插，故有“藕鞭扦插”之名。分密法既可用作缸、盆荷花的增殖，也可在莲田补充缺苗或为大湖扩大观荷景点。

中国科学院武汉植物研究所于 1986、1987 年的 7 月中、下旬，对缸、盆栽荷花开展分密繁殖试验，方法：将生长正茂的缸荷、盆荷全株拔起，剪成若干段，每段两三节，均带有 1 个顶芽或 1 个侧芽，保留浮叶或 1 片嫩绿的立叶，将多余的立叶剪掉，以减少蒸腾。叶柄切口高出水面，避免从切口灌水死苗。立即植于备妥基质的缸、盆中，每缸、盆各栽 1 段。基质用腐殖土，施少量腐熟豆饼水、过磷酸钙为基肥。每日浇水 1 次，水深分别保持 10cm、3cm 以上。1986 年 7 月 15 日至 16 日和 21 日至 22 日分密者，8 月下旬至 9 月上旬开花，缸植者成活率达 95.5%，开花率为 82.5%；盆栽者成活率达 96.7%，开花率为 70.7%。同年将早花、多花品种红双喜于 4 月 1 日按常规翻盆植藕后，6 月 6 日开花，6 月中旬进行第一次分密，7 月 22 日盛花。两天后又实施第二次分密，8 月 26 日至 9 月 6 日开花。共经过一次常规繁殖，两次分密繁殖，使该品种一年两度开花。

杭州市西湖水域管理处于 20 世纪 90 年代初直接在西湖沿岸大范围内用分密法繁殖荷花，扩大景观，取得成功。其做法：要求分密区的湖泥深厚、软和、肥沃，水深不超过 1m，每年 5 月下旬至 6 月中旬，气温上升至 25 ～ 28℃，正值荷花营养生长旺盛期，即母株已长出五六片立叶，藕鞭上侧芽饱满健壮。分密时切取的每段茎有两片直径 30cm 的立叶，节上一两个侧芽，以有两个侧芽者安全（若遇有 1 个侧芽被碰坏，另 1 个仍可发棵）。分密繁殖应随分随种，就地取材。选择一处水浅、生长茂密、开花较多的荷丛，工作人员荡舟下湖，沿荷丛外围向中央挖取藕鞭。这是因为藕鞭的顶芽总是朝外延伸，而且荷叶抱卷的方向，就是藕鞭生长的方向。若从荷丛中起挖，走茎纵横交织，出水荷叶重重叠叠，不易将藕鞭分开，损伤极大。操作时先是用足顺荷叶走向挑起鞭头，轻轻提起，尽量多带须根，勿伤叶柄，在两片立叶的后方把藕鞭掐断，投入船舱。种时扒开一条泥沟，将密段及其上面的侧芽全部埋入湖泥中，深 20cm 左右，即将叶柄基部的白色部分埋入泥中，另碰断叶柄或侧芽，让叶片露出水面。种植密度视不同要求而定，每 667 m^2 植密 100 ～ 240 段，行株距 2m×（1.5 ～ 3）m×2m，两人一天边挖带种可完成 2000m^2。植后 10 ～ 15 天，发现浮秧随即重新栽好。见新立叶挺出，证明密段已扎根成活。一般大湖成活率可达 85%以上，当年覆盖率约为 75%。8 月下旬至少有 1/4 的湖面开花，第二年便可碧叶接天。

分密繁殖是生长季节的一种繁殖方法。优点：可弥补耽误的植藕季节，填充缺苗田块，节省种藕，降低成本，立竿见影，有助良种快繁，延长盆栽荷花的观花期。

(4) 顶芽繁殖

在主藕、子藕、孙藕的先端，均有一个顶芽，习称“藕苫”“藕头”。它是最富活力的分生组织。外面有肥厚的鳞片保护，内部组织层层相套，包裹着一级又一级的幼叶、顶芽、腋芽和花芽等器官。切顶芽繁殖是利用顶芽内分生组织的活动，分化新一级器官，形成新的植株，达到繁殖目的。武汉市蔬菜研究所的研究表明：首先，将藕的顶芽提前带切下扦插育苗，适宜的温度至关重要，在自然气温条件下，长江流域中下游日平均气温回升至 14℃时，芽开始萌动，便可切取育苗了；其次，基质要求松软而且营养丰富。最好使用营养液浸泡的蛭石，或富含有机质的熟烂塘泥，装在育苗盘里，厚约 6cm，保持浅水层，移置温室中，也可直接插入用薄膜小棚覆盖的田间苗床。行株距为 10cm×5cm 或 8cm×4cm。顶芽的节埋入基质，让芽尖露出水面。顶芽萌发后，幼叶首先突破鳞片伸出基质，其中腋芽沿水平方向斜下延伸入基质。当顶芽茎节上萌发出不定根，苗长出两三片小叶，便可移苗定植。从扦插至定植，需 8 ～ 12 天。若外界环境不适宜，时间会延长。定植田或缸盆泥都要肥沃、平坦、水浅。操作时应将初生的不定根和藕鞭埋入泥内，让幼叶露出水面。定植初期，除遇寒潮大风，临时灌水护苗外，平时实行浅水管理。待长出后，加强水肥管理，促使早发。

藕莲、子莲、花莲均可用顶芽繁殖。优点是能节省大量藕肉，不影响产量或开花，且运输方便，减少病害，适合新区发展莲藕生产。但此法需配备一定的生产设备，从已挖取的藕上切取顶芽，细整莲田，肥水精管，比直接分藕繁殖费工、费时、费力、费材。花莲繁殖中不存在需要节省藕肉的问题，故多用于珍贵品种或新引进品种时，对折断藕头的处理。

2.浅水池塘栽荷有哪些栽荷技巧?

小型永久性和临时性荷池通常是用缸植一批大、中型品种的荷花，待立叶或花蕾出水后，按红、粉、白、黄、间等花色，各聚若干缸编成组（同组荷花不分品种），每组边缸投入池中,一组一丛,组间疏密有致,以欣赏荷花的群体美取胜。池中投缸观荷的优点有三：一是配植方式可随时变换；二是各组缸荷花团锦簇，集中展现丛植荷花的风采；三是缸内泥土不外溢，可保持池水清澈。缺点是地下茎约束，植株生长不及直接池栽者健旺。

新建的大中型未分隔的荷池，1 池只栽 1 个品种，不宜分品种栽植。长江流域以 4 月中、下旬为种植适期。植荷前将水放浅至 10 ～ 15cm 深。种时，将塘泥扒一穴，手持种藕，让顶芽向池中央并朝下倾呈 20° ～ 25° 斜插入泥，然后扒泥盖藕，用大泥团镇压，尾端翘出泥外。随着浮叶、立叶的长出，逐渐提高水位。每 667m^2 面积的池塘，种藕用量为 300 支左右，若求当年花繁，可密植 500 支。在水深 1m 的池塘里植莲，遇排水困难，可将种藕数支拌泥，随即将包裹成捆，运往船上，沿池周向中游划，随即将包装的种藕，分散投入池中，不必担心上浮，待草袋、草绳浸腐失效，藕秧已长出走茎，扎根泥中，浮叶、立叶也先后出水了。1997 ～ 1998 年云南昆明翠湖公园用此法植荷，收到良好效果。在 50 ～ 70cm 深的池里植荷，还可根据池的面积，于春季缸植若干荷花，至 6 月中旬，缸荷叶茂花繁。这时，将缸里的荷花一一全株带泥拔起，用塑料薄膜从底部包住泥团和藕鞭，小心别折断荷柄、花柄，立刻运至池边，分别拖入池水中，工作人员在水中按设计要求排列妥当后，解开绳索，抽掉薄膜。这样，一兜兜荷株挺拔健美，它那与缸泥密结的根茎，移至池里，很快伸入池泥中向周边蔓延扩展，不会漂浮或风倒。顿时，清水池里丛丛出水芙蓉，红绿浑映，生意盎然，起到立竿见影之效，每 667m^2 的面积需移种百缸左右。此法最适合已错过植莲季节，又急需完成水景工程，迎接某庆典活动的需求。

3.荷花反季节栽培的栽培技术有哪些?

在自然物候环境下，荷花是夏季开花的观赏植物。一般从栽种到初花需 60 ～ 65 天。常因品种不同，初花期相差甚远。一些早花品种只需 50 ～ 55 天，晚花品种则需 70 ～ 80 天。荷花在生长发育期间，除水是必备条件外，温度的高低对开花的迟早有影响。同一品种，因栽植期不同，从栽种到开花所需的时日也有差异。温度高，需时短；温度低，需时长。播种莲子亦有类似情况。荷花又是长日照植物，光照的长短，强弱影响荷花的生长与花期。强光照下的荷花生长快，开花早，凋谢亦早；弱光照下生长慢，开花迟，凋谢亦迟。了解荷花不同品种花期的早晚与外界因子的关系，在荷花生长发育过程中，配置一定设备，采取相应措施，使气温保持 22 ～ 32℃，湿度达到 75% ～ 85%，每日有较强的光照照射 10 ～ 12 h，而且通风良好，从而满足满足荷花对主要生态因子的要求。这样，四季观荷的愿望定能实现。当今市场经济活跃，开展荷花反季节栽培，大有作为。主要技术措施如下。

(1) 延长假植期

将 4 月留种的藕秧，投入池水中“假植”至 5 ～ 6 月栽种，花期可相应推迟 1 ～ 2 个月。假植期间尽管藕秧的顶芽、腋芽相继萌发，地下茎伸出，浮叶舒展，节上须根环生，均无妨。如 1986 年武汉东湖荷圃将艳阳天、案头春、娃娃莲、桌上莲等品种假植到 6 月初栽种，这些品种均于 7 月下旬陆续开花至 9 月中旬，而按季节栽培的已全部荷残果落。

(2) 二次翻盆，重新植藕

荷花中早花品种，6 月中下旬进入盛花期，花后地下茎膨大成新藕。新藕无明显的休眠期，只要温度适宜，又可接着萌生新的地下茎，抽出新叶，再度开花。荷花蕴藏着顽强的繁衍潜力，是其遗传性决定的。这就为生长季节进行二次翻盆，重新植藕，促使当年反季节开花提供了可能性。早在 1959 年，上海市园林职工为国庆 10 周年，举办“百花齐放”展览会，率先应用二次翻盆技艺促使夏荷秋开。长江流域于 7 月下旬至 8 月上旬翻盆，分藕栽植开花早、开花多的碗莲品种，如厦门碗莲、娃娃莲、霞光染指、火花、小醉仙、案头春等，国庆开花更有把握。

2000 年，广东三水荷花世界为了迎中秋（公历 9 月 26 日)，庆国庆，于 7 月中，下旬翻盆处理中、小株型品种的荷花千盆。三水地区 8、9 月间气温高，光照好，在露地常规管理条件下，“十一”前后有 400 盆盆荷竞放。

(3) 低温储藏种藕至夏日种植

荷花越冬后的种藕，需在 13℃以上才萌动。这时，若将种藕置于 10℃以下储存，使藏的顶芽延缓萌发，便可达到反季节栽培的目的。1988 年山东济南市园林科研所为迎接全国城市运动会在济南市召开，他们将天桥、赛玫瑰、千瓣莲等大、中型品种的荷藕，于 4 月 2 日置于 3 ～ 5℃低温冷藏室内，让其继续处于休眠状态。到 7 月 12 日取出，分栽于 15 口花缸中，移至塑料大棚内培养，9 月 9 日开始在棚内增光、控湿、通风、降温，创造一个接近荷花夏季生长发育所需的人工生态环境，并追施磷钾肥 1 次，捕杀摇蚊多次。如此管理至 10 月 20 日，终于向“全运会”献上 7 缸叶茂花荣的荷花。

(4) 推迟播种期

在荷花品种资源圃里，从易开花品种的母株上采收的莲子，播种后当年开花率达 50%

左右。通常荷花播种繁殖在5月中旬进行，7～8月开花。6～7月播种者，绝大多数于8月下旬至9月上旬开花；8月播种者，少数于国庆节前后开花。各品种从播种至开花需52～60天，开花率平均为38%～62%。

(5) 降水、补光、增温催花

1999年4月初，头年植于昆明“世博园”内楚园的荷花，因水深，温度低，光照弱，荷花只萌发浅叶、浮叶。当即放水，降低水位，除草追肥，从4月7日至30日，在种植池上搭盖高1.5m的塑料棚，每座棚内装5盏100W白炽灯，三天后，白昼池温从14℃提升至25℃，凌晨也达17～20℃。随后将白炽灯换为200W，这时，白天棚内温度升至24～28℃,夜间22～26℃。三天后立叶出水。14天后开始开花正好赶上“世博园”五一开幕。

(6) 秋季翻盆，温室大棚促成栽培

此法用于促使荷花冬春开花。20世纪80～90年代，湖北武汉，河南许昌、山东济宁等市，均做过尝试，获得成功。但试验规模小，品种少，设施简陋，且都是设定在4月下旬至5月上旬开花。直至1999年中国荷花研究中心与广东三水荷花世界合作进行的荷花反季节栽培，要求12月、春节和3月开花的试验，重点致力于1999年12月20日前后开花，为庆贺澳门回归献礼。工作开展前，在三水荷花世界专门修建了一座面积351m^2的可控制水温。调节湿度，且补光和通风设备的塑料温室。温室内砌长12.62～14.93m，宽1.5m，深0.3～0.4m的水泥池12个，另建面积45m^2的砌有水池，装置碘钨灯补光和发热管增加水温的塑料棚3座，选择丰花性中、小株型荷花品种88个，用口径21～60cm、高15～33cm的不同规格的釉缸，陶盆为容器，基质为轻黏土。于9月6日起至10月28日先后分6批翻盆栽种荷花1200缸盆。第1～4批翻栽者先在露地栽管，10月21日移至温室过渡，30日转移至大棚养护。第5、6批翻栽者接在温室培养。10月不加温，10月底寒潮南下,白天室外气温降至20.1℃,温室内温度只达25℃,夜间则降到20℃以下,不利于荷花花芽的分化。故从11月1日起增加水温，夜间操持25℃左右，白天32℃以上。11月至12月三水地区日均光照9h,而且光质较弱,需补光。每晚17：00～22：00开灯,阴雨天上午8：00～11：00增加1次。晴天中午室温超过35℃,便开排风扇和门窗通风,通风后，立即关闭门窗进行喷雾，保持室内相对湿度为80%左右。此期间的水、肥、杂草、病虫害的管理与常规无差别。自11月11日第一朵花蕾出水(品种为红颜滴翠)，至12月31日的51天内，共有72个品种，304盆着花，开花率达25%。12月8日、14日先后从中选出60个品种、200盆送往中国澳门，为澳门回归大典奉献了一分厚礼。

其他温室、大棚的缸盆荷花，陆续开放至翌春4月，时遇2000年3月19日香港花展开幕，又从中挑选100盆送展，在中国花卉协会展区“世纪之春”水景园中亮相，并获金奖。

必须指出，本项反季节栽培荷花成功的关键，除掌握荷花开花习性，满足荷花对生态因子的要求和严格规范的管理外，重要内因是选用了丰花品种。实践证明，供试的 88 个品种中，最适合做反季节栽培的品种有 24 个，即蝶恋花、展宏图、佛手观音、金雀、东方明珠、冰心玉洁、荆红牡丹、荆粉芍药、红牡丹、红碗莲、天高云淡、风爱、秋月、瑞雪、红颜滴翠、睡美人、玉佛手、樱红、小曲、玉蝶托翠、玉玲珑、厦门碗莲、绣妹和小茶梅。其他反季节栽培技术措施的实施效果是否理想，同样，品种的选择当推首位。

(7) 除草、追肥、摘叶

危害荷花的杂草种类繁多，漂浮类杂草如浮萍、紫萍、满江红、水鳖等，它们在荷叶萌发前滋生，新荷出水时有的已蔓延，与荷花争夺营养，遮挡阳光，降低水温，影响荷花的早期生长，应及时打捞干净。沉水类杂草如眼子菜类、狸藻类、狐尾藻类、金鱼藻类等植物，繁殖快，草量大，生育期长，消耗养分极多，影响荷花生长发育，应随时打捞。挺水类杂草对荷花构成威胁的则是喜旱莲子草，又称水花生。其茎中空、基茎匍匐，上部直立或全株偃卧，既可登陆繁衍，节节生根，又可浮水延伸。由茎芽繁殖，萌生力极强，它压制新荷出水，排挤立叶，甚至将半池荷花“吃掉”。且能抵御一般农药，故最难防除。一旦发生，应及时捞起晒毙，对蔓及岸边，缸盆附近者，亦应锄早、锄小、锄净。

缸盆栽荷花场，3 月中旬至 4 月中旬荷花刚刚翻缸翻盆分栽完毕，可使用除草剂，如 2 甲 4 氯，草甘膦、扑草净、百草敌、除草醚等，效果良好。4 月中旬以后荷叶渐渐长大，对各种除草剂均敏感，应停止使用，待秋后再启用。生长季节改用手提式剪草机剪草，雨后作业，工效高，而且剪草后花场成平坦草地，不泥泞，高温季节还起到降低地表温度、有利盆荷生长的作用。

池塘栽培花莲，若塘泥肥沃，不必施追肥。缸、盆栽者因营养有限，往往因缺肥而早衰。故必须施追肥促使叶茂花繁，延长群体花期。追肥用有机肥（如豆饼块、酱渣、莲藕专用肥等）和化肥（如尿素、磷酸二氢钾或其他微量元素硼、锰等），分盆泥内施和根外喷施两种。当花蕾出水后，发现荷叶黄瘦，又无病斑，表明缺肥，应施肥促壮。方法是将豆饼碎成直径 3 ～ 5cm 的小块，视缸盆大小分别捡一块塞入缸盆中央泥中，听任发酵，慢慢释放肥汁。若施用其他有机肥，操作相同。此法较施液肥安全、简便、省工、当头批花谢后。摘去老叶，再施 1 次，可延长生育期，防止早衰，这期间结合喷药防治病虫，可适量混入尿素或磷二氢钾喷洒，达到根外施肥的效果。

摘叶，适于管理缸，（盆）植荷花，如池塘荷花面积大、水深，则不便操作。目的是减小消耗，有利通风、透光，增进美观。缸、盆荷花进入盛花期后，最初的浮叶和立叶，逐渐老化发黄，有的浮叶已腐烂，应逐缸盆检查，一一摘除。摘叶时注意叶柄的断口不得低于缸、盆面，以免通气道进水而烂藕。与花伴生的立叶是直接提供开花营养的器官，应尽量保留。

(8) 越冬保护

荷花地下茎不适合在0℃以下和12℃以上的气温越冬，最适宜的越冬温度3～10℃。长江以南地区无论池塘或缸、盆栽培荷花一般无须保护能露地越冬。长江以北地区则应采取相应的保护措施，北方许多植莲单位都有成功的经验。

例如，哈尔滨市冬季漫长，最低气温达-30℃。该市太阳岛风景区1986年引进尚志红莲植于岛上荷花湖里，年年花灿似锦，成为哈尔滨市一大珍奇景观。荷花湖面积7000m^2，为人工湖，湖底为沙质土，平时湖水渗漏严重，冬季冰层厚60～80cm，水位仍不断下降易形成冰层—空气—泥水的垂直结构。当水位降至一定程度，必然导致冰层塌陷，使湖泥结冰。为使湖中莲藕不受冻，关键在于提高湖水水位，保持相对稳定。故每年1～3月，该岛工作人员每隔10～15天灌水一次，维持水深1m左右。这样荷花地下茎的上面有厚厚的冰层覆盖，接着又有深20cm左右水的保护，自然安全无恙。

1991～1992年济南市园林科研所对缸植荷采用“湿泥冬藏”法，十分有效。该所利用地窖作储藏室，12月至翌春2月窖内温度为3～7℃，最高10℃，对储藏种藕极有利，入冬前（11月中，下旬）将露地的缸荷翻缸取藕，操作时先将缸中央的稀泥捣起，然后将沿缸壁绕行的全支藕轻轻取出，保留黏附藕体上的泥土，勿折断或伤损主藕、子藕和孙藕，减少创面，防止病菌侵染。随即入窖，放进事先盛水的缸内。1缸可堆放5～10缸挖出的种藕，大大节约储存面积。缸上盖章草或缸中填泥，其厚度以覆盖种藕即可。储藏期间，经常检查，发现缸面干燥，应适量浇水或喷水，保持缸草或缸泥湿润。如此处理，翌春种藕完好率可达95%以上。

1991～1992年包头市园林科研所有稀泥藏种藕，保护缸荷室内越冬获得成功。该法不同于前一种“湿泥冬藏”之处，是室温保持在4～15℃，缸内置藕种15cm厚，填15cm厚的泥沙。这样间隔堆放，最上一层为泥沙，直至离缸口5cm为止，然后灌水。保持缸内呈泥湖状。翌春种藕保存率达90%。曾试验缸内盛水储藏，效果不及稀泥藏者好。

北京某公园是将缸荷于冬季全缸投入湖中深水处，翌春再搬上来，此法极安全，但费人工且劳动强度大。

第6章 野生动物驯养技术

第 6 章　野生动物驯养技术

野生动物驯养繁殖业是畜牧业的一个新方向，以驯养观赏动物、皮毛利用动物、药用动物、食用动物为主。野生动物驯养的历史，可以追溯到原始社会，那时原始人将捉到的比较温顺的活动物圈养起来，以备狩猎无获或冬天时充饥。此外，中外历史上还有不少驯养猛兽用于作战的记录。在中国，作为观赏动物有规模的养殖记录见于清朝，1908 年在北京建成了“万牲园”（北京动物园前身），饲养展览动物几十种。新中国成立后，全国各地陆续建立了许多鹿场，饲养着大量的梅花鹿、马鹿、白唇鹿、白臀鹿和水鹿等。

不过真正将野生动物作为产业发展和经济利用来大量繁殖饲养的，还是改革开放后的新中国。经过 30 多年的大量科学研究和驯养繁育实践，野生动物养殖品种得以不断丰富，据国家林业局公布，目前已经有 50 多种珍禽类、野兽类、爬行类、两栖等类野生动物，驯养繁殖技术较为成熟，可以规模化推广养殖。实际上，野生动物养殖已经在全国农村遍地开花，并产生了巨大的经济效益。目前大多数饲养者其野生动物种源已经是人工繁育引种而来，只有极少数是从自然界捕获的野生动物作为饲养对象，但后者饲养成活率很低。

想要了解更多关于本节的知识，可参考《野生动物驯养学》（东北林业大学出版社，2004)。《野生动物驯养学》包括野生动物营养学、饲养学、野生动物驯养基础理论、野生动物饲养管理及野生动物疾病的防治 5 个方面共计 12 章。第一章为野生动物饲料和营养，主要介绍了野生动物驯养实践中常用的饲料、饲料的营养价值、配合方法、饲料中各种营养素的营养原理。第二章为野生动物引种驯养原理，主要介绍了野生动物引种驯养应遵循的原则、驯养目标和理论基础、驯养过程及驯养实验。第三章至第十一章为鹿、麝、狍、水貂、灵猫、熊、野猪、蛇、林蛙共 9 种野生动物人工饲养时的驯养管理，主要从野生动物的生物学特性、引种运输、驯化方法、饲养场建设、饲养管理、繁殖特点和繁殖技术应用、产品生产、加工利用及开发等方面进行了论述。最后一章为野生动物的疾病防治，主要介绍了驯养工作中野生动物各类疾病的特征、发病条件及综合防治措施等内容。

6.1 驯养基础理论

1.哪些野生动物可以个人驯养?

国家林业局公布的梅花鹿等 54 种人工驯养繁殖技术成熟、可商业性驯养繁殖的陆生野生动物名单如下：

貉、银狐、北极狐、水貂、果子狸、野猪、梅花鹿、马鹿、花鼠、仓鼠、麝鼠、毛丝鼠、豚鼠、海狸鼠、非洲鸵鸟、大美洲驼、鸸鹋、疣鼻栖鸭、绿头鸭、环颈雉、火鸡、珠鸡、石鸡、蓝孔雀、蓝胸鹑、鹌鹑、鸡尾鹦鹉、虎皮鹦鹉、费氏牡丹鹦鹉、桃脸牡丹鹦鹉、黄领牡丹鹦鹉、白腰文鸟、黑喉草雀、七彩文鸟、橙颊梅花雀、红梅花雀、禾雀、栗耳草雀、金丝雀、巴西龟、鳄龟、中华鳖、尼罗鳄 湾鳄、暹罗鳄、中国林蛙、黑龙江林蛙、猪蛙、虎纹蛙、蝎子、双齿多刺蚁、大黑木工蚁、黄猄蚁、蜈蚣。

2.个人如何申请驯养野生动物?

驯养繁殖国家和省重点保护野生动物的单位和个人，必须取得驯养繁殖许可证。申请办理驯养繁殖许可证的程序如下。① 提交书面申请。向当地县级陆生野生动物行政主管部门提交书面申请，并填写驯养繁殖许可证申请表。② 当地县、设区市陆生野生动物行政主管部门逐级审核后报省级陆生野生动物行政主管部门。驯养繁殖国家一级保护野生动物，由省级陆生野生动物行政主管部门审核后报国务院陆生野生动物行政主管部门审批；驯养繁殖国家二级和省重点保护野生动物的，由省级陆生野生动物行政主管部门审批。③ 提交有关证明：驯养繁殖野生动物的可行性研究报告或专家论证意见书；驯养繁殖野生动物来源证明与驯养繁殖野生动物相适应的场地证明；与驯养繁殖野生动物相适应的资金证明；与驯养繁殖野生动物相适应的饲料证明；与驯养繁殖野生动物相适应的技术保障证明。

3.野生动物驯养业按照产品如何分类?

(1) 观赏类动物

1) 禽类：孔雀（绿孔雀、蓝孔雀）、锦鸡（红腹锦鸡、白腹锦鸡）鸳鸯、天鹅、鹦鹉（虎皮鹦鹉、费氏牡丹鹦鹉、桃脸牡丹鹦鹉、面罩情侣鹦鹉等）、文鸟（七彩文鸟、白腰文鸟）雀类（橙颊梅花雀、红梅花雀、禾雀、金丝雀等）。

2) 熊类：黑熊、棕熊、大熊猫等。

3) 猫科：东北虎、华南虎、灵猫等。

4) 水族类：海豚、海豹、鲨鱼及小型观赏狮子鱼、小丑鱼、蝴蝶鱼、 海马、海龙等。

(2) 毛皮利用动物

毛皮利用动物饲养也是比较早的、数量较多的一类。饲养对象有美洲水貂、狐（银黑狐和北极狐)、紫貂、貉、毛丝鼠和河狸鼠等，其中美洲水貂和狐在世界裘皮供应中占重要地位。既有规模很大的企业化饲养场，也有较小规模的家庭饲养；有些国家还设有相关科学研究机构等。

(3) 药用动物

此类动物的饲养的目的是从动物身上取得某些产品，以制造药物。饲养对象有用以获取鹿茸的梅花鹿和马鹿，用以获取麝香的麝、用来抽取胆汁的黑熊等。此外，野生爬行类如蛇、蛤蚧等、节肢动物如蝎子等也已有饲养。

(4) 食用动物

主要有野兽类野兔、野猪、竹鼠等；珍禽类如蓝孔雀、珍珠鸡、环颈雉(野鸡)鹧鸪、野鸭、大雁等；爬行类如蛇类、鳄鱼。

4.野生动物驯养繁殖技术有哪些重要性?[①]

目前，国内人工养殖的野生动物有三大类。第一类属于经济野生动物，其养殖的主要目的是利用其毛皮、药材以及食用，从中获取经济效益，如水貂、果子狸、狐、铬、熊、蛇类等。第二类是养殖观赏野生动物，供人们休闲、观赏、娱乐，如观赏鱼、观赏鸟等宠物的饲养。第三类是濒危物种的驯养繁殖，其目的是采取保护措施，拯救濒危物种，通过技术措施，扩大其种群数量，如大熊猫、东北虎、朱鹮、扬子鳄等的养殖。

这三大类动物尽管饲养的目的不一，但都在人工控制的环境条件下生存，以采食人工投喂的饲料为生，因此，日粮的营养是否满足动物的营养需要则具有重要意义。

野生动物养殖看起来似乎简单，与家禽、家畜饲养等无多大差别，而实际上并非如此。野生动物养殖比饲养家畜家禽困难得多，因为人工养殖条件下的野生动物多数驯养历史不长，仍属野生动物。即使像鹿类这样一类驯养历史上百年的动物也远未达到家化饲养程度。因此，野生动物的饲养实际上仍属驯养，通常需从引种、驯化开始，逐渐过渡到人工饲养、繁殖、育种及产品加工生产等。由于野生动物的种类繁多，生物学特性各异，故表现出许多各自不同的固有规律和特点，必须针对性地采取相应的技术措施，才能达到人工驯养的目的。而且，在野生动物周期中，技术环节特别强，前一个生物学时期的饲养管理为后一个生物学时期奠定基础和提供条件。在养殖生产中，任何一个技术环节的失误，都会造成全年不可挽回的经济损失，甚至导致此种野生动物的全群覆灭。因此在野生动物养殖时，必须弄清每一种野生动物的生物学特性，并掌握一定的驯养繁殖技术。此外，还应了解该野生动物的生态学、管理学、行为学、营养学、遗传、育种、疾病防治和产品加工等学科的有关知识。各地野生动物养殖成功的例子均说明了这一点。

① 开展野生动物养殖业，必须努力掌握野生动物驯养繁殖技术，www.2-33.com/news/1/info.2082.html,2014-12-11.

搞好野生动物养殖业，科学技术是核心，人才是关键，专业技术教育是基础。为此，野生动物养殖场应提高科技意识，加强技术培训或选派业务骨干到有关高等院校及科研单位进修学习，以掌握较先进的驯养繁殖技术，提高本养殖场的科技水平。

5.怎样理解野生、圈养和驯化？[①]

如果一个野生动物在某个环境里缺乏捕食者或任何意义上的敌人，那么它对新来的其他动物可能缺乏惧怕感。但是除了这样的特例，别的野生动物默认状态都是不喜欢人类的，见到人类，要么逃跑，要么发起威胁甚至攻击。这样的动物可以称为真正意义上的野生的。

当一只或一小群野生动物时常能够见到人类，而且没有遭受人类的打扰，它们就会习惯于人的出现，把人当背景甚至可以和人进行有限的互动，这种情况常称为“习惯化”或者“习服”。习惯人类存在，这件事情有利有弊。往好里说，这是人类研究它们行为的前提，习惯人类存在的动物也会较少受到人类日常行为的打扰。但是这会导致它们容易被心存歹意的人类猎杀，而善意的人们则可能和它过度接触、让它变得依赖于人而改变自己的正常行为。

进一步，如果动物园或者其他特殊机构捕获了一只动物或者在专业人工养殖条件下出生的动物，这就是圈养。圈养下的动物和野生动物的行为相差不大，所以必须由专业人士和它们打交道，即便如此年年都有动物饲养员被咬伤。

再进一步，有些动物经过一定时间圈养后，天性已经发生了部分改变，可以商业化大规模养殖了，这是半驯化或者商业圈养。这时就算是普通人，只要经过训练、遵守规范，与它们打点儿有限的交道不会出现大问题，典型例子是鸵鸟、鳄鱼、某些蛇还有某些鹿。

最后，真正的驯化是在长年的人工繁殖和选育下，遗传发生了重大改变，外观、行为和天性都已经和它的祖先有了巨大的差异。在哺乳类和鸟类中，一般来说只有驯化的动物才适合做宠物，未驯化的拿来做宠物常常是不人道的、有损生态的或者可能对人类有潜在危害的。

6.2 驯养方式与方法

1.野生动物驯化的理论方法有哪些？

驯化是在动物先天的本能行为基础上而建立起来的人工条件反射，是动物个体后天获得的行为。这种人工条件反射可以不断强化，也可以消退，它标志着驯化程度的加强或减弱。所以，不能把驯化看成一劳永逸，需要不断地巩固。

---

① 参考果壳网，www.guokr.com/post/555330。

(1) 早期发育阶段驯化

这种驯化方法是利用幼龄动物可塑性大的特点做人工驯化，其效果普遍较好。如产后30日龄以内未开眼的黄鼬，通过与母兽隔离饲养，在开眼以后即接触人为环境，于是能很好地接受管理。如仔兽在产后受母鼬哺乳的则往往经过几年人工驯化，也改变不了其野性行为。又如从产后吃初乳起即进行人工哺的仔鹿，其驯化基础都很好，长大之后在鹿群放牧活动中都是核心群中的骨干鹿。而产后接受母鹿哺乳的仔鹿，数日之后再想人工哺乳已很困难。这样的仔鹿在接受其他方式驯化，或在长大后的放牧活动中都表现出驯化基础较差，一般不能成为骨干鹿。

(2) 个体驯化与集群驯化

个体驯化是对每一个动物个体的单独驯化。如马戏团的每一个动物都要训练出一套独特的表演技能，动物园中单独生活的大型兽类克服惊恐和易激怒的训练，役用幼畜的使役训练都属于这种驯化。在野生动物饲养业上，对个别活动性能较差（即驯化程度不够）的个体，也需要进行补充性个体驯化。但是，在野生动物驯养现场，集群驯化具有更大的实用意义。集群驯化是在统一的信号指引下，使每一个动物都建立起共有的条件反射，产生一致性群体活动，如摄食、饮水和放牧等都在统一信号指引下定时地共同活动，给饲养管理工作带来很大方便。

(3) 直接驯化与间接驯化

前面所述的个体驯化和集群驯化皆属于直接驯化。间接驯化与之不同，它是利用同种的或异种的个体之间在驯化程度上的差异，或已驯化动物对未驯化动物之间的差异而进行的。这种驯化也就是在不同驯化程度的动物中，建立起行为上的联系，而产生统一性活动的效果。例如，利用驯化程度很高的母鹿带领着未经驯化的仔鹿群去放牧，这是利用幼龄动物具有“仿随学习”的行为特点而形成的“母带仔鹿放牧法”。在放牧过程中又不断地提高了仔鹿的驯化程度。再如利用驯化程度很高的牧犬协助人去放牧鹿群，是一种很得力的工具，在人—犬—鹿之间形成一条“行为链”，会取得很好的放牧效果。另外，训练家鸡孵育野鸡，乌鸡孵育鹌鹑、水獭捕鱼、母犬哺虎，这样的成功事例在我国都已出现。

(4) 性活动期驯化

性活动期是动物行为活动的特殊时期，由于体内性激素水平的增高，出现了易惊恐、激怒、求偶、殴斗、食欲降低、离群独走等行为特点，给饲养管理工作带来很多困难。必须根据这个时期的生理上和行为上的特点，进行针对性驯化才能避免生产损失。如保持环境安静，控制光照，对初次参加配种的动物进行配种训练，防止拒配和咬伤，特别是利用灯光、音响或其他信号，在配种期建立起新的条件反射，指引动物定时交配、饮食、休息等，形成规律性活动。这不但可以保证成年动物避免伤亡，而且可以提高繁殖率。

2.野生动物驯化的关键问题有哪些?

人工驯化的总目标是促使产品的增加，动物在驯化过程中生活习性、生理机能和形态构造的改变都是在人工控制下朝着这个方向发展。由于野生动物种类繁多,进化水平不一致,在变为家养的过程中所遇到的问题也不同，综合各种药用动物人工养殖情况，在动物驯化上有以下几个关键问题。

(1) 人工环境的创造

动物在野生状态下，根据其生活要求，可以主动地选择适合生存的环境，也可以在一定程度上创造环境。人工环境是人类给动物提供的各种生活条件的总和，与野生环境不可能完全一致，要求动物必需被动地适应人工环境。良好人工环境的产生是在模拟野生环境的基础上，又根据生产要求而加以创造。由于气候稳定，食物充足和敌害减少，动物的繁殖成活率会明显提高。但是，当前有些动物饲养场仅是单纯形式上的模仿，由于对该动物生物学特性了解不够，在人工环境的提供上不能满足其在主要生活条上的要求，于是出现了当代不能存活、不能繁殖或后代发育不良等现象，导致工作失败。

(2) 食性的训练

动物的食性是在长期地系统发育过程中形成的，在不同的季节，不同的生长发育阶段动物的食物也有所改变。人工提供的食物既要满足动物的营养需要,又要符合其适口性。但是,食性又是可以在一定范围内改变的。一个优秀的动物饲养者就是善于从饲料组合，食性训练工作中降低生产成本，提高产品质量。

(3) 群性的形成

药用动物在野生条件下有的种类营群体生活，也有很多种类营独居生活。人工饲养实践证明，独居生活的动物也可以人工驯化而产生群居性。如麝在野生时是独居的，在人工饲养过程中通过群性驯化，可以做到集群饲喂，定点排泄，将来有可能像鹿一样集群放牧。群性的形成给人工饲养管理带来很多方便，有些动物种类成体集群较困难，但可以在幼体时期集群饲养。

(4) 打破休眠期

很多变温动物具有休眠习性，这是对逆境条件的一种保护性适应。在人工饲养条件下,通过对气温的控制，食物的供应等措施，不使动物进入休眠状态而继续生长、发育和繁殖,可以达到缩短生产周期，增加产量的目的。如土鳖虫的快速繁育法就是打破一个世代中的两次休眠，而使生产周期缩短一半，成倍地增加了产量；人工养蝎在打破休眠上也出现了可喜的成就；其他变温动物的养殖都有可能从这方面获得成功。

(5) 克服就巢性

就巢性是鸟类的一种生物学特性。野生鸟类就巢性强，在家养条件下随着产卵率的提高，就巢性逐渐降低，如野生鹌鹑就巢性较强，每年仅能产卵 20 枚左右。经过人工驯养的鹌鹑已克服了就巢性，产卵量提高到每年 300 枚以上。具有很大药用价值的乌骨鸡是属于肉用型，虽经数百年驯养，由于长期以来没有以克服就巢性为主要选择目标，就巢性依然很强，每产 10 枚卵左右就出现“抱窝”行为，长达 20 天以上。所以，每年仅产卵 50 枚左右。近年来各地乌骨鸡饲养场在研究克服就巢性方面，探讨出许多有效方法，可以使就巢期缩短到一两天，使年产卵量提高到 100 ～ 120 枚。

(6) 改变刺激发情、排卵和缩短胚胎潜伏期

在野生哺乳动物中，很多种动物具有刺激发情、刺激排卵和具有胚胎潜伏期的生物学特性，限制了人工授精技术的应用和使妊娠期拖得很长。如紫貂的妊娠期为 9 个月左右，而真正的胚胎发育时期仅为 28 ～ 30 天。小灵猫的妊娠期变动在 80 ～ 116 天，都说明具有很长时间的胚胎潜伏期。由于上述原因会造成不孕、胚胎吸收或早期流产，对繁殖效果影响很大。随着逐代的人工驯化，上述情况会不断改变，但对这方面的研究还远远不够，还没有使动物在家养条件下的繁殖力比野生状态有明显的提高。

6.3 常见的饲养方式

1.如何笼养？

野生动物的饲养方式根据它们在野生状态下的行为和习性决定。笼养一般适用于肉食性毛皮用哺乳动物。因其性凶猛，不易接近、甚至常攻击人类，野生时又多营独居生活，笼须用铁丝网等材料制成，大小根据动物体型及其所需的运动空间确定；笼上附装小箱供动物躲藏、休息、睡眠和哺育幼兽之用。杂食和草食性动物喜营独居生活，也宜用笼养。

2.如何圈养？

圈养适用于体形大、人类较易接近的鹿科动物，即将动物饲养在高墙围绕的兽圈中。这类动物经过训练也可放牧，但要有较好的管理。详细内容请见《圈养野生动物饲养管理的原理和技术》（上海科学技术出版社 2014 年出版）。

3.如何在栏舍饲养？

对于环颈雉鸡、孔雀、锦鸡等，则需要在栏舍外架设天网饲养，以防止飞走逃逸。有的水生野生动物则必须根据其特殊的习性构筑必要的网箱来饲养。

6.4 科学饲养管理

1.如何中创造饲养环境?

野生动物的饲养，首先是要创造适合它们成长的环境，不懂得这一点，就养不好动物。野生动物从野外无拘无束的自由环境来到人类身边，总会有个不适应的过程。例如麻雀，如果抓来拴起来饲养，即使你给它再好的食物，它也不会吃一口，因此不久就会在惊吓中饿死；因此，要想养好野生动物，必须为它们营造一个与它们野外生活相似的环境，它们才会逐渐适应下来。例如福建招宝生态农庄养殖的野鸡，其栏舍不仅建在绿树环抱之中，农庄的饲养员还在山鸡运动场设立吊杆，吊杆上挂上山鸡爱吃的松针；山鸡栏舍屋顶还爬满藤蔓植物，不仅夏天遮阴、冬天保温，还可以让山鸡时时感受到大自然的气息。

2.动物饲料如何配备?

野生动物饲养除了要考虑环境因素，还要尽量提供动物野生食性所习惯的饲料，例如紫貂的饲粮以肉类为主；水貂则以鱼为主。但是，在动物适应了人工环境之后，则要依据动物本身不同阶段生长所需的营养含量，调配新的食物，饲粮应能提供动物不同生长阶段所需要的能量和蛋白质、脂肪、碳水化合物、维生素、微量元素等。让动物逐渐适应人类为它们配置的营养食物。这样才能够使种群不断繁衍壮大，为规模化养殖创造条件。例如山鸡在产蛋期，除提供足够的蛋白质、碳水化合物、微量元素、钙质等营养外，还要提供充足的光照。有些食草动物，如竹鼠，除喂以新鲜的竹子外，还需要补喂一定量的颗粒饲料等。对一些食性特殊的动物，往往还需从自然界采集它们喜爱的食物喂养，如对蛤蚧喂以昆虫等。

3.什么是饲养的科学管理

科学管理就是依据野生动物本身的生物特性和生长规律，在饲养过程中进行全方位的管理。其中包括建设栏舍和环境、合理分群、调配营养饲料、消毒防疫、配种繁育、保温御寒、通风散热、提供合理光照等，其目的就是使动物健康成长，提高养殖效益。

6.5 加工利用技术

1.毛皮动物怎样剥皮?[①]

一只毛绒很好的动物，如果剥皮方法不当，就会严重影响毛皮的使用价值和质量。因此要严格按商品皮的质量要求剥皮。

① 参考农业部网站。

(1) 取皮时间

人工饲养的毛皮动物多数在冬季即11月下旬后取皮，但具体时间按其成熟程度而定。毛皮成熟的标志是毛绒丰厚，针毛直立，被毛灵活富于光泽，尾毛蓬松，躯体转动时，颈部和体侧部出现一条条“裂缝”，用嘴吹开毛绒，可见粉红色或白色的皮肤。

(2) 处死

毛皮动物处死方法的选择应以绝命迅速，不影响毛皮的质量、经济适用为原则。常用的有折颈法（颈椎脱臼法），心脏注射空气法、药物处死法（肌肉或皮下注射氯琥珀胆碱）及窒息法。

⑶剥皮方法

毛皮动物的剥皮方法主要有圆筒式、袜筒式和片状式三种。备品主要有挑刀、剪刀、小米粒大小的硬木锯末或粉碎的玉米（1607，24.00，1.52%）蕊，禁用鼓皮或有松脂的锯末。按商品皮的要求，先去掉不留的部位，如水貂留后肢、齐掌腕部剪去前肢、貉四肢齐掌腕部全剪掉、狐四肢全留等。然后按操作程序剥皮。

1）圆筒式剥皮法。先挑开后肢及尾部，由后裆开始向头剥成筒皮。① 挑裆：可先挑尾也可完挑后肢。先挑尾时固定两后肢，用挑刀于近尾尖的腹面中线挑起，至肛门后缘，将一后肢固定，在第一后肢掌心下刀，沿后肢长短毛分界线贴皮挑至距肛门1cm处，折向肛门后缘与尾部开口汇合。交换两后肢，同样方法挑至肛门后缘。最后把两后肢挑刀转折点挑通，去掉肛门处的小三角皮。也可先由后肢贴皮挑起，挑法同上，再由两后肢挑刀转折于肛门后缘的交点向尾尖沿尾腹正中线挑开一段，直接抽尾即可。② 抽尾骨：用挑刀将尾中部的皮与尾骨剥开，用手或U形抽尾夹抽出尾骨。③ 剥皮：抽出尾骨后，固定尾骨，由后向前剥离，剥后肢时先用手指插入后腿的皮与肉之间，小心剥下后腿皮，保留后肢的剥至掌骨时要细心剥出最后一节趾骨，用剪刀剪断，保证后肢完整带爪。后肢剥完后，用手向头翻拉剥皮，雄兽剥到腹部要及时剪断阴茎，以免撕坏皮张。剥至前肢，不留的直接拉出即可，留的剥离方法同后肢。剥至头时，左手握紧皮，右手用挑刀在耳根基部，眼眶基部。鼻部贴着骨膜。眼睑和上、下颌部小心割离皮肉连接处，使耳、眼和鼻唇完好无损，即可得一张完整的筒皮。切勿将耳、眼割大，鼻唇割坏，否则将影响其质量。人工饲养的毛皮动物如水貂、狐、貉、黄鼬等多用此法剥皮。

2）袜筒式剥皮法。由头向后剥离，先用钩子钩住上颚，悬挂起来，用挑刀沿唇齿连接处切开，分离皮肉，用退套方法，逐渐由头向尾翻剥，头、四肢的剥离同圆筒式剥皮方法，最后割断肛门与直肠连接处，抽出尾骨，将尾从肛门翻出即成完整的筒皮。此法适用于张幅小、价值较高的毛皮动物。

3）片状剥皮法：先沿腹中线，从胯下开口直挑至尾根，然后将前后肢横切开，剥离出一个片状皮。此法应用普遍，多用于大型动物，毛丝鼠、海猩鼠也用此法剥皮。

在剥皮过程中要注意以下要点。

1）处死后的动物严禁堆放，以防闷热脱毛，最好随宰随剥。

2）在尸体尚有一定体温时剥皮为好，僵尸难剥，来不及剥的可埋于雪下，温度以 -10℃~ -1℃为宜。

3）整个工序要皮不落地，尽量避免溢血而污染毛皮。溢血时要及时用锯末洗净。

4）为保证皮张完好无损，剥皮时要避免割伤皮张或使皮张上留有残肉、趾（指）骨，尾骨，操作者要掌握好打皮技术，严格按要求操作。

2.怎样加工鹿茸？

为了提高鹿茸的加工效率和保证成品茸的加工质量，中国农业科学院特产研究所于 1986 年成功地完成了微波能与远红外线加工鹿茸技术的研究，并在生产中推广应用。这些技术包括鹿茸加工的系列配套设备及鲜茸冷藏保鲜、解冻、加热烘干等批量化集中加工的新工艺。该项技术能提高鹿茸的加工质量，杜绝臭茸，降低加工成本，改善作业条件。

1）原理微波能与远红外线结合加工鹿茸的特点是热效率高、选择性加热、快速、节约能源、控制方便、互相取长补短等，能除去茸内不必要的水分，达到鹿茸加工的目的。微波的波长 30 cm 以上（915 MHz），能直接穿透茸体的内部，茸体的内外同时加热，可大大缩短加热时间；远红外线的波长为 3 ~ 50 μm，能使茸体表面快速加热，水分快速脱掉。微波能和远红外线能各有所长，结合应用可扬长避短，明显地提高加工效率。

2）设备该项新技术的配套设备有冷藏箱、微波设备（包括微波功率发生器和微波炉）、烫茸器、远红外线烘干箱、鼓风箱等。

3）加工工艺。

① 鲜茸批量加工工艺流程。鲜茸—排血—洗刷去污—微波加热—烫煮茸皮—吹风冷凉—远红外线及微波能加热烘干砂回水—煮头造型—成品茸（带血茸不排血）。② 鲜茸冷藏加工工艺流程。将零星收取的鲜茸，进行冷藏，够批量时进行加工。其工艺流程：鲜茸—排血—洗刷去污—烫煮茸皮—冷藏保鲜—微波批量解冻、加热，以后工艺同鲜茸批量加工工艺（带血茸不排血，洗刷去污后冷藏）。微波加热：经过烫煮的鹿茸冷至常温后，送入微波炉内加热处理。批量加工时每次可加工鲜茸 10 ~ 15 kg（含水 60%以上），或半干茸 20 ~ 25 kg（含水约 20 %～ 30 %），使用的微波功率为 1600 ~ 3000W，加热 3 ~ 5 次，每次加热时间为 2 ~ 3 min。每次之间冷凉时间要大于加热时间 3 ~ 5 倍，每次加热后打开炉门冷凉。再加热时关上炉门，微波解冻：待冻存的鲜茸能满足批量加工时，取出解冻。每次可解冻鲜茸 25 ~ 30 kg，使用的微波功率为 3500 ~ 6400W，一般需加热 4 ~ 6 次，

每次时间根据箱内的负载而定，一般为 2 ～ 5 min。

4）注意事项。

第一，因微波能超过一定值对人体有害，所以，使用前应检查设备有无漏能情况，漏能场强（工作面）不得超过 38μW / cm^2。

第二，无论是加热或解冻，因鹿茸的种类、规格不同，所需的功率和时间也不尽相同，例如，二杠茸所需的功率和时间就比三杈茸低。

第三，每次加热后冷凉时都应注意检查茸表的温度，重点是嘴头。

第四，解冻时当茸表有水滴时，应于每次冷凉时用柔软的纱布擦干，防止发生击穿现象。其他工艺同传统加工工艺。

5）鹿茸冷冻干燥加工工艺：该项技术是将煮炸 1 次的鹿茸，通过真空冷冻使水分升华、脱水干燥为成品茸的加工方法。

工艺程序大体可分为以下 3 个步骤。① 煮炸大体同第一水的煮炸。② 冻干处理首先，将冻干机的干燥箱预冷至 –30 ～ –25℃ ，然后将茸放入箱内迅速冷冻。冷冻 2 h 左右，开冷凝器（温度可达 –28℃ ）制冷（捕捉水分），约 30 min，开真空泵，再经 5 min 后箱冷即可结束（这时的真空度达 400 ～ 533Pa），而冷凝器继续制冷达 –45 ～ –39℃。③ 加温处理箱停止后，利用加热装置加热，使箱内的板温每小时升温幅度 10℃为宜，直至 60℃ ，20 ～ 25 h 即可达到干燥目的。加工二杠茸时，因其质嫩，板温每小时要升温 20℃左右，直至 65℃，干燥时间为 18 ～ 20 h 即可。

生产排血茸时，煮炸后可烘烤 1 次再冻干，速度更快。因冻干的鹿茸往往过于干燥而头瘪，所以，一是应适当地进行回潮处理；二是可回头加工一两次。真空冷冻加工的鹿茸茸皮颜色好，质量好，血色鲜且均匀，没有破、臭，干燥速度快，一般用 4 天左右即可完成。

3.鳄鱼皮的制作工艺流程是什么?

一件奢侈的鳄鱼皮具，不光要具备其原始皮革的完美，而且从成品设计角度上考虑的话，对这种皮革的要求也是非常严格的，不同于其他皮革，例如牛皮，一个磨具随便怎么切都可以，鳄鱼皮由于其特殊的天然纹路及纹理走向，从整张鳄鱼皮上取的部位不同，做同一款式的成品，出来的感觉也是不一样的。鳄鱼皮做出的成品，对称部位所具有的纹路，非常讲究均衡，上下均衡、左右均衡、前后均衡，鉴于每款的独有手感。每一款鳄鱼皮制品，无论纹理、光泽还是质感，都各不相同，设计的好不好，关键在于取皮位置，把鳄鱼皮纹路运用得活灵活现，是每一个皮具设计师，一生所要追求的设计水平最顶峰。

完全不同于花纹重复、皮面平整的其他皮类，鳄鱼皮并不平整，每一张鳄鱼皮的每个部位花纹不同，采用机械批量切裁的鳄鱼皮纹路呆板缺乏美感，埋没了鳄鱼皮纹路的特有魅力。只有富于经验的鳄鱼皮具制作师傅对每张独特纹路的鳄鱼皮巧妙设计裁剪。经过数十道工序，数十个小时的精心纯手工缝制，以求款式和鳄鱼皮革纹路达到完美契合。

时间对于人来说是最宝贵的，而从纹路挑选、款式设计、皮革裁剪、贴皮、上线、油边、后期上光，全手工工艺的鳄鱼皮具制品无不凝结着皮具师傅的专注心思与宝贵时间，产品显得生动、精致、手感 弹韧、有品位。令原本就稀有珍贵的鳄鱼皮更独到、贵重，每一枚鳄鱼皮具制品焕发生命的魅力，变成经久不衰的艺术品。

6.6 野生动物驯养案例：四川省马边彝族自治县野生动物驯养繁殖产业助力脱贫致富

四川省马边彝族自治县林业局认真贯彻“加强资源保护、积极驯养繁殖、合理开发利用”方针，切实加强野生动物驯养繁殖和经营利用活动的管理，积极主动为野生动物驯养繁殖和经营利用业主做好服务工作。在马边农村，农民脱贫致富的愿望和积极性逐渐高涨，随着退耕还林工程和天然林保护工程的实施，一些农民充分利用马边丰富的森林资源和生态环境资源，另辟蹊径，在野生动物驯养繁殖产业上做起了文章。野生动物驯养产业逐渐成了马边农民脱贫致富的一条重要途径。[1]

野生动物驯养繁殖是解决好三农问题和广大农民脱贫致富的重要途径。为促进野生动物驯养繁殖产业的发展，县林业局在依法保护野生资源的前提下，规范野生动物驯养繁殖管理工作，以合作社养殖及“合作社 + 农户”为基础，正确引导和扶持养殖大户，树立典范，推动全县野生动物驯养繁殖和经营利用产业又好又快发展，实现全县野生动物资源的可持续发展和利用。

截至 2015 年 12 月，全县持有野生动物驯养繁殖证单位（个人）达 23 家。主要养殖品种有蛇类、野猪、野鸡、豪猪、果子狸、石蛙、竹鼠等。其中年产值 50 万元以上 3 家，20 万元以上 4 家，5 万元以上的 7 家，部分新建驯养繁殖基地还在艰难发展中。

① www.zgmuye.com, 2016-1-11.

第7章 药用植物栽培技术

第7章　药用植物栽培技术

药用植物是指医学上用于防病、治病的植物。其植株的全部或一部分供药用或作为制药工业的原料。广义而言，可包括用作营养剂、某些嗜好品、调味品、色素添加剂，以及农药和兽医用药的植物资源。药用植物种类繁多，其药用部分各不相同，全部入药的，如益母草、夏枯草等；部分入药的，如人参、曼陀罗、射干、桔梗、满山红等；需提炼后入药的，如奎宁等。

将药用植物栽培技术单独作为一章介绍，是因为药用植物具有其特殊性。本章内容简要介绍了药用植物的产量构成、药用植物采收加工药用植物加工管理、常见的药用植物栽培技术、生物制药技术及相关案例。更多关于药用植物栽培技术的相关内容，请参考《药用植物栽培学》一书。

《药用植物栽培学》是根据普通高等教育“十一五”国家级教材规划编写要求，在高等教育出版社2004年8月出版的全国高等院校中医药现代化示范教材《药用植物栽培学》基础上的修订完成的。全书共分总论、各论、附篇及附录四大部分。总论部分共分9章，主要介绍药用植物栽培学的基本理论和方法等内容。各论部分按入药部位分为6章，从植物学形态、生长习性、繁殖方法、田间管理、病虫害防治、留种技术、产地加工及储藏和运输等方面详尽地介绍了具有地区和用药代表性的36种常用药用植物规范化栽培技术。附篇部分为本书的特色之一，考虑我国各地因自然条件和栽培条件不同，药用植物栽培种类亦不尽相同的具体情况，又补充收载了34种药用植物的规范化栽培技术内容，配套光盘除收载了全书内容外，还收录了国内外有关药用植物生产的法规和条例，以及大量与本书有关的彩色数码图片，供教学时选用。《药用植物栽培学》主要是作为农林和中医药高等院校中药、药用植物或相近专业的教材和教学参考书，同时亦可供有关中药材生产经营和中药资源开发利用及其他经济植物研究和生产的专业技术人员参考。

7.1 药用植物的产量构成

1.各类药用植物的产量构成因素有哪些？

药用植物的产量是指单位土地面积上药用植物群体的产量，即由个体产量或产品（药用部位）器官的数量构成。因药用植物种类不同，其构成产量的因素也有所不同（见表 7.1）。

产量构成因素的形成是在药用植物整个生育期内不同时期依次而重叠进行的。如果把药用植物的生育期分为 3 个阶段，即生育前期、中期和后期。那么以果实种子类为药用收获部位的药用植物，生育前期为营养生长阶段，光合产物主要用于根、叶、分蘖或分枝的生长；生育中期为生殖器官分化形成和营养器官旺盛生长并进期；生育后期为结实成熟阶段，光合产物大量运往果实或种子，营养器官停止生长且重量逐渐减轻。

表 7.1　各类药用植物的产量构成因素

药用植物类别	产量构成因素
根类	株数、单株根数、单根鲜重、干鲜比
全草类	株数、单株鲜重、干鲜比
果实类	株数、单株果实数、单果鲜重、干鲜比
种子类	株数、单株果实数、每果种子数、种子鲜重、干鲜比
叶类	株数、单株叶片数、单叶鲜重、干鲜比
花类	株数、单株花数、单花鲜重、干鲜比
皮类	株数、单株皮鲜重、干鲜比

2.评价药用植物品质的指标有哪些?

药用植物的品质是指其产品中药材的质量，直接关系到中药的质量及其临床疗效。评价药用植物的品质，一般采用两种指标：一是化学成分，主要指药用成分或活性成分的多少，以及有害物质如化学农药、有毒金属元素的含量等；二是物理指标，主要是指产品的外观性状，如色泽（整体外观与断面）、质地、大小、整齐度和形状等。

3.药用植物有效成分积累的影响因素有哪些?

药用植物栽培中，有效成分的形成、转化和积累是评价药材品质的重要指标和关键。一般而论，影响药用植物有效成分形成、转化和积累的因素有下述诸方面。

(1) 药用植物遗传物质的影响

药用植物的生长发育按其固有的遗传信息所编排的程序进行，每一种植物都有其独特的生物发育节律，植物遗传差异是造成其品质变化的内因。如金银花为忍冬科忍冬属植物的花蕾，我国忍冬属植物分布有 98 种，其中有 10 多种植物的花蕾作为金银花用，含有绿原酸、异绿原酸、木樨草素、忍冬苷及肌醇等多种有效成分，但由于药用植物的种类不同，其有效成分的形成、组成和转化、积累不相同。

(2) 药用植物生长年限的影响

药用植物体内有效成分的形成和积累，不但与其遗传基因、品种类别密切相关，也与它的生长年限有着密切关系。甘草一年生植株的根生长已较长，至秋季长 25 ～ 80cm，根部直径 1.5 ～ 12.0mm；栽种后第二年增长最快，可增重至上一年的 160% 左右；第三年实生根不但重量、长度、直径增长较明显，而且甘草酸（9.48%）、水溶性浸出物（42.86%）均符合药典标准，商品价格也较理想，所以栽培甘草宜在种植后的第三年秋季采收。

(3) 药用植物物候期的影响

药用植物体内有效成分的累积，不仅随植物不同年龄有很大变化，而且在一年之中随季节不同、物候期不同亦有很大影响。一般而论，以植株地上部分入药的，以生长旺盛的花蕾、花期有效成分积累为高；以地下部分入药的，休眠期积累为高。

(4) 药用植物不同器官与组织的影响

药用植物的有效成分主要在其供药用的器官与组织中形成、转化或积累；因此，不同药用植物的不同药用部位，则表现出不同有效成分积累规律。如薄荷是以唇形科薄荷属多种植物干燥地上部分入药的，其主要有效成分是薄荷醇、薄荷酮、胡椒酮等挥发油，以及木樨草素、圣草酚等黄酮类成分；但栽培薄荷类植物是以获得薄荷醇型（或薄荷醇 + 薄荷酮型）为主，即以获得其精油为主。经测定，在同一天内薄荷植株内部精油成分变化不大。不同部位的叶片中精油成分变化有明显变化，从茎上部至茎下部的叶含薄荷醇量是逐渐增高，而薄荷酮含量却逐渐减少，其他成分在上下相邻叶片间无多大差异。

(5) 药用植物环境条件的影响

当归主要有效成分挥发油，在半干旱气候凉爽和长期多光的生态环境条件下，其含量则高（如产于甘肃武都等地的岷归达到 0.65%）；在少光潮湿的生态环境下，其含量则低（如产于四川汉源等地的川归为 0.25%）；而居于岷归与川归之间的云归（如主产于丽江的云归含挥发油为 0.59%），性质则居中。可见，地理环境的影响明显。光照和温度对穿心莲中的有效成分穿心莲内酯、毛地黄叶中的毛花洋地黄毒苷 C、颠茄叶中的颠茄生物碱及薄荷叶中的薄荷挥发油等均有明显影响。在光照充足、气温较高的环境下，它们的形成与积累则明显提高，含量增加；反之，则含量降低。

药用植物在生命活动过程中，各种生化反应（包括合成已知的有效成分及各种天然产物）的原料，包含物质、能量和信息，部分来自空气，受到气温、光照、水分等影响；另一部分则直接由植物根系从土壤中吸取。“地质背景系统”也制约着药用植物（特别是道地药材）的分布、生长发育、产量及品质。总之，各种环境条件对药用植物品质的影响是复杂而重要的，在不同生态因子作用下，药用植物体所产生的有效物质变化，与生态因子影响植物的代谢过程密切相关。因此，深入研究掌握各种生态因子，特别是其中主导生态因子对药用植物体代谢过程的作用关系，从而在引种驯化与栽培实践中，有意识地控制和创造适宜的环境条件，加强有效物质的形成与积累过程，则对提高中药材品质有着积极作用与重要意义。

(6) 药用植物栽培技术与采收加工的影响

通常情况下，很多野生药用植物经引种驯化与人工栽培后，由于环境条件的改善，植株生长发育良好，为其有效成分的形成、转化和积累提供了良好条件，利于优质、高产。例如，在海拔 600m 以下阳光充足、排水良好、土壤肥力较高的沙质土栽培的青蒿，比野生青蒿植株高大，枝叶繁茂，叶片中青蒿素含量也比野生品高，并发现在栽培中选择不同来源的青蒿种子、不同播种期在同一环境种植后，其青蒿素含量有所不同；这充分说明栽培技术等因素对中药材品质的影响。

在药用植物栽培中，合理施肥也与产品品质关系密切。同种药用植物在不同产地，植株体内各器官吸收积累 N、P、K 的数量不同。河南省沁阳产区山药（怀山药）各器官 N 含量均在根茎膨大盛期最高，而山西省平遥产区山药的根茎 N 的含量最高期在叶枯期，茎、叶中 N 含量高峰期与沁阳产山药相同。沁阳产山药根茎、叶中 N 含量在不同生育时期分别比平遥山药高，而茎中 N 含量两产区差异不大。近年来，合理应用微量元素肥料高效施肥技术以及中药材内在质量和产量研究等方面，尤其受到人们重视。例如，在栽培党参中，施用 Mo、Zn、Mn、Fe 等微肥，不但比对照增产 5% ～ 17%，而且对其多糖等有效成分能有效提高，其中以微量元素 Zn 对其内在品质影响最为显著。

适时采收与合理加工对于药用植物内在质量的提高也有重要意义。例如，麻黄碱主要存在于麻黄地上部分草质茎中，木质茎含量很少，根中基本不含，所以采收时应割草质茎。采收时间与气候关系密切。研究发现，降水量及相对湿度对其麻黄碱含量影响很大，凡雨季后，生物碱含量都大幅度下降。采收时间各地不一致，就是根据当地当年气温、降水量、光照等情况而决定的。如内蒙古中部和西部的草麻黄中生物碱含量高峰期约在 9 月中下旬，此时采收最为适宜。

7.2 药用植物采收加工

1.根茎类药用植物如何采收?

1）特点：种类多，生长期差异大，形态多样。

2）采收时间：在植株停止生长之后或者在枯萎期采收，也可以在春季萌芽前采收，如人参、党参、黄芪、玉竹、知母等。有些植物生长期较短，夏季就枯萎了，如元胡、浙贝母、平贝母、半夏、太子参等；天麻则在初冬时采收，质坚体重，质优；而柴胡、关白附等部分品种花蕾期或初花期活性成分含量较高。

3）采收方法：采收时用人工或机械挖取均可。

2.皮类药用植物如何采收?

(1) 干皮类

1）采收时间。春末夏初，多云，无风或小风天气，或清晨、傍晚时剥取。皮部和木质部容易剥离，皮中活性成分含量也较高，剥离后伤口也易愈合。

2）采收方法。全环状剥皮、半环状剥皮和条件剥皮，深度以割断树皮为准，一次完成，向下剥皮时要减少对形成层的污染和损伤；包扎剥皮处，根部灌水、施肥。

(2) 根皮类

1）采收时间。根皮的采收应在春秋时节。

2）采收方法。用工具挖取，除去泥土、须根，趁鲜刮去栓皮或用木棒敲打，使皮部和木部分离，抽去木心，然后晒干或阴干。

3.茎木类药用植物如何采收?

1）采收时间。乔木的木质部或其中的一部分，如苏木（心材）、沉香等。大部分全年都可采收；木质藤本植物宜在全株枯萎后采收或者是秋冬至早春前采收；草质藤本植物宜在开花前或果熟期之后采收。

2）采收方法。茎类采收时用工具砍割,有的需要修剪去无用的部分,如残叶或细嫩枝条，根据要求切块、段或趁鲜切片，晒干或阴干。

4.叶类药用植物如何采收?

1）采收时间。在植物开花前或者果实未完全成熟时采收，色泽、质地均佳；少数的品种需经霜后采收，如桑叶等;有的品种一年当中可采收几次，如枇杷叶、菘蓝叶（大青叶）等。

2）采收方法。叶类药材采收时要除去病残叶、枯黄叶，晒干、阴干或炒制。

5.花类药用植物如何采收?

1）采收时间。花类药材入药时有整朵花，也有使用花的一部分，如番红花（柱头）。在整朵花中有的是用花蕾，如金银花、辛夷、款冬花、槐花等；有的是用开放的初花，如菊花、旋复花等，这些只能根据花期来采收；有的则需根据色泽变化来采收，如红花；有些品种还要分批次采收，如红花、金银花;花粉类中药材的采收，宜早不宜迟，否则花粉脱落，如蒲黄、松花粉等。

2）采收方法。人工采收或收集，花类药材宜阴干或低温干燥。

6.全草类药用植物如何采收?

1）采收时间。地上全草宜在茎、叶生长旺盛期的初花期采收，如淡竹叶、龙芽草、紫苏梗、益母草、荆芥等；全株全草类宜在初花期或果熟期之后采收，如蒲公英、辽细辛等。

2）采收方法。全草类采收时割取或挖取，大部分需要趁鲜切段，晒干或阴干，带根者要除净泥土。

7.果实、种子类药用植物如何采收？

从入药部位来看，有的是果实与种子一起入药，如五味子、枸杞子；还有用果实的一部分，如陈皮和大腹皮（果皮）、丝瓜络（果皮中维管束）、柿蒂（果实中的宿存萼）。果实入药，多数是成熟的，有少量的是以幼果或未成熟的果实入药，如枳实。种子入药时基本上是成熟的，如决明子、白扁豆、王不留行等;也有使用种子的一部分，如龙眼肉（假种皮）、肉豆蔻（种仁）、莲子芯（胚芽）。

1）采收时间。以果实或种子成熟期为准则，外果皮易爆裂的种子应随熟随采。

2）采收方法。果实多是人工采摘，种子类为人工或机械收割，脱粒，除净杂质，稍加晾晒。

7.3 药用植物加工管理

1.药用植物产地加工的任务是什么？

1）去除非药用部位、杂质、泥沙等，纯净药材。如根和根茎类药材要除去残留茎基和叶鞘等；全草类药材要除去其他杂草和非入药的根与根茎；花类药材要除去霉烂或不合要求的花类等。

2）按药典规定的标准，加工制成合格的药材。

3）保持活性成分，保证疗效。一些含有苷类药材如苦杏仁、白芥子、黄芩等经过初加工后可破坏其含有的酶，从而使活性成分稳定不受破坏，保证疗效。

4）降低或消除药材的毒性、刺激性或副作用，保证用药安全。

5）干燥、包装成件，以利于储藏和运输。

2.药用植物加工所需设备有哪些？

药材加工所需设备因药材而异，主要设备包括工具、机械、蒸煮烫设备和浸渍、漂洗设备。

1）工具。刀剪、筛、刷子、筐、篓等。工具多用于手工操作。

2）机械。药材加工所使用的机械主要用于去皮、切片、清选、分级、包装、脱粒等。如山茱萸去核机，半夏去皮机、牛蒡脱粒机。

3）蒸煮烫设备。蒸、煮、烫药材使用的设备，如加工用的大蒸笼、大铁锅等。

4）浸渍、漂洗设备。浸渍、漂洗药材依具体情况配置设备。产量小可以利用生活用具，如缸、盆、桶等；产量大的多修建专用的大池。

3.药用植物的加工程序和干燥标准是什么?

1）加工程序。清洗、去皮、修整、蒸、煮、烫、浸漂、切制、发汗（鲜药材加热或半干燥后，停止加温，密闭堆积使之发热，内部水分就向外蒸发，当堆内空气含水汽达到饱和，遇堆外低温，水气就凝结成水珠附于药材的表面，如人出汗）、揉搓、干燥。

2）干燥的标准。以储藏期间不发生变质霉变为准。药材的含水量《中国药典》及有关部省标准均有一定规定，可采用烘干法、甲苯法及减压干燥法等检测。

注意：除了上述方法外，在中药材传统加工上经常采用熏硫的方法，一般在干燥前进行，主要是利用硫黄燃烧产生的二氧化硫，达到加速干燥，使产品洁白的目的，并有防霉、杀虫的作用，如白芷、山药、菊花的产地加工大多使用硫黄熏蒸等。但因硫黄颗粒及其所含有毒杂质等残留在药材上影响药材质量，国家卫生部门已禁止在食品生产加工使用硫黄。2005 版药典也禁用硫黄。

5.各类药材的加工原则是什么?

1）根与根茎类药材加工原则。采后应去净地上茎叶、泥土和须毛，而后根据药材的性质迅速晒干、烘干或阴干。有些药材还应刮去或撞去外皮后晒干如桔梗、黄芩等；有的应切片后晒干，如威灵仙、商陆等；有的在晒前须经蒸煮，如天麻、黄精等；半夏、附子等晒前还应水漂或加入其他药（如甘草或明矾）以去毒性；有的应去芦如人参、黄芪等；有的还应分头、身、尾，如当归、甘草；有的药材还应扎把，如防风、茜草等。

2）叶、全草类药材加工原则。一般含挥发油较多，故采后宜阴干，有的在干燥前须扎成小把，有的用线绳把叶片串起来阴干。

3）花类药材加工原则。除保证活性成分不致损失外，还应保持花色鲜艳、花朵完整。

4）果实、种子类药材加工原则。果实采后应直接晒干。

5）皮类药材加工原则。一般在采收后除去内部木心，晒干。有的应切成一定大小的片块，经过热焖、发汗等过程而后晒干，如杜仲、黄檗等。

5.衡量中药材质量的标准有哪些?

目前，我国药用植物栽培与管理模式大部分仍然处于传统、粗放型的阶段，中药材生产栽培和加工技术相对落后，对中药材产品质量管理监控力度小，与国际市场要求差距较大，影响中医药的现代化和国际化。因此，研究中药材质量管理，应大力推行中药材 GAP 生产技术，促使我国中药产品质量符合国际市场需求，尽早实现中医药现代化和国际化。

外在因素包括中药材基源鉴定、外观要求和杂质含量等。

内在因素包括活性成分组成和含量、重金属（As、Hg、Pb、Cr、Co、Sn、Sb 和 Cu8 种微量重金属元素）和农药残留（包括杀虫剂、杀螨剂、杀菌剂、除草剂、杀鼠剂等）、卫生指标等。

7.4 常见的药用植物栽培技术

7.4.1 人参的栽培技术?

1.人参的品种有哪些

人参的人工栽培历史悠久，在产区经过参农的长期人工选择和自然选择形成一些农家品种，如大马牙、二马牙、圆膀圆芦、长脖等。大马牙生长快、产量高，但根形差；二马牙次之；长脖和圆膀圆芦根形好，但生长缓慢，产量低。近年中国农业科学院特产研究所等单位又培育出“黄果人参”、高产优质的“吉参 1 号”及边参 1 号等新品种。不同类型的人参，总皂苷含量也存在着较大的差异。

2.栽培人参时如何选地与整地?

农田栽参应选土质疏松肥沃的砂质壤土缓坡地。土壤以土层在 30cm 以上的黑油砂为最好。以地下水位低的撂荒地或前茬为玉米、高粱、豆类为好。伐林栽参，可选择开垦山林或撂荒坡地，坡度在 25° 以下。育苗地以沙壤土与腐殖土相混合为适。选地后，在有条件地区可先用柴草、作物秸秆等烧地，消灭病虫害，熟化土壤增加肥力。耕翻土地由浅入深达 5 次以上，春、夏、秋三季都可进行。施肥主要采用压绿肥，亩施 2500 ～ 5000kg，可结合夏季耕翻土地进行。有机肥一定要完全熟化，否则容易感病。

人参忌直射光，畦一般采用东北阳，或称早阳、露水阳。山坡地多用东阳或东北阳。农田作畦，坡度小，选择阳口不受地势限制。东北阳即畦床面北偏东 30° 左右。伏播的于 7 ～ 8 月；秋播和春播的于 9 ～ 10 月。畦宽 1.1 ～ 1.2 m，畦高 23 ～ 26 cm，畦长 10 ～ 20 m，畦间距 1 ～ 1.2 m，在沙质土、高燥或干旱地区的畦高稍低些。

3.人参有哪些繁殖方法?

栽培人参通常采用育苗移栽法。

(1) 育苗

1) 选种与种子处理。选茎秆粗壮、无病虫的四五年参株，在开花结青果时摘除花序中的小果，待果熟后，选果大、种子饱满的作种用。于 8 月上旬，用层积法处理种子，即选地势高燥、排水良好、向阳背风处，将高 60cm，宽1m，长度适宜的木框，安置于地上，框底铺 20cm 厚的石子，其上铺 10cm 厚的细沙，将用水浸泡后的种子与等量细沙混拌均匀后装入框内，厚 10 ～ 20 cm，上面再盖细砂 10cm 厚。框外围填土踏实，盖上席帘或架设遮阴棚，以防温度过高。8 ～ 9 月间，经常检查，温度控制在 15℃左右。土壤水分保持在 10% ～ 15%。经 60 ~ 80 天种子裂口时，即可播种。如次春播种，可将炸口种子与沙混合装入罐内，或埋于室外，置冷凉干燥处储藏。播种前将种子放入冷水中浸泡 2 天左右，待充分吸水后播种。

2）播种。分春播、伏播和秋播。产区多行伏播和秋播。伏播用水籽（从果实搓洗出来的种子）于中伏前播种；秋播与土壤结冻前，用处理过的催芽籽，播后次春出苗；春播在土壤解冻后，用头年经过催芽处理的种子，播后当年出苗。

播种方法有撒播、点播和条播 3 种，但多用撒播法，每平方米用催芽籽 30 ～ 40 g，水籽 40 ~ 50 g。条播的行距 6 ～ 7cm，每行播 50 ～ 60 粒种子。点播的行株距各 5cm，可用木制点播器。每穴播一两粒种子。播后覆土 5 ～ 6 cm，畦面用秸秆或草覆盖，以防畦面干燥或水土流失。

(2) 移栽

目前多用“二、三制”、“二、四制”和“三、三制”。“二、三制”和“二、四制”即育苗 2 年，移栽后三四年收获。“三、三制”指育苗 3 年，移栽后 3 年收获。

1）移栽时期。一般在秋季地上茎叶枯黄时进行，至地表结冻前结束。山地移栽先栽阴坡地，后栽阳坡地；先栽小苗，后栽大苗。春季移栽，应在土壤化冻后立即进行。

2）参株的选择及消毒。选二三年生参苗，根乳白色，须芦完整，芽苞肥大、浆液饱满，无病虫害，长度在 12 cm 以上的作种栽。一般用 65% 代森锌可湿性粉剂 100 倍液，浸渍 10 min；或用 400 倍液喷洒，以防治病害。

3）整体下须。二三年参苗，要求主根长 6 cm 以上，留支根两三条，将不定根和多余的参须除去。如支根较粗大，上部 1/3 的毛须亦应去掉。四、五年生的参栽，主、支根发育较明显，还要去掉主支根上部的毛须，保留两三条较粗的支根。整个下须时，切勿撕破根皮。

4）栽植密度。一般栽植密度为行距 20 ～ 30 cm，株距 8 ～ 10 cm。

5）栽植方法。农田栽参多采用“摆参法”，即在做好的畦上开槽，深度同覆土深度，然后按规定的行株距，将参苗的芦头朝上 30° ～ 40°，一行行摆开，随摆随盖土、搂平。覆土时，勿移动参苗位置或卷曲须根。覆土深度，应根据参苗的大小和土质情况而定。土质沙性大，阳坡易旱地，覆土要厚些，反之应薄些。一般覆土深度：一年生 5cm，二年生 6cm，三年生 7 ～ 8cm，四年生 9 ～ 10cm。秋栽后，畦面上应用秸秆或干草等覆盖，保湿防寒，厚 10 ～ 15cm。冻害严重的地区，在覆盖物上还要加盖 10 ～ 12cm 防寒土。

4.栽培人参如何开展田间管理？

(1) 松土、除草

4 月上、中旬，芽苞开始向上生长时，及时撤除覆盖物，并耙松表土，搂平畦面。参苗出土后，5 月中、下旬进行第一次松土除草，以提高地温，促进幼苗生长。第二次在 6 月中、下旬。以后每隔 20 天进行一次。全年共进行四五次松土除草。松土除草勿碰伤根部和芽苞，以防缺苗。

(2) 搭设阴棚

人参喜阴怕涝，喜弱光怕曝晒。出苗后应立即搭设阴棚。棚架高低视参龄大小而定。一般一至三年生，前檐高 1.0 ～ 1.1 m，后檐 0.66 ～ 0.7 m；三年生以上，前檐高 1.2 ～ 1.3 m，后檐高 1.0 ～ 1.1 m。每边立柱间距 1.7 ～ 2.0 m，前后相对，上绑搭架杆，以便上帘（用芦苇、谷草、苫房草等编帘宽 1.8 m、厚 3cm、长 4 m以上）。帘上摆架条，用麻绳铁丝等把帘子固定在架上。参床上下两头，也要用帘子挡住，以免边行人参被强光晒死。夏季阳光强烈，高温多雨，是人参最易发病的季节。为防止盛夏参床温度过高和帘子漏雨烂参，要加盖一层帘子，即上双层帘。8 月后，雨水减少，可将帘撤去。

(3) 插花

为防止烈日照射及热雨侵袭而发生病虫害，于 6 月下旬，在前檐帘头或畦边上，按 30cm 距离插一根带叶的树枝，俗称插花。树枝高 45 ～ 60cm，秋后撤除。

(4) 摘蕾

5 月中、下旬，花薹抽出时，对不留种的参株应及时摘除花蕾，使养分集中，从而提高人参的产量和质量。据试验，摘花蕾的比不摘花蕾的参根增产 10% 以上，如果人参 6 年收获，则以四年生和五年生留一次种为好，其他年份一律摘除花蕾。

(5) 土壤水分的管理

一般四年生以下人参因根浅，多喜湿润土壤，而高龄人参对水分要求减少，水分过多时，易烂根。因此，人参出苗后，5 ～ 6 月正是生长发育的重要时期，如果参畦表土干旱应及时灌水，水量以渗到根系土层为度。入夏雨水多时应及时排除。8 月以后雨水渐少，气温逐渐下降，应及时撤掉二层帘，使雨水适当进入畦内，以调节土壤水分。

(6) 越冬前管理

10 月中、下旬植株黄枯时，将地上部分割掉，烧毁或深埋，以便消灭越冬病原。11 月上旬，应将帘子拆下卷起，捆立在后檐架上，以防冬季风雪损坏。下帘时要在畦面上盖防寒土，先在畦面上盖一层秸秆，上面覆土 8 ～ 10 cm 以防寒。第二年春季撤防寒土时，应从秸秆处撤土，以免伤根。

5.人参有哪些病虫害？如何进行防治？

(1) 立枯病

立枯病又名土掐病，此病主要发生在出苗展叶期。1 ～ 3 年生人参发病重，受害参苗在土表下干湿土交界的茎部呈褐色环状缢缩，幼苗折倒死亡。

防治方法：播种前每亩用 50% 浓度配比的多菌灵 3kg 处理土壤；发病初期用浓度配比的 50% 多菌灵 1000 倍液浇灌病区，深 4 ～ 5cm。浇灌后，参叶用清水淋洗；发现病株立即清除烧毁，病穴用 5% 配比的石灰乳等消毒；加强田间管理，保持苗床通风，避免土壤湿度过大。

(2) 斑点病

主要危害叶片，茎和果实成熟时也受害。6 月中旬开始发生，7 ～ 8 月为发病盛期。叶片病斑初为圆形或不规则形的水渍状，后逐渐扩大，黄褐色，有波状轮纹，易破碎。被害茎及花梗出现暗褐色长斑。空气湿度大时，特别是雨季，病害的发生蔓延很快，严重时造成植株早期枯萎死亡。

防治方法：及时上帘、插花防雨，搞好畦面、作业道清洁卫生；病害发生前或发生时用 5% 浓度田安水剂 400 倍液；1 : 1 : 120 配比波尔多液；65% 浓度可湿性代森锌 500 倍液；50% 浓度可湿性退菌特 600 ～ 800 倍液或 50% 可湿性多菌灵 600 倍液等喷雾防治。

(3) 疫病

疫病又名搭拉手巾，7 ～ 8 月雨季时发生。主要侵害叶片、茎和根部亦可受害。四年生以上植株发病尤重。叶上病斑呈水渍状，暗绿色。病情发展很快，植株一旦染病，全株叶片凋萎下垂，似热水烫，故而得名。根部染病，呈黄褐色软腐，根皮易剥离，内部组织呈现黄褐色不规则花纹，有腥臭味，发病后外皮常有白色菌丝，黏着土粒成团。在夏季连续降雨，湿度大时容易发病。

防治方法：保持参畦良好的通风排水条件，及时上帘、插花，防止雨水侵袭；增施 P 肥、K 肥，提高抗病力；发现病株立即拔除烧掉，病穴用 5% 浓度石灰乳消毒；发病前用 1 : 1 : 120 配比波尔多液或 65% 代森锌 500 倍液喷洒；敌克松 500 倍液或“抗 120” 200 倍液 7 ～ 10 天一次，连续喷 2 次或 3 次。

(4) 锈腐病、菌核病、猝倒病、炭疽病等

这几种病害处理方法请读者自行查阅相关资料。

(5) 东北大黑鳃金龟

又名白地蚕。属鞘翅目，金龟甲科。以幼虫为害。咬断参苗或咬食参根，造成断苗或根部空洞，危害严重。白天常可在被害株根际或附近土下 9 ～ 18 cm 找到幼虫。

(6) 小地老虎

又名乌地蚕。属鳞翅目，夜蛾科。以幼虫为害，咬根茎处。白天可在被害株根际或附近表土下潜伏。

防治方法：①施用的粪肥要充分腐熟，最好用高温堆肥；②灯光诱杀成虫，即在田间用黑光灯或马灯，或电灯诱杀，灯下放置盛水的容器，内装适量的水，水中滴少许煤油即可；③用 75% 浓度辛硫磷乳油拌种，为种子量的 0.1%；④田间发生期用 90% 浓度敌百虫 1000 倍液或 75% 浓度辛硫磷乳油 700 倍液浇灌；⑤毒饵诱杀，50% 浓度辛硫磷乳油 50g，拌炒香的麦麸 5kg 加适量水或配成毒饵，在傍晚于田间或畦面诱杀。

6.人参的留种技术有哪些？

人参通常三年生开花结实，但种子小、数量少。在六年栽培中，多在五年生收一次种子。若种子不足，四、五年生连续两年采种也可。采收时间一般在 7 月下旬至 8 月上旬，当人参果实充分成熟呈鲜红色时便可采摘。采收过早种子发育不好；过晚则果实易脱落，影响伏播或催芽。可进行一次或二次采收。要随采随搓洗，淘汰果肉及瘪粒，用清水冲洗干净，待种子稍干、表面无水时便可播种或催芽埋藏。若留干籽，种子阴干含水量达 15% 以下时方可。种子不宜晒干，否则影响发芽率。阴干的种子置于低温、干燥通风良好的地方保管，注意防止高温潮湿，引起种子霉烂，降低种子生活力。

7.人参的采收与加工技术有哪些？

(1) 收参

我国人参产区多数在六年生收获参根。一般于 9 ～ 10 月中旬挖取，早收比晚收好。挖时防止创伤，摘去地上茎，装筐运回，并将人参根按不同品种的加工质量要求挑选分类。做到边起、边选、边加工。

(2) 加工

1）红参。选浆足不软、完整无病斑的参根，刷洗干净，放蒸笼里蒸 2 ～ 3h，先武火后文火，现在大的加工单位已用蒸汽蒸参，数量大，进度快。之后，取出晒干或烘干，干燥过程中要回潮，同时剪掉“门丁”和支根的下段。剪下的“门丁”和支根捆把晒干成为红参须，主根即成红参。

2）糖参。将根软、浆液不足的参根，刷洗干净，头朝下摆入筐中，放沸水中烫 15min，参根变软，内心微硬，取出晒半小时左右。将参根平放于木板上，用排针器向根上扎，扎遍全体，再用针顺参根由下往上扎几针，但不要穿透。扎后参头向外，尾向内，平摆于缸内，不要装得太满，上面放一木帘用石头压住，把糖熬到挑起发亮并有丝不断，趁热倒入装好的缸内。浸 10 ～ 12h 出缸，摆到参盘中晾晒到不发黏时进行第二次排针灌糖，依此法灌第三次，晒干即可。

3）生晒参。生晒参分下须生晒和全须生晒。下须生晒选体短，有病斑的；全须生晒应选体形好而大，须全的参。下须生晒除留主根和大的支根外，其余的全部下掉。全须生晒则不下须，为防止参根晒干后须根折断，可用线绳捆住须根。然后加工。下须后洗净泥土，病疤用竹刀刮净。注意：用硫黄熏的方法已禁用。

(3) 质量要求

红参主根圆柱形，有芦头、无帽，质坚实，无抽皱沟纹，内外呈深红色或黄红色，有光泽，半透明，每千克不超过 160 支，无须根、虫蛀和霉变者为一等品。每千克超过 160 支的为二等品。

生晒参主根圆柱形，有芦头、艼帽，表皮土灰或土褐色，有横纹，皱细且深，质充实，根内呈白色，大小支头不分，无杂质、虫蛀和霉变者佳。

糖参根内外呈黄白色，大小支头不分，无反糖、虫蛀和霉变者佳。

7.4.2 枸杞的栽培技术

1.枸杞的品种有哪些?

目前生产中主栽品种为宁杞 1 号，个别老产区仍有大麻叶品种。

(1) 宁杞1号

宁夏农林科学院枸杞研究所 1987 年培育成功。该品种叶色深绿，老枝叶披针形，新枝叶条状披针形，叶长 4.65 ～ 8.60 cm，叶宽 1.23 ～ 2.80 cm，当年生枝灰白色，多年生枝灰褐色。果实红色，果身有四五条纵棱，果形柱状，顶端有短尖或平截;鲜果千粒重 476 ～ 572 g。

(2) 大麻叶

宁夏枸杞传统品种。该品种叶色深绿、质地厚，老枝叶条状披针形，新枝叶卵状披针形或椭圆状披针形，叶长 6 ~ 9 cm，宽 1.5 ~ 2 cm，叶面微向叶背反卷，当年生枝呈青灰色，多年生枝呈灰褐色或灰白色，果实呈红色，先端具一短尖，果身棒状而略方；鲜果千粒重 450 ~ 510 g。

2.枸杞的繁殖方法有哪些?

目前生产中多采用无性繁殖，可保持优良的遗传性状。

(1) 硬枝扦插育苗（3 月下旬至 4 月上旬进行）

春季树液流动至萌芽前采集树冠中、上部着生的一两年生的徒长枝和中间枝，粗度为 0.5 ～ 0.8cm，截成 15 ～ 18cm 长的插条，上端留好饱满芽，经生根剂处理后按宽窄行距 40cm 和 20cm，株距 10cm 插入苗圃踏实，地上部留 1cm 外露一个饱满芽，上面覆一层细土。

待幼苗长至 15cm 以上时灌第一水。苗高 20cm 以上时，选一健壮枝作主干，将其余萌生的枝条剪除。苗高 40cm 以上时剪顶，促发侧枝。次年出圃。

(2) 绿枝扦插育苗 (5～6月间操作)

1) 苗床准备。苗床施充分腐熟厩肥，深翻 25cm，育苗前，细耙整平，铺 3 ～ 5cm 厚细沙作成宽 1.0 ～ 1.5m，长 4 ～ 10m 的苗床并消毒处理。

2) 扦插方法。选择直径在 0.3 ～ 0.4cm 粗的春发半木质化嫩茎，切取 10cm 长，去除下部 1/2 的叶片，同时保证上部留有两三片叶的嫩茎作为扦插穗，生根剂处理，随切随插。按 3 cm×10cm 的行株距插入土 3 cm，插后立即浇足水分。

3) 苗床管理。扦插后，育苗期间要保持苗床土壤湿润，浇水宜用喷淋。苗高 40 cm 以上时剪顶，促发侧枝。次年出圃。

(3) 分株繁育 (根蘖苗)

在枸杞树冠下，由水平根的不定芽萌发形成植株，待苗高生长至 50 cm 时，剪顶促发侧枝，当年秋季即可起苗。此苗多带有一段母根，呈丁字形。

3.栽培枸杞如何开展田间管理?

(1) 自然半圆树型培养成型标准

株高 1.5m 左右，树冠 1.6m，单株结果枝 200 条左右，年产干果量 1kg 左右。

1) 第一年定干剪顶。栽植的苗木萌芽后，将主干上距根茎 30cm 内的萌芽剪除，30cm 以上选留生长不同方向的侧枝 3 ～ 5 条，间距 3 ～ 5cm 作为骨干枝 (第一冠层)，视苗木主干粗细及侧枝分布于株高 40 ～ 50cm 处定干剪顶。

2) 第二、三年培养基层。在上年选留的主、侧枝上培育结果枝组，5 月下旬至 7 月下旬，每间隔 15 天剪除主干上的萌条，选留和短截主枝上的中间枝促发结果枝，扩大充实树冠。此期株高 1.2 m 左右，冠幅 1.3 m 左右，单株结果枝 100 条左右，稳固的基层树冠已形成。

3) 第四年放顶成形。在树冠中心部位选留 2 条生长直立的中间枝，呈对称状，枝距 10 cm，于 30 cm 处短截后分生侧枝，形成上层树冠。同时对树冠下层的结果枝要逐年剪旧留新充实树冠、树冠骨架稳固，结果层次分明，由此半圆树形形成。

(2) 整形修剪

春季修剪于 4 月下旬至 5 月上旬，主要是抹芽剪干枝。沿树冠由下而上将植株根茎、主干、膛内、冠顶 (需偏冠补正的萌芽、枝条除外) 所萌发和抽生的新芽、嫩枝抹掉或剪除，同时剪除冠层结果枝梢部的风干枝。夏季修剪于 5 月中旬至 7 月上旬，剪除徒长枝，短截中间枝，摘心二次枝。沿树冠自下而上，由里向外，剪除植株根茎、主干、膛内、冠顶处萌发的徒长枝，每 15 天修剪一次，对树冠上层萌发的中间枝，将直立强壮者隔枝剪除或留 20cm 打顶或短截，对树冠中层萌发的斜生或平展生长的中间枝干枝长 25cm 处短截。6 月中旬以后，对短截枝条所萌发的二次枝有斜生者于 20cm 时摘心，促发分枝结秋果。秋季修剪于 9 月下旬至 10 月上旬，剪除植株冠层着生的徒长枝。

(3) 土、肥、水管理

1）土壤耕作。3 月下旬至 4 月上旬，浅耕，行间深浅一致。中耕除草，5 ～ 8 月中旬各一次。翻晒园地，9 月中旬至 10 月上旬，翻晒均匀不漏翻，树冠下作业不伤根茎。

2）施肥。农家肥必须腐熟，且适量地使用化肥。9 月下旬至 10 月中旬施基肥。将饼肥，腐熟的厩肥或枸杞专用肥，沿树冠外缘开沟将定量的肥料施入沟内与土拌匀后封沟，略高于地面。4 月中旬～ 6 月上旬追肥。追施枸杞专用肥，株施纯氮 0.05919 kg、纯磷 0.04002 kg、纯钾 0.0243 kg，沿树冠外缘开沟深施定量的肥料与土拌匀后封沟。5 ～ 7 月叶面喷肥，每月各两次，枸杞专用营养液肥。

3）灌溉。适宜生长的土壤含水量 18% ～ 22%。每年 4 月下旬至 5 月上旬正值枸杞树体大量萌芽，需进行灌溉，亩进水量为 $70m^3$；五六月生育高峰期土壤 0 ～ 30cm 土层含水低于 18% 时及时灌水，亩进水量 $50m^3$；7 ～ 8 月采果期是枸杞需水关键期，一般每 15 天灌水一次，亩进水量 $50m^3$；9 月上旬灌白露水，亩进水量 $60m^3$；11 月上旬灌冬水，亩进水量 $70m^3$，每次灌水不得漫灌、串灌，低洼地不能积水。年灌水量控制在每亩 $350m^3$ 以内。

4.枸杞有哪些病虫害？如何进行防治？

宁夏枸杞因其叶、枝梢鲜嫩，果汁甘甜，常遭受 20 多种病虫害危害，防治工作中优先采用农业防治措施：统一清园，将树冠下部及沟渠路边的枯枝落叶及时清除销毁，早春土壤浅耕、中耕除草、挖坑施肥、灌水封闭和秋季翻晒园地，均能杀灭土层中羽化虫体，降低虫口密度。

5.枸杞的留种、采收与加工技术有哪些？

(1) 留种技术

1）选种。6 ～ 10 月枸杞收获期间，选择 3 ～ 5 年树龄、无病、无虫口、健壮、具本栽培类型特性的枸杞植株作母树。

2）保种。对选定的母树，在春季树液流动至萌芽前，采集树冠中、上部着生的无破皮、无虫害的一年生壮枝。采条直径 0.5 ～ 0.8 cm，上下留好饱满芽，截成 15 ～ 18 cm 长的插条，100 ～ 200 根为一捆，砂藏。

留种母树的数量可按次年计划繁育数量的 10 ：1 的比例安排。

(2) 采收与加工技术

1）鲜果采收。果实膨大后果皮红色、发亮、果蒂松时即可采摘。春果：9 ～ 10 天采一蓬；夏果：5 ～ 6 天采一蓬；秋果：10 ～ 12 天采一蓬最为适宜。

枸杞鲜果为浆果，且皮薄多汁。为防止压破，同时也为了采摘方便，采摘所用的果筐不宜过大，容量以（10±3）kg 为宜。

2）产地加工。枸杞鲜果含水量 78% ~ 82%，必须经过脱水制干后方能成为成品枸杞子。

① 传统的鲜果制干方式多采用日光晒干的方式，将采收后的鲜果均匀地摊在架空的竹帘或芦席上，厚 2 ～ 3cm，进行晾晒，晴朗天气需 5 ～ 6 天，脱水后果实含水量 13%左右。晒枸杞时要注意卫生，烟灰、尘土飞扬的场所，牲畜棚旁等均不宜晒枸杞。

② 现代工艺热风烘干方法。

冷浸。将采收后的鲜果经冷浸液（食用植物油、氢氧化钾、碳酸钾、乙醇、水配制成，起破坏鲜果表面的蜡质层的作用）处理 1 ～ 2min 后均匀摊在果栈上，厚 2 ～ 3cm，送入烘道。

烘干。将热风炉中，烘道内鲜果在 45 ～ 65℃递变的流动热风作用下，经过 55 ～ 60h 的脱水过程，果实含水达到 13% 以下时，即可出道。

脱把（脱果柄）。干燥后的果实，装入布袋中来回轻揉数次，使果柄与果实分离，倒出用风车扬去果柄或采用机械脱果柄即可。

3）分级。脱把后的果实，经人工选果去杂（拣除青果、破皮果、黑色变质果及其他杂质），使用国家标准分级筛手工分级或机械分级。标准如下。特优：280 粒 /50 g；特级：370 粒 /50 g；甲级：580 粒 /50 g；乙级：980 粒 /50 g。

4）质量检测。所生产的枸杞子均需做药效和安全性分析：检测枸杞的主要有效成分含量、农药残留、重金属（As、Cd、Pb、Hg）含量和细菌总数以及 SO_2 符合国家标准《枸杞》（GB/T 18672—2014）的规定，并由质检部门负责出具检测分析报告，使生产的枸杞质量达到“真实、有效、稳定、可控”。

7.4.3 三七的栽培技术

1.三七的品种有哪些?

三七没有品种之分。大面积栽培的三七是一个混杂群体，至今尚未找到三七的野生植株，这为三七的品种选育带来了困难。

在数百年的栽培过程中通过人工不断选择和提纯复壮，已具有了品种的基本特征，具体表现为主根大、毛根多、支根少。由于长期种植三七，大田生产中产生了一些特殊的变异类型，如绿茎（茎秆颜色为翠绿色）、紫茎（茎秆颜色为紫色或浓紫色）、过渡型茎（茎秆颜色介于绿色和紫色之间或绿、紫色相杂）、绿三七（块根断面颜色为绿色）和紫三七（块根断面颜色为紫色）等类型。紫三七表现出积累有效成分皂苷多，无效成分淀粉少的优良特性，是一个理想的育种材料。绿茎三七在田间表现出植株高大，产量高、块根大的优良农艺性状，结合紫三七有效成分含高的特点，三七的品种选育应以绿茎紫块根三七为主要研究对象。

2.栽培三七如何选地、整地？

选地应掌握“坡优于平”的原则，即要有一定坡度的缓坡地，一般坡度为5°～15°。三七对土壤的要求不严格，主要选择富含腐殖质的壤土、夹沙土。土壤 pH 值为 5.5～7.0 的偏酸性土较好。应选择中性偏酸的沙壤土，排灌方便，具有一定坡度（坡度不得大于15°），6年内未种过三七的地块作为三七的种植用地。选定用作种植三七的地块之后，在前作收获后或新开的生荒地均应进行三犁三耙。第一次耕作时间为11月初，以后每隔15天耕作一次，耕作深度为30cm。在播种和移栽前，将畦做好，畦面宽140～160cm，长度根据地形酌定，根据坡度的大小畦高为20～25cm，畦沟上宽30～50cm，下宽20cm左右，三七作畦要求上窄下宽，土壤上实下虚呈板瓦形。

3.如何建造三七阴棚？

1)专用遮阳网阴棚的建造按3.0m×1.8m打点栽叉,铺上大杆(或铁线)固定,铺盖遮阳网,加放压膜线（铁线）于两排大杆中部，每空用铁线以人字状将压膜线拉紧，固定于左右两叉中部,使阴棚呈M形,以利防风和排水。阴棚高度以距地面1.8m左右,距沟底2m左右为宜。园边用地马桩将压膜线拉紧固定，整个遮阳网面应拉紧。

2）传统阴棚的建造按1.7m×（1.7～2.0）m打点栽叉，铺上大杆或用铁线固定，每空放置4根或5根小杆，铺盖顶棚草（或作物秸秆，但最好不要用玉米秆），加两三根压条，调光，固定。应注意阴棚透光度尽量做到均匀一致。

4.三七的繁殖方法有哪些？

（1）采种和储藏

三七种子于10～12月成熟。一般选择3年生植株、生长健壮、粒大饱满的植株作为留种，当果实成熟时，分批采收，连花梗一同摘下，除去花盘和不成熟果实后即可播种，不宜久储，如不能及时播种，可将种子摊放于阴凉处或用湿沙储藏。一层沙一层种子，沙不可过湿或过干。过湿，会促使用种子过早发芽不利于储藏；过干，种子失去发芽能力；一般情况下，水分含量低于60%时，三七种子即丧失生活力。三七种子的含水量要达到饱和时才适宜发芽。最适宜的储藏湿度是，以手上没有水印又感到有水分时为好。经测定，水分含量以20%为宜。

(2) 播种和移栽

要随采随播、及时移栽。种子、种苗存放后，会降低发芽率和出苗率，三七播种或移栽时间一般在12月中下旬至次年1月中下旬。在种子、种苗或移栽播种之前需要对种子、种苗分级栽培，以保证种子、种苗质量。

(3) 播种密度及方法

三七种子的播种密度（即株行距）以（4cm×5cm）～（5cm×5cm），即每亩播种 18 万～20 万粒，种苗种植密度以（10cm×12.5cm）～（10cm×15cm），即每亩移栽种苗 2.6 万～ 3.2 万株为宜。播种或移栽的方法是先用自制打穴器在床面上打出浅穴，再人工点播或移栽。在移栽时应注意，放置种苗要求全园方向一致，以便于管理。坡地、缓坡地由低处向高处放苗，第一排种苗的根部向坡上方，第二排开始根部向坡下方，芽向坡上方，畦面两侧的根部朝内，芽朝外方放置。播后盖上基肥和一层茅草，浇定根水。

(4) 种子包衣

三七种子包衣的方法是按照药、种比例（1：60 ～ 1：40）称量好种子和种衣剂后，先放种子，边搅拌边加入种衣剂直到包衣均匀。包衣好的种子晾两天即可播种，不能存放很长的时间，因为三七的种子寿命较短，在自然状态下仅有 15 天。

5.栽培三七如何开展田间管理？

(1) 浇水与排湿

三七种子从 1 ～ 2 月播种至 3 ～ 4 月出苗展叶期间，正值旱季，若不及时浇水，不但会影响种子和种苗出土，严重时会干枯死亡，以保持在 25% 左右为宜。6 ～ 9 月由于湿度大，是三七黑斑病、根腐病的高发季节，因此雨季防涝排湿也十分重要，特别是地势平坦的三七园。雨季来临前必须挖好防洪沟，调整畦面，做到雨停沟内、畦面无积水。

(2) 调整遮阴棚

遮阴棚透光度对三七生长发育有密切关系，若透光过小，病虫多，结果少，产量低；透光过大，三七易晒死。遮阴棚透光度的调节应根据季节和七龄来决定。早春气温低，透光应大；随着气温的升高，遮阴棚应密闭。一年生三七应透光小，二年生适中，三年生应稀。此外，还应根据地点来调节，山底和有山遮阳处，透光可大；平地和丘陵透光要小。

(3) 除草追肥

除草要根据杂草的生长确定。在除草时，用手握住杂草的根部，轻轻拔除，不要影响三七根系。拔除时若有三七根系裸露，应用细土覆盖。三七播种后用充分腐熟的农家肥每亩 2500kg，或细土将三七种子或种苗覆盖，以见不到种子或种苗为宜。追肥应掌握少量多施的原则，以保证三七正常生长发育的需要。出苗初期在畦面撒施草木灰两三次，每次每亩 25 ～ 50kg，以促进幼苗生长健壮，减少病虫危害；4 ～ 5 月追混合肥一次，每亩 500 ～ 1000kg，促进植株生长旺盛；6 ～ 8 月三七进入开花结果时期，应追混合肥两三次，每次 1000 ～ 1500kg。

(4) 保持七园清洁

保持七园清洁，要做到经常化，切勿忽视。勤除杂草，除了把畦面、畦沟的杂草及时清理干净外，七园周围 1 ～ 2m 宽的范围内也要铲光杂草。清除病株落叶，这在七园清洁中是很重要的工作，尤其是在发病的七园，更应加强，做到及时彻底地清除。这样做实质上是在清理发病中心和初次侵染源，对防治多种病害能起到良好效果。

(5) 防寒保温

若遇气候反常，三七出苗遭受寒流时，刚萌发的幼苗新芽和休眠芽会冻死或冻伤，表现青枯状，严重的造成植株地上部死亡。因此，三七产区在冬季栽种或管理中，要注意气象预报，及时做好防寒保温工作。

(6) 冬季管理

三七收种后半个月（12 月上旬），用锋利的剪刀或镰刀距畦面 1 ～ 2 cm 处小心地将地上茎剪去，并用药剂对畦面全面、彻底消毒处理，以达到预防次年病虫害大发生的目的。七园消毒后应及时追施一次盖芽肥。盖芽肥配比要求：火土 60%，厩肥 40%。达到充分发酵腐熟、细碎，每亩 2500 kg 以上。盖芽肥施用结束后，应及时均匀撒一层保墒草，以利保温、保墒、保芽等。此外，应全面检查遮阴棚木料或铁丝，如发现霉烂或朽断，要及时更换和修理，以免倒毁，并调整遮阴棚透光度，这样有利于次年的三七生长发育。对于使用三七专用遮阳网栽培的七园，到春季由于风大，必须经常检查人字线是否断裂及压膜线是否定位。

6.三七有哪些病虫害？如何防治？

(1) 三七根腐病

三七根腐病是三七块根休眠芽等地下部病害的总称，由多种病菌单独侵染和复合侵染引起的土传性病害。由于引起的病原种类不同，在田间主要表现两种症状类型：地上部植株矮小，叶片发黄脱落，地下部块根呈黄色干腐，称“黄臭”；叶片呈绿色萎蔫披垂，地下发病部位有白色菌浓，闻有臭味，称“绿臭”。其发生和发展在很大程度上取决于环境条件，当温度为 15 ~ 20℃，相对湿度大于 95% 时，就会引起根腐病大发生或流行。

防治方法：发现中心病株，立即拔除并消毒处理；在有一定坡度的地块种植，忌连作；实行轮作，轮歇时间为 6 ~ 8 年；增施 K 肥和有机肥，不偏施 N 肥；用 58% 瑞毒霉锰锌+ 20% 叶枯宁+ 50% 多菌灵按 1 ： 1 ： 1 的比例稀释成 300 ~ 500 倍液灌根防治。

(2) 立枯病和猝倒病

立枯病和猝倒病是苗期的主要病害。播种后种子受侵染后组织腐烂成乳白色浆汁而不能出苗。幼苗被害后，在假茎基部出现黄褐色水渍状条斑，茎表皮组织凹陷，染病部位缢缩，地上部逐渐萎蔫，幼苗折倒枯死。猝倒病发生在三七出苗后，在幼苗假茎基部近地面处受侵染，产生水浸状暗色病斑，受害处收缩变软倒伏死亡，湿度大时，被害处常有灰白色霉状物。一般在 3 ～ 4 月开始发生，4 ～ 5 月危害加重，7 月以后病害逐渐减轻。

防治方法：选择无病、饱满、健壮的种子，并进行种子和土壤消毒处理；三七出苗后，勤检查，发现中心病株应立即拔除，在病株周围撒石灰粉进行消毒。用 50% 浓度腐霉利可湿性粉剂 1000 ～ 1200 倍液或 58% 浓度甲霜灵可湿性粉剂 600 ～ 800 倍液每隔 7 ～ 10 天进行防治，连续使用两三次。

(3) 三七黑斑病

三七患黑斑病时茎、叶柄、花轴等初期呈现椭圆形褐色病斑，病斑扩展凹陷呈黑色霉状子实体，俗称扭脖子、扭盘等。叶片受害产生近圆形或不规则水浸状褐色病斑。干燥的病斑易破裂；潮湿病斑扩展较快，叶片脱落。果实和种子被害产生褐色水浸状病斑，果皮逐渐干缩，受害种子表面初期呈米黄色，逐渐变锈褐色。在温度为 18℃～ 25℃、相对湿度 70% 以上的条件有利于病菌分生孢子的萌发。防治方法：选用和培育健壮无病的种子、种苗;加强田间管理，增施 K 肥，不偏施N肥，提高植株抗病性;调整阴棚透光度至 10% 左右;适时施药防治，用 50% 浓度腐霉利 1 000 倍液，40% 浓度菌核净 400 倍液，40% 浓度大生 500 倍液交替使用。

7.三七的采收与加工技术有哪些?

(1) 采收

随着栽培年龄增长,三七产量亦递增,至第 3 年增长最快,三七种植 3 年后,有效成分(皂苷和多糖）积累和干物质积累在 10 ～ 11 月达到最高，种植 4 年后增长速度明显变缓，有效成分的积累也变慢，病虫害严重，成本增加。因此，三七收获的年龄以 3 年生三七最为适宜，收获分两次进行，第一次是在 10 月，由于没有留种，块根养分丰富，产量高，主根折干率一般为 1 ∶ 4 ～ 1 ∶ 3，加工后的三七饱满，表皮光滑。此次采挖的三七称“春三七”。第二次是在 12 月至次年 1 月，由于要留种，养分主要供给花和种子，养分消耗大，产量低，主根折干率一般为 1 ∶ 5 ～ 1 ∶ 4，加工后的三七皱纹多，质轻，内部空泡多。一般将留种后采挖的三七称冬三七。

(2) 加工

采挖回来的三七根部主要包括三七主根 (头子)、根茎 (剪口)、支根 (筋条)、须根等，必须经过清洗和修剪处理后方可进行干燥。其加工工艺：三七根部→分选→清洗→修剪→干燥→分级→商品三七。三七采挖运回加工处，首先将病七、受损三七、茎叶、铺畦草及杂质和泥土等拣出，然后用不锈钢剪刀剪去直径在 5mm 以下的须根放在 1.0m×1.0m 规格的箩筐内，浸在水里淘洗或把三七放在加工平台上，用高压水枪边冲边翻动，直至将三七上黏附的泥沙等杂物全部冲掉为止。清洗三七的用水，水质一定要无污染，尽量采用自来水或山泉水等生活用水。将修剪处理后的三七放在阳光下晾晒或在 40 ～ 60℃条件下烘烤干燥至含水量为40% ~ 50%，然后进行第二次修剪，用不锈钢剪刀在离三七主根表皮高约1mm处将支根、根茎剪下。然后进行搓揉后，再次干燥，将三七主根、支根、根茎放在阳光下晾晒或在40 ~ 50℃烘烤干燥至含水量为13%以下。干燥方法可采用日晒和机器烘烤等方法，干燥后的三七应分级包装和保存。

8.三七的储藏与运输技术有哪些？

(1) 储藏

三七质地坚硬，较易储藏。三七成品一般于阴凉干燥处储藏。加工好的产品应有专门的仓库进行储藏，仓库应具备通风除湿设备，货架与墙壁的距离不得少于1m，离地面距离不得少于20cm，水分超过13%不得入库。入库产品应有专人管理，每15天检查1次，注意防霉防虫蛀，必要时应定期翻晒。

(2) 运输

不得与农药、化肥等其他有毒有害物质混装。运载容器应具有较好的通气性，以保持干燥，遇阴雨天气应严密防雨防潮。

7.5 生物制药技术

近20年，以基因工程、细胞工程、酶工程为代表的现代生物技术迅猛发展，人类基因组计划等重大技术相继取得突破，现代生物技术在医学治疗方面广泛应用，生物医药产业化进程明显加快，21世纪世界医药生物技术的产业化正逐步进入投资收获期。

医药行业研究员郭凡礼指出，在我国生物制药行业同样面临良好发展环境。首先，政策对行业发展形成有力支撑。医药行业本身是一个易受政策影响的行业，积极的政策环境能够加速行业的发展，我国各级政府对生物制药行业发展的扶持力度逐渐加大。其次，医疗卫生水平提高有利于生物制药行业发展。随着我国经济的发展以及医疗卫生水平的提高，越来越多的人有能力支付价格相对较高的药品。

截至目前，我国已经把生物制药作为高新技术的支柱产业和经济发展的重点建设行业来发展，在一些经济发达或者科技发达的地区，一批国家级的生物制药产业基地纷纷建立。在上海、北京、江苏、辽宁、湖北、湖南等地一批批生物制药技术骨干企业已经迅速崛起，在此政策的影响下，未来我国具有自主知识产权的生物制药研发将取得显著的成果，一部分产品会进入国际市场，与国际生物制药企业的差距将进一步减小。

总体而言，中国生物医药产业发展前景看好，未来10年内将保持平稳增长的良好发展势头。另外，中国生物医药产业的快速发展还受国内外多种因素的助推，如政府的支持、国内外风险投资的增长、大量跨国生物制药公司进入中国，这些都为中国生物制药产业的发展提供了强大动力。“十三五”期间，我国将通过发展资源节约、环境友好的生物制药，完成医药行业的产业升级和占领生物制药制高点。

1.生物制药的原料有哪些?

生物制物原料以天然的生物材料为主，包括微生物、人体、动物、植物、海洋生物等。随着生物技术的发展，有目的人工制得的生物原料成为当前生物制药原料的主要来源。如用免疫法制得的动物原料、改变基因结构制得的微生物或其他细胞原料等。生物药物的特点是药理活性高、毒副作用小，营养价值高。生物药物主要有蛋白质、核酸、糖类、脂类等。这些物质的组成单元为氨基酸、核苷酸、单糖、脂肪酸等，对人体不仅无害还是重要的营养物质。

2.生物制药的技术发展现状如何?

生物药物的阵营很庞大，发展也很快。全世界的医药品已有一半是生物合成的，特别是合成分子结构复杂的药物时，它不仅比化学合成法简便，而且有更高的经济效益。

半个世纪以来开发研制的各种生物制药分析系统和微生物转化在药物研制中一系列突破性的应用给医药工业创造了巨大的医疗价值和经济效益。微生物制药工业生产的特点是利用某种微生物以“纯种状态”，也就是不仅“种子”要优而且只能是一种，如其他菌种进来即为杂菌。对固定产品来说，一定按工艺有它最合适的“饭”——培养基，来供它生长。培养基的成分不能随意更改，一个菌种在同样的发酵培养基中，因为只少了或多了某个成分，发酵的成品就完全不同。如金色链霉菌在含氯的培养基中可形成金霉素，而在没有氯化物或在培养基中加入抑制生成氯化的物质，就产生四环素。药物生产菌投入发酵罐生产，必须经过种子的扩大制备。从保存的菌种斜面移接到摇瓶培养，长好的摇瓶种子接入培养量大的种子罐中，生长好后可接入发酵罐中培养。不同的发酵规模亦有不同的发酵罐，如10 t、30 t、50 t、100 t，甚至更大的罐。这如同做饭时用的大小不同的锅。

想要了解更多关于生物制药技术的知识，请参考《生物制药技术》(化学工业出版社2004年出版）一书。《生物制药技术》是一本全面介绍生物制药技术的图书。本书以当代生物制药技术的研究和进展开篇，包括基因组技术、高通量药物筛选技术、手性合成、组合生物合成、生物芯片等高新技术；之后按照生物制药的方法分为微生物制药、新型发酵技术制药、生物转化、转基因制药、抗体工程制药、细胞培养、海洋生物制药等章进行药物生产的详细介绍；最后对分离纯化和分子育种两项生产关键技术集中阐述。

7.6 药用植物栽培案例：熊胆真地不可替代吗？

有人夸大地称有 50 多种中草药可替代熊胆，那只是从同样有清热解毒的功效上讲。科学研究已证实，熊胆粉中的牛磺熊去氧胆酸是其他任何动植物成分都替代不了的。①

据媒体报道，这是某熊胆产品生产商在自己网站上发布的内容，这些内容实际上是在为其进行活熊取胆，并生产相关产品进行辩护。不过，无论是从现代医学的角度还是从中国传统医学的角度，这样的言论都是站不住脚的。

从现代医学的角度来看，熊胆的主要成分是熊去氧胆酸，它可以通过工业合成得到。合成这种药物并不困难，成本也不算太高。虽然其专利药品的价格较高，但仿制药还是足够便宜的，国内企业生产的熊去氧胆酸片一瓶的价格还不到 10 元。

熊去氧胆酸受到认可的作用主要是溶解胆结石，这大约也就与传统医学所说的“利胆”有关。它可以抑制胆固醇在肠道内的重吸收，并降低胆固醇向胆汁中的分泌，从而降低胆汁中胆固醇的饱和度。而胆结石中很大一部分都是由于胆固醇在胆汁中过饱和析出而形成的，反过来，胆汁中的胆固醇浓度降低后，析出的胆固醇还能重新溶解，这也就是熊去氧胆酸溶解结石的原理。对于不愿或不能做手术的胆结石病人，熊去氧胆酸是一个可行的选择。

除此以外，熊去氧胆酸对改善肝脏功能也有一定程度的作用，因此也被用来治疗各种各样的肝胆疾病，例如原发性胆汁性肝硬化、原发性硬化性胆管炎、脂肪肝和病毒性肝炎。虽然有临床研究显示出一些指标的改善，但目前还没有充分的证据证明它的益处究竟有多大。

就上述用途而言，合成的熊去氧胆酸完全可以替代熊胆，而且比熊胆更有优势。原因很简单，熊胆是成分复杂的混合物，不止含有胆汁酸、胆色素等主要成分，也含有熊经肝脏代谢排出的废物，其中可能会含有有害物质。不止如此，受多种因素的影响，熊胆中有效成分的含量也会上下波动，同样量的熊胆，不能保证含有同样多的有效成分，因此疗效也不确定。相比之下，合成品不仅杂质少，有效成分含量确定，而且也更便宜易得。

在众多关于熊胆的药理学研究中，还会提到熊胆许多其他的作用，比如解热、抗炎、抗惊厥、镇咳、增加心肌收缩力等。这些作用或许来自熊胆中熊去氧胆酸以外的物质，可能是合成制剂所不具备的。但值得注意的是，动物试验显示出的药理活性并不能和临床实际疗效画等号，这些试验结果不一定可靠，即使可靠，这些作用是否强到足以成为“药效”也是未知数。而且，要达到这些效果，也不是非用熊胆不可。比如解热，有效而且比较安全的退热药已经有很多种，价格也不贵，根本不需要用到熊胆。

---

① 详见果壳网，www.guokr.com,2011-2-21.

至于流言中提到的牛磺熊去氧胆酸，也不是什么神奇的物质。它其实是熊去氧胆酸与牛磺酸分子结合形成的代谢产物。牛磺酸本身是一种非常普遍地存在于多种生物体内的氨基酸。这种代谢反应并非熊所特有，人在服用熊去氧胆酸后经肝脏代谢也会产生同样的物质。因此，服用牛磺熊去氧胆酸与服用熊去氧胆酸并无差别。更何况牛磺熊去氧胆酸也完全可以在合成熊去氧胆酸的基础上进一步加工获得。

从传统医学角度来看，熊胆完全可以被替代。熊胆曾经是一种较为少见的动物性药材。"物以稀为贵"，它被一些谋利者宣称出许多"神奇"的效果，并声称它的作用是无可取代的。事实上，熊胆只是一味普通的中药。在中国传统医学的实际操作中，它能被许多中草药和合成药物所替代。正如全国老中医药专家学术经验继承指导老师、中国药膳研究常务学术部部长刘正才此前接受《新京报•新知周刊》采访时所说，现有的甚至是寻常的中草药材就可以替代熊胆的功效。比如，清热解毒，野菊花、金银花的功效反而比熊胆好；而熊胆清肝明目的功效，也逊色于龙胆草、栀子。

还有一些学者进行过中草药替代熊胆的正式研究。香港大学中医药学院就曾致力于寻找熊胆的中草药替代品。他们选择了黄连，并对其功效进行了一些临床观察和实验室验证，初步证明其替代熊胆是可行的。此外，也有关于黄芩可替代熊胆抗炎作用的研究。还有一些研究将中药中的熊胆替换成猪胆、兔胆或是合成熊去氧胆酸，通过动物试验验证的药理活性往往差别不大。在一项用合成品替代熊胆的研究中，含有合成品的药物甚至退热效果稍好于含有熊胆的药物。

更重要的是，中国传统医药界一般认为，良好的配伍远胜吹嘘单味药物的神奇功能。与商家的宣传相反，熊胆在中医药中的使用并不广泛。在接受《新京报》采访时，刘正才也强调，在中医的《黄帝内经》《伤寒论》等四大中医经典中，没有一个药方提到了熊胆，"这就表明，熊胆可用可不用"。

综上所述，从现代医学的角度来说，熊胆的主要有效成分是熊去氧胆酸，该成分可以通过合成获得。与天然品相比，合成品纯度更高，具有明显优势。即使从传统医学的角度而言，其清热解毒、清肝明目等效用，更可以其他草药来替代。

第8章 林产品加工及综合利用技术

第 8 章　林产品加工及综合利用技术

8.1 木材加工技术

木材是一种硬度低、密度小、多孔性的植物纤维材料，具有良好的加工性能。对它可以进行任何形式的机械加工、功能性化学加工和表面装饰，在彼此之间及与其他材料之间进行良好的多种连接等。

1）机械加工。所有的木材都可以用手工工具或机床加工，一般来说，对其机械加工是容易的。

2）连接性能。木质材料在加工、使用过程中需要进行各种连接，各类木质材料之间以及木质材料与其他材料之间的连接有胶结合、榫结合和钉结合 3 种主要形式。

3）化学加工。化学处理是利用木质材料的孔隙性，用各种药剂（如防腐剂、阻燃剂、防虫剂等）浸注到材料内部，使之具有某些特殊性功能，从而扩大材料的使用范围，提高材料的使用寿命。木材适用于进行防腐处理、防虫处理、阻燃处理、尺寸稳定化处理等各种化学加工。

更多木材加工技术内容可参考中国木业信息网实用木业技术（http://www.wood168.net//tech_none.htm）及李坚主编的《木材保护学（第二版）》。

8.1.1 木材防腐处理

1.木材怎样防腐?

木材一个严重缺陷就是腐朽。木材处于腐蚀条件下，3 ～ 5 年就可以被破坏。但处理好也可以在很长时间内不腐朽，如中国古代遗留下来之千年以上木结构建筑就是证明。引起木材腐朽的原因是受木腐菌（一种最低级植物）的侵害。

木腐菌繁殖需要以下条件 :① 水分，木腐菌分泌酵素以水为媒介，把木质本身分解为糖作营养，木材含水率在 30% ～ 50% 时最易腐朽 ;② 有空气 ;③ 适宜的温度 10 ～ 30℃。例如，完全泡在水中木桩，含水率超过 100%，故极易腐朽，使木材变性，失去其物理特性。

木材最主要的防腐办法便是降低含水率，一般含水率 18% 以下木腐菌便无法繁殖。同时，要使木材放置在通风场所，避免受潮，若通风不好，空气相同湿度保持在 80% ～

100%，木腐菌即可生长。对于直接受潮木制品要用防腐剂涂制或浸泡，防腐剂有毒性，使木腐菌不能繁殖生存。最常用防腐剂有煤焦油（俗称臭油，炼焦之副产品），或 3% 的氟化钠水溶液。

2.什么是木材防腐剂？

木材防腐剂是一种化学药剂，在采用某种办法将它注入木材中后，可以增强木材抵抗菌腐、虫害、海生钻孔动物侵蚀等的作用。

木材防腐剂的分类有以下多种方法。

1）按防腐剂载体的性质可分为水载型（水溶性）防腐剂、有机溶剂（油载型 、油溶性）防腐剂、油类防腐剂。该分类方法最常用，其对木材防腐剂的分类如图 8.1 所示。

2）按防腐剂的组成可分为单一物质防腐剂与复合防腐剂，如防腐油属前者，而混合油属于后者，氟化钠属于前者，铜铬砷（CCA）属于后者。

3）按防腐剂的形态可分为固体防腐剂、液体防腐剂与气体防腐剂。

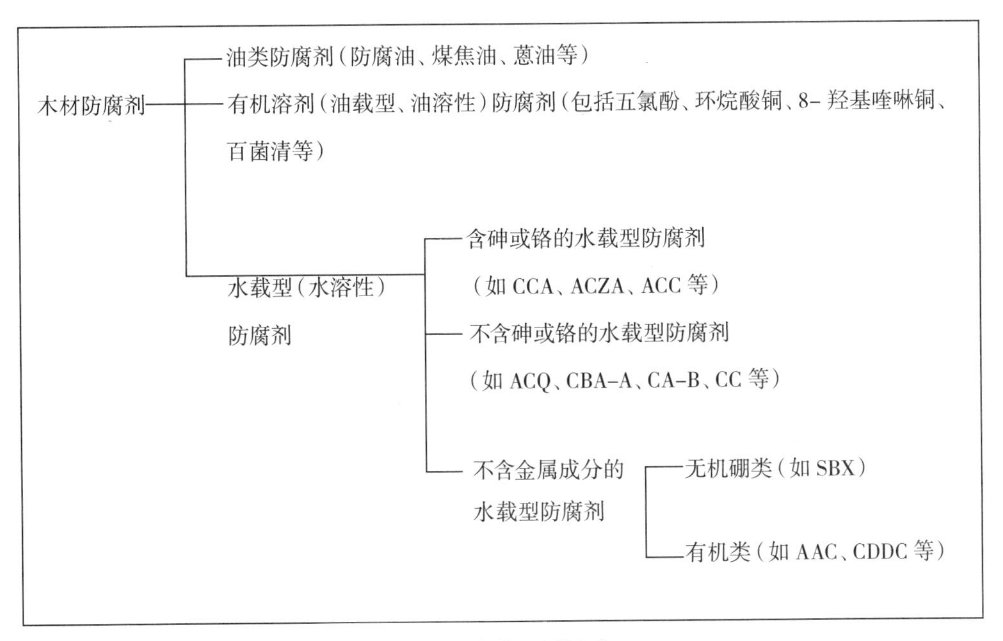

图 8.1　木材防腐剂分类

3.木材防腐剂的基本要求有哪些?

一种好的木材防腐剂应当具备以下一些基本条件。

1）毒效大。木材防腐剂的效力主要是由其对有害生物的毒性决定的，就是说这种防腐剂必须对危害木材的各种昆虫、细菌或海洋钻孔类动物是有毒的，毒性越大，其防腐的效果就越强。

2）持久性与稳定性好。木材防腐剂应具有较为稳定的化学性质，它在注入木材后，在相当长的一段时间里，不易挥发，不易流失，持久地保持应有的毒性。

3）渗透性强。木材防腐剂必须是容易浸透入木材内部，并且有一定的透入深度。

4）安全性高。木材防腐剂对危害木材的各种菌虫要有较高的毒性，但同时它应当对人畜是低毒或无毒的，对环境不会造成污染或破坏。随着人类对环境与可持续发展的关心，一些曾经广泛使用但被证明会造成环境污染的防腐剂逐步为人们所淘汰，如汞、铅、砷类防腐剂。

5）腐蚀性低。由于在防腐处理过程中要使用各种金属容器作为设备，因此防腐剂对金属的腐蚀性是一个必须引起重视的问题。在各种防腐剂中有的是偏酸性，有的是偏碱性。酸性防腐剂对钢、铁具有较强的腐蚀性，碱性防腐剂对铝、铜等有色金属具有腐蚀性。因此防腐剂对各种金属的腐蚀性要小，偏于中性的比较理想。

6）对木材材性损害小。木材具有适当的力学强度，有良好的纹理和悦人的色泽。经防腐处理后，对木材的材性多少会造成一定的影响，但是以不影响其使用为度。如水载型防腐剂应当不影响木材的油漆性能，对木材的胀缩性影响小，建筑结构材不会影响其强度。

7）价格低、货源广。为了促进木材防腐工业的发展，木材防腐剂必须有充足的货源，而且原材料价格低，具有竞争力。

完全符合上述各项条件，十全十美的木材防腐剂是很难做到的，人们只能根据木材的使用环境及使用要求，选择综合性能较好的防腐剂。

4.木材防腐的处理工艺有哪些？

(1) 加压处理

1)满细胞法。该法也称完全浸注法、全吸收法，由英国工程师John Bethell于1838年发明，至今已有170余年的使用历史。尽管处理设备和工艺有了很大的改进，尤其是自动化程度有了极大提高，但是工作原理无变化。其工艺过程如下：木材→入罐→前真空→注药→加压→卸压、排液→后真空→出罐→养护（木材干燥，防腐剂固着）。主要工艺说明如下。

① 前真空。将木材置于密闭的罐内，施加真空，令罐内的绝对压力值为65 ~ 80 kPa，时间持续15 ~ 60 min（一般30 min以上）。其目的是抽出木材内的空气，减小液体浸注的阻力，同时减轻卸压时防腐剂液体的反弹。

② 注药液并加压。在保持前真空的前提下，向罐内注入防腐剂药液，待药液达到一定的液位高度后，立即加压（气压和液压均可），直到一定的压力值（罐内压力与大气的压力差，其数值为压力表的读数，一般为0.8 ～ 1.5 MPa），保持压力，并持续到规定时间或木材达

到规定的吸收量或拒受点为止。在卸压的同时，排泄罐内残剩的药液。

③后真空。排尽罐内残剩的药液后，尽快施加一定程度的真空，令罐内的绝对压力值为 80 kPa 以下，使木材细胞内多余的药液排泄。保持真空，并持续 10 ～ 30 min。

④卸真空。通大气，排泄罐内残剩的药液。然后卸出木材。

该法适宜于油类药剂和水载型药剂处理野外露天用木材，药液吸收量可达 200 ～ 400 kg/m^3。有时，为了提高药液吸收量和药液透入深度及其均匀度，在前真空前可对木材喷蒸预热；有时为了避免处理材排液不尽（油类药剂），材面浮液过多，可在后真空前施加热浴（或喷蒸），提高药液温度，尽可能使木材细胞内多余的药液排泄，然后施加后真空。

顾名思义，此法使防腐剂或防腐液充满木材细胞，木材中的防腐剂含量达到最大。因此，一般适用于水载性防腐液（常温）处理气干后的木材。当用防腐油处理海港用材时，也可采用此法，并将防腐油加热至 65 ～ 100℃，以便降低黏度和提高渗透性。

该法特点是生产效率高，防腐剂含量高和透入度大，应用广泛。

2）空细胞法。该法也称定量法和吕宾法，由德国工程师 Max Rüeping 于 1902 年发明，至今已有 100 余年的使用历史。其工艺过程如下：木材→入罐→前空压→注入药液→加压→卸压→后真空→出罐→养护（木材干燥，防腐剂固着）。主要工艺说明如下。

①前期较低的空压。将木材置于密闭的罐内，施加一定程度的气压，令罐内的压力高出大气 0.2 ～ 0.6 MPa（视药剂类型、所需药剂保持量及其透入度和处理树种而定，易浸注树种可稍高，难浸注树种可稍低），气压持续 10 ～ 60min，其目的是使木材细胞内的空气压缩到一定程度，以便在药液排泄时能将木材细胞腔内的残余液体反弹出去。

②注入药液。在保持前期低的空压的前提下，向罐内注入药液。注入方式有两种：第一种是有机动罐的前提下，机动罐在处理罐的上方，利用药液的落差药液自动流入处理罐，并将处理罐内的空气排向机动罐；第二种是借助于液压泵，在维持原有的前空压的前提下，将药液泵入处理罐内。

③加压。向处理罐内施加压力（气压和液压均可），直到一定的压力值（一般为 0.8 ～ 1.4 MPa），保持压力，并持续到规定时间或木材达到规定的吸收量或拒受点为止。压力的大小和持续时间视处理木材树种、规格和用途等而定。一般来说，易浸注树种压力为 0.8 ～ 1.0MPa，持续 2 ～ 4h；难浸注树种压力为 1.0 ～ 1.4MPa，持续 4 ～ 6h，个别为 7 ～ 8h。

④卸压。保持压力，并持续一定的时间后，释放罐内压力。当木材细胞内的压力高于大气时，木材细胞腔内的空气膨胀，将细胞腔内的残余液体反弹出去。反弹的程度与压力差（细胞腔内的气压与大气压之差）成比例。有时为加大反弹量可热浴或喷蒸处理，升高药液的温度，以便防止处理木材的“溢油”。

⑤后真空。为了尽可能将木材细胞腔内残剩的药液排除，需要尽快施加一定程度的真

空，令罐内的绝对压力值为 80 kPa 以下，并持续 30 ～ 60min。

⑥ 卸真空。通大气，排泄罐内残剩的药液。

该法施加前空压，卸压后有反冲，将木材细胞内过量的防腐剂反弹出来，可节约药剂，即以最小的防腐剂吸收量，达到最大的防腐剂透入度。与满细胞法相比，防腐剂使用量较低，降低成本；或者说，在防腐剂吸收量相同的前提下，防腐剂透入度高于满细胞法。

3）半空细胞法。该法也称半定量浸注法或劳莱空细胞法，由美国科学家 Cuthbert B.Lowry 于 1906 年发明的，当时使用较少。但是，到第二次世界大战期间，因该法无须空气压缩机和吕宾机动罐，使木材防腐厂可以用相同的设备进行满细胞法和半空细胞法处理，所以得到较多的应用。其工艺过程基本上同空细胞法。

该法特点是在注入药液前既不施加真空也不施加压力，而是在大气压力下，向处理罐内注入药液，再施加压力，木材内的空气受到压缩，当卸压时，木材内受压缩的空气将细胞腔内残余药液反弹出去（其数量相当于定量浸注法的 40% ~ 50%），一定程度上能避免木材“溢油”现象。但与满细胞法相比，木材内空气受压缩的程度较小，残余药液反弹量也较小。半空细胞法适用于防腐油和有机溶剂防腐剂处理处理枕木、电杆和室外用材等。

(2) 常压处理法

1）浸泡法。在常温常压下，将木材浸泡在盛防腐剂溶液的槽或池中，木材始终处于液面以下部位。浸泡时间视树种、木材规格、含水率和药剂类型而定，具体以达到规定的药剂保持量和透入度为准。为了改善处理效果，在浸泡液中可设置超声波、加热装置，以及添加表面活性剂，改进木材的渗透性。

视浸泡时间的长短，浸泡法可分瞬间浸渍（时间数秒至数分钟）、短期浸泡（时间数分钟至数小时）和长期浸泡（时间数小时至1个月），适用于单板和补救性防腐处理及临时性的木材保管用的处理。

2）扩散法。根据分子扩散原理，借助于木材中的水分作为药剂扩散的载体，药剂由高浓度向低浓度扩散，从而药剂被扩散到木材的深层。因此，扩散法防腐处理木材须具备如下条件：木材含水率足够高，通常为 35% 以上，生材最好；水载性药剂（扩散型），溶解度高，且固化慢；环境温度和湿度较高。

按作业过程，扩散法可分浆膏扩散法、浸渍或喷淋扩散法、绑带扩散法、钻孔扩散法（或点滴扩散法）和双剂扩散法。扩散法处理设备投资少，生产工艺简单，易在广大的农村应用和推广。与此法类似的还有树液置换法。

3）热冷槽法。利用热胀冷缩的原理，使木材内的气体热胀冷缩，产生压力差，以便克服液体的渗透阻力，即将木材在热的液体中加热，令木材中的空气膨胀，部分水分也蒸发，木材内部压力高于大气压，空气和水蒸气向外部溢出，此时，迅速将木材置于较冷的液体中，木材骤冷，木材内的空气因收缩产生负压，冷的液体渗入木材内。按处理方法及冷槽的配置，可分双槽交替法、单槽热冷液交替法和单槽置冷法。由于处理效率较低（与加压法比），单位产品的能耗大，适用于小批量的木材防腐处理。

4）熏蒸法。对于已经遭虫害，且蛀孔较深，数量较多时，用一般的喷雾或表面涂刷很难奏效，则可以选择熏蒸法处理。熏蒸法多在储木场内的露天堆垛进行，先用塑料薄膜或防水布覆盖，四周密闭严实，下面用土夯实，薄膜开缝处用胶布封住，然后用盛有熏蒸剂的钢瓶用软管通入材垛的内部，按照用量缓慢放入药剂，熏蒸期间要注意密封，划出隔离范围，熏蒸结束后揭开覆盖物，通风排毒。

8.1.2 木材防变色

1.木材光变色应如何防治?

若木材的材面已经产生了光变色，可采用砂光或刨切的方法除去变色层。如果变色层很浅，可采用漂白的方法除去材面的发色化合物，如使用过氧化氢、亚氯酸钠等。对未产生光变色的木材可采用如下方法处理。

1）物理方法。在物理方法中用得最多的是采用色漆或清漆覆盖木材表面。由于油漆可选择的颜色范围广泛，涂刷方便，效果良好，所以长期以来人们广泛使用这一方法，用于家具和装饰等。但是漆料透明性差，不能展现完美的木材天然纹理与颜色。虽然采用清漆可弥补这一缺陷，但是清漆对水敏感性强，漆膜脆，易脱落，使用寿命短。无论色漆或清漆均不具防腐效能。

2）化学方法 :① 紫外线吸收剂 ;② 改变木材组分的官能团，破坏参与变色的物质结构 ;③ 木材的染色。

2.木材的化学试剂变色应该如何防治?

1）铁变色。铁污染多产生于刨切或旋切单板的表面及其与热压机接触的部位。对于较小的变色面积，可用刨切或沙磨的方法去除；对于大面积变色，可按以下步骤处理 :① 先涂刷一遍 4% 的草酸水溶液，然后再涂刷磷酸二氢钠水溶液，涂覆量约为 10 g/m^2（污染部位多涂）;② 用 50%的次磷酸 20g、50%的次磷酸钠 2g、50%的亚硫酸氢钠 0.1g，共溶于 90 mL 的水中，涂刷于木材表面 ;③ 用 2%～ 5%的草酸水溶液，涂于木材表面，干后用水冲洗 ;④ 用 2%～ 5%的过氧化氢水溶液，涂于木材表面 ;⑤ 用 2.5%的次磷酸水溶液（pH = 3），涂于木材表面，干后用水冲洗;⑥ 在 3%的草酸水溶液中，加入 0.5%的乙二胺四乙酸，涂于木材表面，可防止铁污染。

2）酸变色。对于用酸处理去除铁污染的木材，应充分水洗或添加磷酸氢二钠，防止酸变色。对于表层变色可用刨切或砂磨的方法去除，化学消除的方法如下：①在 2%～10%的过氧化氢水溶液中，加入氨水，调出 pH 为 7.0～8.0，涂于污染表面；②将 0.2%～2%的亚氯酸钠水溶液，调至弱碱性，涂于污染表面；③将 0.1%～1%的硼氢酸钠水溶液，调至弱碱性，涂于污染表面。

3）碱变色。碱变色常出现在酚醛树脂胶合板的表面，经常与水泥接触的木材表面以及强碱性漂白剂处理后的木材表面等。初期的碱污染可用草酸水溶液去除，浓度应视污染的程度而定。如果污染时间较长。则改用浓度为 2%～10%的过氧化氢处理。

8.1.3 木材漂白

1.木材漂白的意义是什么?

木材漂白，即木材脱色，具有消除浓淡色差、除去各种污染、使材色变淡、防止变色和改变不良材色的作用，是能在保持木材本身质感的前提下，用化学药剂对木材进行处理，使木材色调均匀的加工工程。在利用普通木材仿制天然珍贵树种木材的染色处理之前，也应先进行漂白处理，使材色变浅且均匀一致，最终使得良好的染色效果。由此可见，木材的漂白处理是木材加工过程中十分重要的一环，可以提高木材使用价值，满足人们对木材优雅色调的要求。

2.木材漂白时如何选择漂白剂?

理想的漂白效果是在除去有色物质的同时，尽量不损伤材面。在呈色物质能用溶剂抽提时，最好用溶剂抽提的方法；不能用溶剂抽提时，可采用分解呈色物质的方法；在分解有困难时，则应采取对呈色物质改性的方法。分解和改性的方法有氧化法、还原法、甲基化法、乙酰化法等，无论采用哪种方法，原则上都是用尽可能少的药剂，取得尽可能好的漂白效果，也就是最大限度地发挥漂白剂的作用，降耗增益。

木材是一种天然材料，材色在株内、株外都存在着变异性，在选择漂白药剂时，不仅要考虑材面色泽及脱色的难易程度，还要考虑漂白处理工艺的简单易行，药品价格及用量应尽可能地低，药品对人体是否有伤害、对环境是否有污染等因素。

3.常见的漂白方法有哪些?

漂白的方法很多。常用的漂白剂有双氧水（30%浓度）与氨水（25%浓度）的混合液（双氧水∶水∶氨水 = 1∶1∶0.2）或氢氧化钠溶液（500 g 水中溶解 250 g 氢氧化钠）或双氧水等。

用双氧水与氨水的混合液漂白时，如果漂白单板，则可将单板全泡在混合液中浸漂；如果在整个表面上进行漂白，则可将溶液涂在木材表面上，待表面达到漂白要求时，再用清洁的湿抹布将表面擦干净；如果是局部漂白，为提高漂白效果，可用一小团清洁的棉纱浸漂白液后压在要漂白的部位，在达到漂白要求之前应始终保持棉纱团上有漂白剂。

用氢氧化钠溶液漂白时，将该液涂在木材表面，经半小时后，再涂上双氧水。处理完后用水擦洗木材表面，并用弱酸（如 1.2%的醋酸或草酸）溶液中和氢氧化钠，再用水擦洗干净。以上两种方法对水曲柳、栎木等效果都较好，漂白后的表面多年不变色。

4.单板漂白的工艺流程是什么?

1）漂白配方：H_2O_2（浓度 5%）；助剂。

2）工艺流程。将泡桐单板中间用不锈钢网分隔。放入漂白处理灌中，压实，倒入按配方调好的药液。关闭处理罐，浸泡 5 min，然后 30 min 内加热至 70℃，恒温保持 2 h。漂白过程中保持药液流动。排放残液，水洗一遍，取出、晾干。

5.实木漂白的工艺流程是什么?

1）配方：H_2O_2（浓度 27.5%）；助剂。

2）漂白工艺。① 按 1∶1 的比例在塑料、陶瓷或不锈钢容器中将 A、B 两组溶液混合，即可使用。② 一般情况下刷涂一遍。若有必要可在 40 分种后涂刷第二遍。③ 在 25℃以上条件下，自然干燥 24 h 方可上色或油漆。若因油漆缘故使漆膜发黄，请立即与有关技术人员联系。④ 可采用刷涂、辊涂或浸渍 3 种方式，既可手工操作，也可用涂胶机涂施。

8.1.4 木材染色

1.木材染色的意义是什么?

木材染色是采用物理或化学方法调节材色深浅、改变木材颜色以及防止木材变色的加工技术。木材染色处理可以改善木材的视觉特性和装饰性能，提高木材利用价值，经染色加工的木材和单板可以用于建筑、室内装修与家居生产，同时也是人造装饰薄木、工艺品及体育器材的原料。由于我国天然林、珍贵树种、优质木材资源已经枯竭，用于装饰材料的珍贵树材主要依赖进口，木材染色对于木材高效利用具有重要的实用价值，对于保护我国天然林资源，解决珍贵树种木材短缺的矛盾、促进木材装饰材料加工的技术进步等具有重要意义。

2.常见的木材染色方法有哪些?

木材的染色一般可分为水色染色和酒色染色两种。水色是染料的水溶液，酒色是染料的醇溶液。配制水色最好用酸性染料，市售的黄纳粉和黑纳粉是由几种酸性染料混合制成的。用水色染色时，水分挥发较慢，染色均匀，且价格低，使用方便。它的主要缺点是水使木材起毛，要另加砂磨，以消除起毛现象。

配制酒色最好用醇溶盐基染料。酒色是利用酒精作溶剂的，它易挥发，不润湿木材，消除了木面起毛现象，并且染成的色彩鲜明。酒色染色的缺点是易出现色调浓淡不匀的现象。若采用酒色染色，可称取醇溶液染料 6 分、酒精 70 分及虫胶清漆 24 分，混合均匀后，用手工刷涂或喷涂染色。

溶解染料时，不论是水色染色或酒色染色，最好在玻璃杯、陶瓷罐或搪瓷盆内操作，不要使用金属容器，以免发生变色现象。

8.1.5 木材防虫

1.常用的木材防虫处理方法有哪些?

木材防虫处理过程属于注入工艺，可采用各种方法完成。常用的处理方法有涂刷法、喷涂法、浸渍法、扩散法和加压法。

1）涂刷法。直接把防虫药液涂刷在木材上，并使药材能从材料表面尽量地渗透到内部去。

2）喷涂法。将防虫药液用动力加压，经过喷嘴喷出散布在木材表面上。

3）浸渍法。将木材置于防虫药液中浸泡，使药液自然地从木材毛细管中进行浸透。

4）扩散法。先把高浓度的药液涂刷在木材的表面或者把木材放在药液中浸泡，使药液附着在木材上，然后把它们堆积起来，存放一段时间（一般 2 ～ 3 周），使木材表面的药剂向木材的内部扩散。

5）加压法。把木材放入蒸制罐内，送入防虫药液，在压力下将药液注入木材。根据在加压或注药前对蒸制罐是否抽真空和预先加压，通常把加压法又分为满细胞法、空细胞法和半细胞法。

2.什么是火烧原木？其防护方法有哪些?

当生长着的林木遭到火灾、雷击后，容易受到生物性危害，特别是在伐倒之后，如不及时加工利用，在较短的储放期内就会遭到蛀干害虫的侵袭。这可能是木材在火烧和雷击过程中，由于加热的作用，促进了木材中的某些化学组分和木材抽取物发生分解，其分解产物对昆虫等生物和微生物有诱引作用，因此这类木材极易受到虫害及其他生物的败坏。

保护火烧原木的方法有多种，国内外研究者所采用的大规模已有成效的方法主要有水存法、湿存法和熏蒸法。

8.1.6 木材阻燃

1.常用的木材阻燃处理方法有哪些?

木材及木质材料的阻燃处理方法可分为物理方法和化学方法两大类。

1）物理方法。利用木材与不燃烧性成分的联合应用，降低可燃性成分的比例，隔断从火源传来的热及外界传来的氧气，在材料表面覆一层难燃层，如与石棉、玻璃纤维、石膏、水泥等无机物的混合，金属板覆面等。

2）化学方法。在木材中注入有阻燃作用的化学药剂，在热分解、燃烧过程中，药剂渗透于材料之中，保护材料以防热降解。这种阻燃剂可分为与木材不发生结合的添加型阻燃剂和与木材形成化学键结合的反应型阻燃剂。

2.常用的木材阻燃设备及使用方法有哪些?

(1) 使用方法

1）满细胞法：满细胞法又叫全吸收法，是一种使防腐、阻燃剂充满木材细胞的防腐工艺方法。通常适用于水溶性防腐、阻燃剂，用该种方法处理木材可以是木材保留最大数量的防腐阻燃剂。

2）高低频压法：用不断重复的常压和压力周期对木材进行防腐阻燃处理的工艺方法叫高低频压发，用这种工艺法处理木材便难浸注的木材和浸材得到比满细胞法更优良的防腐阻燃效果。通常情况下，木材的浸注深度会更深。这是一种木材防腐阻燃效果较好的防腐阻燃工艺，推荐使用。

(2) 注意事项

1）阻燃液的配制浓度一定要在要求范围内，根据木材的种类和工艺要求称是阻燃剂量和计量准确水的添加量。

2）在工作之前，一定要检查各电器是否完好，各处阀门、压力表、真空表、液位计、各类泵是否正常，损害的应予更换。

3）在加热、加压过程中，要逐步加温、加压，并要注意压力变化，不得超过罐内所规定的工作压力。产品在防腐、阻燃、染色时在常温下进行木材处理，不需要锅炉加热。

4）若用户需要把产品脱脂时需加装 0.4 ～ 0.5MPa 锅炉进行脱脂和烘干。

8.1.7 木材尺寸稳定化

1.木材尺寸稳定化的方法有哪些?

关于尺寸稳定化的方法有许多分类方法。主要包括 5 类：① 用交叉层压的方法进行机械抑制；② 防水涂料的内部或外部涂饰；③ 减少木材吸湿性；④ 对木材细胞壁组分进行化学交联；⑤ 用化学药品预先使细胞壁增容。

2.防止木材变形主要有哪些方法?

木材的干缩与湿胀，以及由于各向尺寸变化不一致而引起的翘曲变形，是木材利用中的一大缺陷，为了提高木材尺寸的稳定性，防止木材变形的发生，一般可采用如下方法处理。

1）用交叉层压法进行机械抑制。实际上是将木材加工成胶合板或集成材，通过胶黏剂的作用，防止了变形的发生。

2）用防水涂料进行内部或外部的涂饰。经过良好的外部涂饰处理的木材，可以形成一个完整的外表面涂层，因而大大减少木材吸收水分的速率，得到相当好的阻湿效果。应该指出，外部涂饰处理材的尺寸稳定性，只是暂时的，如果较长时间放置在相对湿度高的环境中，或者放置在相对湿度急剧变化的环境中，或是露天存放，其阻湿率都大幅度下降。而内部涂饰，由于涂料的浸渍，而形成一个内部因而具有一定的尺寸稳定性，但以涂饰处理的防水、防湿机理来看，覆盖木材内部微观表面比覆盖外部表面的效果要差，因内部表面积比外部表面积大得多，要使全部内表面形成完整的涂层是困难的，所以，内部涂饰处理材的尺寸稳定性还不如外部涂饰处理材。

3）用化学药品充胀木材细胞壁。所谓充胀处理就是用化学药品充填到细胞壁中，并使细胞壁处于胀大状态，而干燥后木材并不干缩到原来的尺寸，从而得到与木材的纤维素、半纤维素和木素等发生酯化反应，使疏水性的乙酰基取代亲水性羟基，使木材分子上的游离羟基减少而降低吸湿性，从而提高其体积稳定性。经乙酰化处理的各种木材，既保持其美观的天然效果，又不失木材的原色，且对含有树脂的木材具有脱脂作用，有利于改善木材的油漆涂饰性能，改善了木材的稳定性。

8.1.8 木材强化

1.木材强化的目的是什么?

采用物理的、化学的或机械的诸多方法加工或处理木材，使低质木材的密度增大、力学强度提高，或整体力学功能提高的加工或处理，称为木材强化。

木材涉及强度方面的问题主要表现在以下 3 个方面。

1）木材的变异性以及不可避免的天然缺陷降低了木材的强度和利用效率。

2）密度低、力学强度低。

3）表面硬度低、耐磨耗性差。

木材的强化可以提高低质木材的强度和整体功能，实现劣材优用、小材大用。提高木材的利用效率和使用价值。

2.木材强化剂的使用方法有哪些?

木材强化剂是一种增强木材表层硬度、降低吸水性能、提高机械强度与耐磨性能的物质。由于优质木材数量逐年减少，而速生木材日益增加，木材强化剂正可以克服速生材的缺点。当然木材强化剂也可以为优质木锦上添花。木材强化剂是由一种高沸点可聚合的物质与适当助剂组成。使用前将这两种物质混合，涂于木材表面，每平方米涂布 100 ～ 200 g，待其渗入后，烘烤，取出后放在通风处放置，待气味消除，性能稳定。

8.2 果品加工技术

果品加工是以水果、浆果为原料，用物理、化学或生物等方法处理（抑制酶的活性和腐败菌的活动或杀灭腐败菌）后,加工制成食品而达到保藏目的的加工过程。水果通过加工，可改善水果风味，提高食用价值和经济效益，有效地延长水果供应时间。果品加工可做如下分类（如图 8.2 所示）。

1）果品干制类:这类制品是将果品脱水干燥,制成干制品,如葡萄干、苹果干、桃干、杏干、红枣、柿饼、柿坠等。

2）糖制果品类：这类制品是将果品用高浓度的糖加工处理制成。制品中含有较多的糖，属于高糖制品。产品有果脯、蜜饯、果泥、果冻、果酱、果丹皮等，以及用盐、糖等多种配料加工而成的凉果类制品，如话梅、陈皮李等。

3）果汁类：这类制品是通过压榨或换取果实的汁液，经过密封杀菌或浓缩后再密封杀菌保藏。其风味和营养都非常接近新鲜果品，是果品加工中最能保存天然成分的制品。根据制作工艺不同又分为澄清汁、混浊汁、浓缩汁、颗粒汁、果汁糖浆、果汁粉和固体饮料等。

4）果品罐头类：果品经处理加工后，装入一定的容器内，脱气密封并经高温灭菌，即所谓果品罐头。因其密封性能好，微生物不能浸入，得以长期保藏。如糖水苹果罐头、糖水梨罐头等。此外，果汁、果酱、果冻、果酒、干制品、糖制品也常使用罐藏容器包装。

5）果酒类：利用自然或人工酵母使果汁或果浆进行酒精发酵，最后产生酒精和二氧化碳，形成含酒精饮料，如葡萄酒、苹果酒、橘子酒、白兰地、香槟酒和其他果实配制酒等。

6）果醋类：将果品经醋酸发酵制成果醋。果醋取材十分广泛，几乎所有的果品都可以做醋。生产中制造果醋常利用次果、烂果、果皮、果心、酒脚等酿制而成，如苹果醋、柿子醋等。

要想了解更多关于果品加工的知识，可参见中国食品商务网（http://www.21food.cn）。

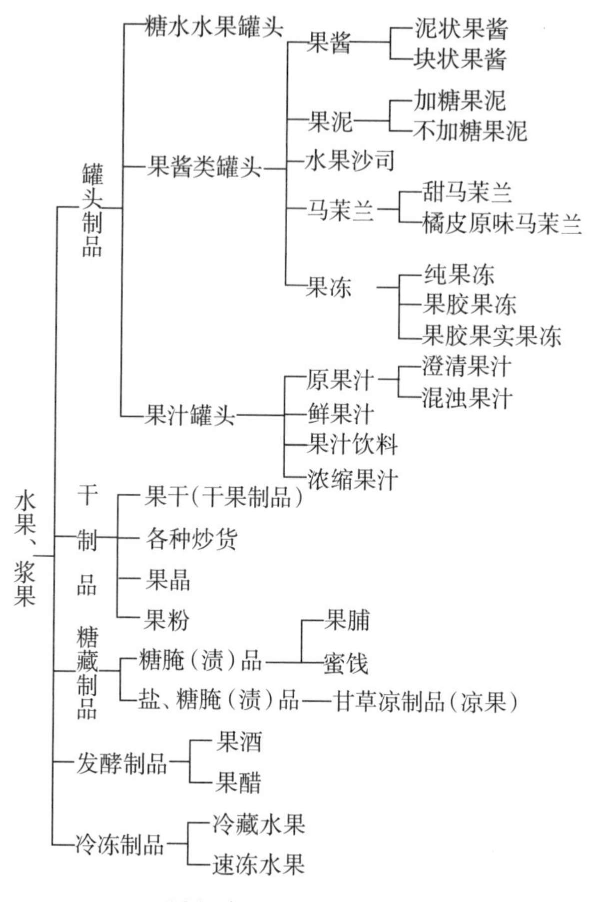

图 8.2　水果加工制品分类

8.2.1 酿酒技术

1.酿造葡萄酒的工艺流程有哪些?

(1) 选料

俗话说，七分葡萄，三分酿，可见葡萄质量对于葡萄酒的作用了。通常，自酿爱好者用来酿酒的葡萄都是普通的葡萄，还有一些选用山葡萄。下面介绍主要葡萄品种的特点。

1）山葡萄。客观地说，山葡萄有颜色深红、多酚物质丰富等优点，但是由于酸度过高，因此不适合酿酒。如果能在完全成熟后采摘，也是不错的酿酒的选择。

2）普通的葡萄。这就是我们平常吃到的葡萄。由于酿酒葡萄要求糖度高、酸度低，而且价格便宜，成了酿酒的首选。

葡萄质量的好坏不仅取决于品种，还决于成熟度，所以要在葡萄大量上市的时候购买。

(2) 清洗晾干

原料买来后，首先去除有病害、干瘪、发霉的果粒以及青果、烂果。至于是否需要清洗，因人而异。葡萄清洗,或不洗都是各有利弊的。清洗葡萄,可以去除或减少葡萄表面的沙尘、霉菌、虫子、农药等，但是也会带来葡萄吸收水分糖分下降，由于不能完全晾干导致葡萄汁进入部分水。不洗葡萄，则避免了上述风险。质量较好的葡萄完全可以不用水洗，局部葡萄沾染了霉菌等或泥土较多的，需要局部进行清洗。可用自来水淋冲，不需要用任何消毒剂，以免破坏掉葡萄皮上的天然酵母(皮上的白霜)。但是清洗后一定要晾干，可以用剪刀分解为小串，摊开在干净物品上，放到阴凉通风处自然晾干，为加快晾干速度，可用风扇。忌阳光下暴晒。

(3) 除梗破碎

清洗晾干后，就可以进行除梗破碎工作了。从现在开始所有接触到葡萄或葡萄汁液的容器和双手都需要干净，容器要求无水无油，双手要洗净。不放心的可以使用医用消毒的一次性手套或者橡胶手套。容器应使用塑料盆或不锈钢，不能用铁制容器。容器可以先用清水洗净，然后用开水烫涮。如果是玻璃等一些怕高温容器，可以用凉开水洗涮，或者使用高度白酒消毒。一切就绪后先摘粒去梗,然后用双手开始破碎,做到果肉和果皮分离即可,很碎的话会使酒液浑浊。

(4) 装罐

葡萄破碎后，就可以进行装罐，也可以在主发酵灌里进行破碎工作。要说明的是，破碎后的葡萄溶液不能把容器装满，最好装到容器的 2/3 处，因为后期的发酵过程会产生大量气体使液面升高，如果装得很满会出现溢出现象。

(5) 加糖

可以在破碎葡萄后一次性加入，也可以在发酵启动后分一两次分期加入。加糖量主要由葡萄品种决定，由于我们是家庭酿造没有专业工具，可以按一定比例加入。如果是巨峰等一些含糖较低的葡萄品种可以按 5 ∶ 1 ～ 12 ∶ 1。如果是一些含糖较高的酿酒葡萄建议加糖量在 20 ∶ 3 ～ 10 ∶ 1。可以加白砂糖、冰糖等，但是需要用葡萄汁化开才能被酵母菌分解。糖不要放多，否则会影响发酵时间和酒液澄清度。想喝甜葡萄酒的建议饮用时加糖。

(6) 主发酵阶段

装罐后一般 24 ～ 48 h 后进入发酵阶段,发酵后会有大量气泡上浮,并且葡萄皮渣也上浮,形成一个比较硬的皮渣帽。由于发酵过程也需要微量氧气且产生的二氧化碳气体较多，所以不要密封，要留有透气孔，以不落入灰尘和小虫子为准就可以了。

1）温度。主发酵期间桶温控制在 15 ～ 30℃，桶温以皮渣帽底部温度为准；温度低发酵时间延长，出来的酒颜色较淡，但是口感和品质较好。温度高则时间缩短，酒色较好，但是口感和品质不如低温发酵的。

2）压帽频次。压帽，即将上浮的皮渣形成的厚厚的一层较硬的皮帽层压入葡萄酒中，一是可以防止皮渣冒上滋生细菌，二是可以加强果皮浸润，一般每天 2 ～ 4 次。

3)发酵时间。主发酵一般持续 7 ～ 10 天,具体时间由葡萄品种,加糖量和发酵温度决定。来确定分离时间。分离过滤的标准：经过一次发酵旺盛期（大量的气泡产生）后气泡量大幅减少或消失，能闻到很浓的酒味且尝尝甜味消失时就可以过滤了。最好不要长期不过滤，因为时间过长会使葡萄皮中的单宁和其他一些影响口感的物质增加，使葡萄酒涩感增加。

4）酒液分离。主发酵结束后，就需要进行酒液过滤分离了，分离前最好 12 h 内停止搅拌或压帽，以便酒液不那么浑浊，分离最好使用虹吸管采用虹吸法进行，这样可以防止酒液浑浊和接触空气过多造成氧化或醋酸菌感染而变质。酒液分离后的皮渣可以用 3 ～ 5 层纱布或者尼龙袜之类的进行过滤，用手轻轻挤压，出来的压榨酒也可以倒入虹吸出的酒液里一起进行二次发酵，如果感觉压榨酒太浑浊的话，可以单独放到一个容器里，待过一段澄清后就可饮用了。

(7) 分装陈酿

经过澄清后的酒，已经接近成品酒了，口感可以了。但是想要更佳、更香醇的话，那就需要陈酿。陈酿时建议小容量容器，因为陈酿时的酒打开后最好是短期喝完。容器可以选用可乐瓶，另外也可以用旧红酒瓶等。陈酿时间最好是过了冬天。因为冬季的低温可以把葡萄酒里的酒石酸结晶析出，酒的酸度有所降低。另外就是这么长时间的陈酿，杂醇类物质基本已经得到分解，果香会有所增加。所以陈酿的酒品质肯定更好更香醇。陈酿时需要注意的是要满瓶，密封；低温（8 ～ 10℃最好）；避光储藏。可以采用黑塑料袋遮盖以达到避光目的。值得一提的是，陈酿装瓶前一定要确定所有发酵都完全终止。一般家庭自酿的葡萄酒因为没有添加任何防腐剂，即使按照程序严格操作且酒精度稍高的也只能存放一两年，所以最好在这期间饮用完毕，以免发生变质。

2.如何酿造白酒?

白酒俗称烧酒，是一种高浓度的酒精饮料，一般为 50° ～ 65° 。根据所用糖化、发酵菌种和酿造工艺的不同，它可分为大曲酒、小曲酒、麸曲酒三大类，其中麸曲酒又可分为固态发酵酒与液态发酵酒两种。

(1) 原料配方

凡含有淀粉和糖类的原料均可酿制白酒，但不同的原料酿制出的白酒风味各不相同。粮食类的高粱、玉米、大麦;薯类的甘薯、木薯;含糖原料甘蔗及甜菜的渣、废糖蜜等均可制酒。此外，高粱糠、米糠、麸皮、淘米水、淀粉渣、甘薯拐子、甜菜头尾等，均可作为代用原料。野生植物，如橡子、菊芋、杜梨、金樱子等，也可作为代用原料。

我国传统的白酒酿造工艺为固态发酵法，在发酵时需添加一些辅料，以调整淀粉浓度，保持酒醅的松软度，保持浆水。常用的辅料有稻壳、谷糠、玉米芯、高粱壳、花生皮等。

(2) 酒曲、酒母

除了原料和辅料之外，还需要有酒曲。以淀粉原料生产白酒时，淀粉需要经过多种淀粉酶的水解作用，生成可以进行发酵的糖，这样才能为酵母所利用，这一过程称之为糖化，所用的糖化剂称为曲（或酒曲、糖化曲）。曲是以含淀粉为主的原料做培养基，培养多种霉菌，积累大量淀粉酶，是一种粗制的酶制剂。目前常用的糖化曲有大曲（生产名酒、优质酒用）、小曲（生产小曲酒用）和麸曲（生产麸曲白酒用）。生产中使用最广的是麸曲。

此外，糖被酵母菌分泌的酒化酶作用，转化为酒精等物质，即称之为酒精发酵，这一过程所用的发酵剂称为酒母。酒母是以含糖物质为培养基，将酵母菌经过相当纯粹的扩大培养，所得的酵母菌增殖培养液。生产上多用大缸酒母。

(3) 使用的设备

1）原料处理及运送设备。有粉碎机、皮带输送机、斗式提升机、螺旋式输送机、送风设备等。

2）拌料、蒸煮及冷却设备。有润料槽、拌料槽、绞龙、连续蒸煮机（大厂使用）、甑桶（小厂使用）、晾渣机、通风晾渣设备。

3）发酵设备。水泥发酵池（大厂用）、陶缸（小厂用）等。

4）蒸酒设备。蒸酒机（大厂用）、甑桶（小厂用）等。

我国的白酒生产有固态发酵和液态发酵两种，固态发酵的大曲、小曲、麸曲等工艺中，麸曲白酒在生产中所占比重较大，故此处仅简述麸曲白酒的工艺。

(4) 制作方法

1）原料粉碎。原料粉碎的目的在于便于蒸煮，使淀粉充分被利用。根据原料特性，粉碎的细度要求也不同，薯干、玉米等原料通过 20 孔筛者占 60% 以上。

2）配料。将新料、酒糟、辅料及水配合在一起，为糖化和发酵打基础。配料要根据甑桶、窖子的大小、原料的淀粉量、气温、生产工艺及发酵时间等具体情况而定，配料得当与否的具体表现，要看入池的淀粉浓度、醅料的酸度和疏松程度是否适当，一般以淀粉浓度 14% ～ 16%、酸度 0.6 ～ 0.8、润料水分 48% ～ 50% 为宜。

3）蒸煮糊化。利用蒸煮使淀粉糊化。有利于淀粉酶的作用，同时还可以杀死杂菌。蒸煮的温度和时间视原料种类、破碎程度等而定。一般常压蒸料 20 ～ 30 min。蒸煮的要求为外观蒸透，熟而不黏，内无生心即可。

将原料和发酵后的香醅混合，蒸酒和蒸料同时进行，称为混蒸混烧，前期以蒸酒为主，甑内温度要求 85 ～ 90℃，蒸酒后，应保持一段糊化时间。若蒸酒与蒸料分开进行，称之为清蒸清烧。

4）冷却。蒸熟的原料，用扬渣或晾渣的方法，使料迅速冷却，使之达到微生物适宜生长的温度，若气温在 5 ～ 10℃时，品温应降至 30 ～ 32℃，若气温在 10 ～ 15℃时，品温应降至 25 ～ 28℃，夏季要降至品温不再下降为止。扬渣或晾渣同时还可起到挥发杂味、吸收氧气等作用。

5）拌醅。固态发酵麸曲白酒，是采用边糖化边发酵的双边发酵工艺，扬渣之后，同时加入曲子和酒母。酒曲的用量视其糖化力的高低而定，一般为酿酒主料的 8% ～ 10%，酒母用量一般为总投料量的 4% ～ 6%（即取 4% ～ 6% 的主料作培养酒母用）。为了利于酶促反应的正常进行，在拌醅时应加水（工厂称加浆），控制入池时醅的水分含量为 58% ～ 62%。

6）入窖发酵。入窖时醅料品温应在 18 ～ 20℃（夏季不超过 26℃），入窖的醅料既不能压得过紧，也不能过松，一般掌握在每立方米容积内装醅料 630 ~ 640 kg 为宜。装好后，在醅料上盖上一层糠，用窖泥密封，再加上一层糠。

发酵过程主要是掌握品温，并随时分析醅料水分、酸度、酒量、淀粉残留量的变化。发酵时间的长短，根据各种因素来确定，3 ～ 5 天不等。一般当窖内品温上升至 36 ～ 37℃即可结束发酵。

7）蒸酒。发酵成熟的醅料称为香醅，它含有极复杂的成分。通过蒸酒把醅中的酒精、水、高级醇、酸类等有效成分蒸发为蒸汽，再经冷却即可得到白酒。蒸馏时应尽量把酒精、芳香物质、醇甜物质等提取出来，并利用掐头去尾的方法尽量除去杂质，酒就一点点地留下来，用陶瓷罐装好，再放在地窖中封藏。

3.如何酿造黄酒?

(1) 原料选择

黄酒酿造所用的主要原料是经过精白处理的糯米和大米，也有用黍米和玉米的，其次是小麦和水。酿造黄酒的大米应该米粒洁白丰满、大小整齐、夹杂物少。千粒重在 20 ～ 30 g，比重在 1.40 ～ 1.42，米的淀粉含量越高越好。在生产时，最好使用吸水快、易糊化和糖化的软质米。

酿造用水的质量直接影响产品的优劣。所用的水要清洁卫生，符合饮用水的标准。常用泉水、湖水、深井水和河心水。

(2) 米的精白

大米外层含有脂肪和蛋白质，影响成品质量，应该通过精白（碾米加工）把它除去，大米的精白程度可用精米率表示，一般要求精米率在 90%，也可以直接以标一粳或标二粳作投料用米。

(3) 浸米

其目的是使淀粉吸水，便于蒸煮糊化传统工艺浸米时间长达 18 ～ 20 天，主要目的是取得浸米浆水，用来调节发酵醪液的酸度，因为浆水含有大量乳酸。新工艺生产一般浸米时间为 2 ～ 3 天即可使米吸足水分。

(4) 蒸饭

蒸饭目的是使淀粉糊化。目前一般使用卧式或立式连续蒸饭机蒸饭，常压蒸煮 25 分钟左右即可，蒸煮过程中可喷洒 85℃左右的热水并翻抄。要求米饭“外硬内软、内无生心、疏松不糊、透而不烂、均匀一致”。

(5) 落罐发酵

蒸熟的米饭通过风冷或水冷落入发酵罐中，再加水、麦曲（原料米量的 10%）、酒母（约发酵醪液体积的 10%），使总重量控制在 300 ～ 340 kg（按原料米 100 kg 为基础），混合均匀，品温控制在 24 ～ 26℃。落罐 10 ～ 12 h，品温升高，进入主发酵阶段，这时必须控制发酵温度在 30 ～ 31℃，利用夹套冷却或搅拌调节醪液温度并使酵母呼吸和排出二氧化碳。主发酵一般要 3 ～ 5 天完成。

(6) 后发酵

经过主发酵后，发酵趋缓弱，即可把酒醪移入后发酵罐，控制品温和室温在 15 ～ 18℃，静止发酵 20 ～ 30 天，使酵母进一步发酵，并改善酒的风味。

(7) 压榨、澄清、消毒

后发酵结束，利用板框式压滤机把黄液体和酒糟分离开来，让酒液在低温下澄清 2 ～ 3 天，吸取上层清液再经棉饼过滤机过滤，然后送入换热消毒器，在 70 ～ 75℃灭菌 20 min 左右，杀灭酒溶中的酵母和细菌，并使酒中沉淀物凝固而进一步澄清，也让酒体成分得到固定。灭菌后趁热罐装，并严密包装，入库陈酿一年。成品黄酒要求酒度在 16% 以上，酸度在 0.45 以下。

8.2.2 果品干制技术

果品干制是利用热能使水果脱水的加工方法。其制品主要有果干和果汁粉。

1.果干的制作方法是什么?

水果经拣选、洗涤等预处理后，脱水至水分含量为 15%～ 25%的制品。果干体积约为鲜果的 11%～ 31%，重量约为鲜果的 10%～ 25%，因而可显著地节省包装、储藏和运输费用，且食用和携带方便。果干由于含水量低，能在室温条件下久藏。果干的加工方法与罐藏、冷冻等其他加工方法相比，设备和操作都比较简单，生产成本较低廉。果干的生产工艺过程为：原料预处理、热烫或浸碱、熏硫、脱水、均湿、选别、包装。

将预处理后水果用沸水或蒸汽或其他方法进行短时间加热，称之为热烫。热烫的主要目的在于利用热力驱除果实组织中的空气，破坏果实中氧化酶以阻止氧化变色。另外，果实经热烫后，表面产生网状的细裂纹，能加快水分蒸发，缩短干燥时间，并可防止后期加热时大裂纹的产生；热烫还可以消灭和洗去残留在果实表面的微生物和污物。热烫的温度和时间依果实的种类、品种、成熟度、质地、大小等而不同，一般是在沸水中处理 5 ~ 15 min。果实浸碱的目的主要在于通过碱的作用将蜡质除去，以便于水分蒸发，促进干燥。此外，果实在热碱液中浸过，可以除去残存表面的微生物，有消毒作用。浸碱所用的碱，对一般果皮抗力较强的可用氢氧化钠，弱的宜用碳酸钠或碳酸氢钠。浸碱时间为几秒至几十秒。熏硫的目的是让一定量的二氧化硫进入果实，并与果实组织内的水分作用，生成还原力极强的亚硫酸，以破坏酶的氧化系统，防止氧化变色；胡萝卜素和维生素 C 也不致因氧化而破坏；同时，亚硫酸也是一种良好的防腐剂，对霉菌的孢子和醋酸菌的消灭能力相当强，有助于日后的保藏。熏硫是在熏硫室内进行，即将果实放在密闭的房间或容器内，燃烧硫黄粉，使产生二氧化硫。一般控制室内的二氧化硫浓度为 1.5%～3%，温度 45 ～ 50℃。熏硫时间视原料种类而异，通常为 1 ～ 3 h。脱水即干制，其目的是使制品达到要求的含水量。干制方法有自然干制和人工干制两种。

2.果汁粉的制作方法是什么?

将果实加工成果汁后再脱水制成。其水分含量在 2.5%以内，呈粉末或颗粒状。优质的果汁粉加适量（8 ～ 10 倍）的水即可复原，复原后与鲜果汁的色、香、味相似。因其具有体积小、质量轻、运输储存与携带方便、营养丰富等优点，虽其生产历史不长，但在产量、品种、包装等方面都发展很快。其主要加工过程：原料预处理、榨汁或锉汁、浓缩、干燥、包装。采用泡沫床干燥法生产的柑橘粉，在室温下可放置几个月，具有良好的香味和风味，有如新鲜橙汁大致相同的营养。许多液态或浆状的果汁，如橙汁、柠檬汁、葡萄柚汁、苹果汁和葡萄汁，都可直接用泡沫床干燥法制成粉状制品。此外，真空泡沫干燥、真空带式干燥和升华干燥法，都可制得高质量的果汁粉。

8.2.3 果品糖制技术

1.果脯是如何分类的?

(1) 按产品形态和风味分类

1）果脯又称干态蜜饯，基本保持果蔬形状的干态糖制品，如苹果脯、杏脯、桃脯、梨脯、蜜枣以及糖制姜、藕片等。

2）蜜饯又称糖浆果实，是果实经过煮制以后，保存于浓糖液中的一种制品，如樱桃蜜饯、海棠蜜饯等。

3）糖衣果脯果蔬糖制并经干燥后，制品表面再包被一层糖衣，呈不透明状，如冬瓜条、糖橘饼、柚皮糖等。

4）凉果指用盐胚为主要原料的甘草制品。原料经盐腌、脱盐晒干，加配料蜜制，再晒干而成。制品含糖量不超过 35%，属低糖制品，外观保持原果形，表面干燥、皱缩，有的品种表面有层盐霜，味甘美、酸甜、略咸，有原果风味，如陈皮梅、话梅、橄榄制品等。

(2) 按产品传统加工方法分类

1）京式蜜饯主要代表产品是北京果脯，又称北蜜、北脯。据传从明代永乐十八年明成祖朱棣迁都北京时，就被列为宫廷贡品，如各种果脯、山楂糕、果丹皮等。

2）苏式蜜饯主产地苏州。历来选料讲究，制作精细，形态别致，色泽鲜艳，风味清雅，是我国江南一大名特产。代表产品有两类：糖渍蜜饯类表面微有糖液，色鲜肉脆，清甜爽口，原果风味浓郁，如糖青梅、雕梅、糖佛手、糖渍无花果、蜜渍金柑等；返砂蜜饯类制品表面干燥，微有糖霜，色泽清新，形态别致，酥松味甜，如天香枣、白糖杨梅、苏式话梅、苏州橘饼等。

3）广式蜜饯，以凉果和糖衣蜜饯为代表产品，主产地为广州、潮州、汕头，已有 1000 多年的历史，大量出口东南亚和欧美：凉果制品味甜、酸、咸适口，回味悠长，如奶油话梅、陈皮梅、甘草杨梅、香草杧果等；糖衣蜜饯产品表面干燥，有糖霜，原果风味浓，如糖莲子、糖明姜、冬瓜条、蜜菠萝等。

4）闽式蜜饯主产地福建漳州、泉州、福州，以橄榄制品为主产品。已有 1000 多年历史，产品远销东南亚和欧美，是我国别树一帜的凉果产品。制品最大特点是肉质细腻致密，添加香味突出，爽口而有回味，如大福果、丁香橄榄、加应子、蜜桃片、盐金橘等。

5）川式蜜饯以四川内江地区为主产区，始于明朝，有名扬中外的橘红蜜饯、川瓜糖、蜜辣椒、蜜苦瓜等。

2.如何制作果脯（以杏为例）？

(1) 切分

将完全成熟的鲜杏，切成两半，去核后，装在木盘里，杏碗口向上，密密摆好后，送去硫熏室硫熏。晒盘全部采用木材制成，四周有矮边，底部由木板拼上，不留缝隙。盘底有横木 2 根，以利重叠时通风，木盘长 90 ～ 100 cm，宽 60 ～ 80 cm。

(2) 硫熏

点燃硫黄时，室内维持 SO_2 浓度 2% ～ 3%，硫黄要连续不断地燃烧，不能熄灭，熏 12 h，至果体透明，没有生心为止，硫熏室可采用砖石和水泥结构，用载车处理，每一载车装晒盘 20 ～ 25 个。硫熏时，室内湿度保持 40 ～ 50℃。鲜杏吸收定量的 SO_2 后，可以具有重大作用；另外还能促进干燥，防止产品变酸败坏，有助于日后的保藏。1t 切分的原料，需硫黄 20 ～ 40 kg。

硫黄应品质优良、纯洁、容易燃烧，所含杂质不可超过1%，其中含砷（砒）不超过0.015%；不含油质。应用时将硫黄粉加入5%浓度的硝酸钾或硝酸钠，制成颗粒状，以帮助燃烧。

(3) 晾晒及风干

已熏硫的杏碗，移到晒场在日光下暴晒一两天，晒至五至七成干时，将晒盘堆叠、覆盖在一起，令其在阴处风吹，完成干燥作用，时间10天左右，至含水分15%即可（如直接晒干，虽无不可，但制品不甚透明，颜色暗淡）。然后将杏干储存起来，留作加工原料使用。在晾晒时，不要将杏碗中的汁液倒掉，以便使果体吸收汁中的糖分而更加饱满。

(4) 加工方法

将上述的杏干放入水中浸泡及漂洗2～4 h，除去晾晒时杏干表面的杂质，并将杏干泡开，吸收水分。捞出后，摆在土盘上，杏碗口向上，送去硫熏。然后晾晒至含水量20%左右，这时产品更加透明。成品要求SO_2含量不超过0.2%。

3.果脯制作的工艺流程有哪些（以杏为例）？

与传统果脯生产方法不同，采用新工艺可以生产出“鲜香果脯”“轻糖果脯”等。另外，国外生产果脯的工艺也与我国的传统工艺有所不同。

重糖杏脯、轻糖杏脯、鲜香杏脯及美国杏脯的指标比较（见表8.1）。

表8.1 果脯指标比较

理化指标产品品种	总糖（%）	还原糖（%）	SO_2（%）	水分（%）	酸度（%）（以苹果酸计）
重糖杏脯	70.2	61.0	0.096	20.0	0.56
轻糖杏脯	64.0	55.0	0.11	19.2	0.88
鲜香杏脯	60.5	39.2	0.05	24.0	0.62
美国杏脯	55.1	55.1	0.12	21.5	0.43

从表8.1可以看出，美国杏脯总糖量与还原糖含量完全相等。它的还原糖（包括果糖、葡萄糖等单糖类）不是由蔗糖经过水解转化而产生的，而是来源于鲜杏本身汁液中的糖分，这和我国的果脯生产中惯于使用白砂糖作原料有所不同。同时，美国杏脯的甜度较低，原果味浓，酸甜可口，味道与果干相似。它所采用的原料枣鲜杏，品种好，成熟度高，含糖分丰富。产品具有色泽橘红色、果体柔软、透明等的果脯特点。

(1) 传统果脯制法

传统果脯的产品大多数是属于“重糖”产品，其外形如蜜饯，含糖量在70%～75%甚至更高，果脯的表面发黏。

传统果脯工艺流程：原料选择→鲜果加工及预处理（包括去皮、去核、切分及硫熏等）→糖液煮制（一次煮成或多次煮成）→糖液浸泡→干燥（晒干或烘干）→成品。

(2) 鲜香果脯

鲜香果脯又名“生制”果脯，是采用抽真空渗糖工艺，代替传统果脯煮制方法，而不必加热。

1）抽真空渗糖的基本原理。由于果实中细胞间隙存在空气，阻碍糖液的渗透，利用真空的作用，将果肉中的气体排出，解除真空后，糖液借外部大气压力就能进入原先被空气占据的空间，从而达到果体透明，完成渗糖的要求。而煮制果脯则是利用加热的方法将空气排出，加温煮制时，果实细胞之间的蒸汽冷凝后，形成真空，糖液就受到外部大气压作用渗入果体内（称为吃糖）。

2）鲜香果脯工艺流程。原料选择→洗刷→劈半→去核→ 0.25%$NaHSO_3$ 溶液控真空 40 min（真空度 700 mm 汞柱）→缓慢放气 20 min →原液浸泡 12 h →第一阶段糖液（20%）抽真空、浸泡 12 h →第二阶段糖液（40%）浸泡 12 h →第三阶段糖液（60%）浸泡 12 h →烘干→成品。

3）鲜香果脯的制作方法。

① 原料选择：选用七八成熟度的杏为原料。

② 糖液配制：糖液中转化糖含量要占 50% 左右，才能防止鲜香果脯的返砂结晶。

③ 包装：由于鲜香果脯在加工过程中，没有经过加热处理，酶的活性没有受到破坏，加上 SO_2 含量较低，故储藏过程中，变色现象比较严重。解决的办法是，需要真空、密闭、除氧的包装条件。

4) 鲜香果脯存在的问题。① 包装条件要求严格，如果采用马口铁包装，成本较高，难以推广应用；② 鲜香果脯由于含糖量较少，相对来说，水果原料耗用较多，以致成本增加，例如，煮制的杏脯每 100 kg 成品耗用原料（鲜杏）400 kg 左右，而生制果脯耗料达到 500 kg 以上。

(3) 轻糖果脯

轻糖果脯是在传统果脯生产工艺的基础上，采用降低果脯含糖量的措施，将“重糖”改作“轻糖”，如轻糖杏脯、轻糖桃脯、轻糖梨脯等。

轻糖果脯在煮制工艺上是用较低的糖液浓度进行煮制，将 3 次煮成改为 2 次煮成，取消“糖炸”工序（是指将经过一次烘干的果脯再用 30 ～ 32 波美度的浓糖液加热“炸”一遍，再次烘干为成品的操作）。

轻糖果脯工艺流程：黄杏→切半→去核→浸硫→第一次煮制与浸泡（糖浓度 20%～

25%）→第二次煮制与浸泡（出缸糖液浓度 45%）→出缸→摆屉→烘干压干→再烘干→成品。

降低果脯甜度的另一方法是改变传统生产果脯使用的白砂糖，用淀粉糖浆取代 40% ～ 50% 的蔗糖，这样，煮制成的果脯依然吃糖饱满，但吃起来甜度适宜。

淀粉糖浆是葡萄糖、低聚糖和糊精的混合物。它的性质是不能结晶，并能防止蔗糖结晶。使用淀粉糖浆取代部分砂糖可使制作工艺简化，不必在煮制时对糖液进行转化，效果很好。淀粉糖浆的甜度较低，有冲淡蔗糖甜度的效果，使果脯甜味温和，酸甜可口。另外，淀粉糖浆不含果糖，吸潮性较转化糖低，使果脯的储存性变好。例如山西省一果脯厂用葡萄糖代替白砂糖生产轻糖苹果脯，产品受到日本等外商的欢迎。而过去生产的苹果脯，只是很甜，而缺乏苹果应有的果香味。

(4) 真空煮制果脯

目前国内已经采用真空煮制生产工艺生产轻糖果脯。

真空煮制的工艺流程：鲜果原料→加工处理（包括去皮、去核、切分、浸硫等）→配制糖液→真空煮制→浸泡 12 h →烘干→成品。

真空煮制时，糖液浓度 40% ～ 50%，真空度维持在 620 ～ 660 mm 汞柱，糖液在 50 ～ 60℃便沸腾。由于低温煮制，使果脯保持原果的香味，维生素 C 损失少，又能使水分蒸发，糖液能循环利用，煮制时间约 20 min，煮至果体透明，即可出锅，连糖液一起浸泡 12 ～ 24 h。同时，在配制糖液中加入 40% 左右淀粉糖浆可防止果脯返砂结晶，还可以降低甜度，使果脯具有甜度低、果味浓的特点。

(5) 国外果脯

美国、澳大利亚等一些国家，在果脯生产上已采用机械化和连续化的生产线，特点是机械化程度高、产量大，日产量可达到数十吨以上。但也有一些中小型企业，采取手工操作和半机械化的生产方式。

国外用于制造果脯的原料有特别严格的要求。例如，制作杏脯对原料有 4 点要求。

1）成熟度高，杏子要达到九成熟以上（用手按一下能塌下去一个坑凹），要软不要硬，正与我国传统工艺对原料的要求相反。

2）原料要求水分少，即要“肉胎”，不要“水胎”。

3）离核的品种。

4）含糖分多。

国外生产的杏脯、桃脯、李脯及梨脯等，味道都不十分甜，属于我国的轻糖果脯类型。它的工艺特点是，不必用锅煮（透），也不必抽真空，主要是靠用硫黄“熏透”，从而达到果体透明和保藏的目的。

国外杏脯工艺流程：杏子→漂洗→切半去核→装盘→硫熏→晾晒、风干→浸泡→硫熏→晾晒→成品。

8.2.4 果品罐藏技术

果品罐藏是以密封容器经加热杀菌保藏水果的加工方法。果实经挑选、洗净、去皮、去核、分割等预处理工序后装入容器内，再经排气密封、杀菌以隔绝微生物的侵染和空气氧化，使制品能较长期保存。

1.果品罐藏制品有哪几类?

我国生产的水果罐藏制品，可分为三大类：① 糖水水果罐头，是将果肉浸渍在糖水中（也有将果实榨出汁后代替糖水），如糖水橘子、苹果、菠萝等；② 果酱类罐头，有泥状、块状果酱，果泥，水果沙司，果冻，马茉兰等，如苹果酱、草莓酱等；③ 果汁罐头，如柑橘汁、菠萝汁、苹果汁等。

2.果品罐藏制品有哪些特点?

1）用于罐藏的水果属于酸性，其 pH 值一般在 4.5 以下，可采用沸水或沸点以下温度杀菌。

2）罐藏水果腐蚀性强，需根据不同水果品种的腐蚀性能选用相应抗腐蚀性能及镀锡量的镀锡薄板制的罐或玻璃瓶（罐）等容器进行包装。

3）含有多种热敏性物质，如维生素 C，各种芳香组分（挥发油），加工过程应尽可能减少受热损失，果汁和果酱加工最好有回收芳香物质的装置。

4）罐藏水果色泽美观，容易刺激人们食欲。

5）罐藏水果可在常温储存，基本上能保持水果原有的风味和营养价值。

3.典型的水果罐藏加工流程是什么?

原料采收、原料验收、浸泡洗涤、挑选和分级、热烫、去皮、去核、切分、装罐、排气、密封、杀菌、冷却、包装。

4.果酱类罐头如何加工?

不同制品的加工方法不同。

(1) 果酱

为糖制食品，分泥状和块状两种。将经过洗涤、去皮、去核（芯）（或不去皮、核）的果实软化磨碎（泥状果酱）或切成块状（草莓整个），加入砂糖熬制（含酸或果胶量低的水果可适当加酸或果胶，一般控制成品含酸量 0.5%～1%，含果胶量 0.4%～0.9%），经加热浓缩至可溶性固形物达 65%～70%，装瓶或装罐，密封后进行杀菌，然后迅速冷却，经包装即为成品。

(2) 果泥

一般使用单种或数种水果混合软化后打浆（去皮核），加热浓缩至稠厚泥状。其制造方法基本与果酱相似，主要是配方不同。如加糖的果泥，一般还加入香料、油脂或奶油等配料。果泥的不溶性固形物含量为 65%～68%。

(3) 水果沙司

水果经去皮、去核（芯）、破碎、软化后打浆，加入适量浓糖液，加热浓缩至可溶性固形物 18%～20%，即得成品。其装罐与杀菌等方法与果酱同。

(4) 果冻

为光滑、透明凝胶状的糖食。将一种或多种水果煮沸后压榨取汁、过滤、澄清，加入砂糖、果胶、柠檬酸或苹果酸、香精等配料，加热浓缩至可溶性固形物 65%～70%，装玻璃瓶或马口铁罐制成。制造果冻的理想水果含有足够多的果胶和酸，如苹果、不过熟的酸苹果、柑橘、葡萄、酸樱桃等。用一些含酸和果胶量低的水果制造果冻，可外加酸或果胶进行调整。根据配料及产品要求不同，果胶可分为以下 3 种。纯果冻采用一种或数种果汁混合，加入砂糖或柠檬酸等配料加热浓缩制成；果胶果冻，用水、果酸（柠檬酸、苹果酸等）、砂糖、香精、色素等按比例配合制成；果胶果实果冻，由果胶果冻和果实果冻混合制成。制造果冻需用果胶、糖、酸和水 4 种基本物质。当果胶、糖、酸在水中达到适合的浓度时，便形成果冻。果冻凝胶结构的连续性受果胶浓度的影响，而其硬度则受酸度和糖浓度的影响。形成凝胶所需要的果胶量与果胶的类型有关，通常以略低于 1%的用量为宜；形成凝胶的最适 pH 接近于 3.2。当 pH<3.2 时，凝胶强度缓慢下降；pH>3.5 时，一般不会形成凝胶。最适的糖浓度含量为 67.5%；糖浓度太高，会造成有黏性的凝胶。

加工果冻时，煮沸水果的目的在于最大限度地抽提出果胶、果汁和有水果特征的香味物质。在煮沸抽提过程中，果胶水解酶被破坏。接着用粗滤或压榨从果浆中压出煮沸的果汁，对滤饼可加水进行第二次煮沸并榨汁。过滤除去榨出汁中的悬浮固体。果汁浓缩是制备果冻的重要步骤之一。必须迅速将果胶、糖、酸系统浓缩到凝胶的临界点。延长浓缩时间不仅引起果胶水解和增加酸的蒸发，还会造成香味和颜色的变化。真空浓缩较常压能改进果冻的质量。已发展出连续制造果冻的生产线。如需要将果肉悬浮在凝胶之中，可加入能迅速凝固的果胶。浓缩好的物料趁热装入已消毒的容器中，随即密封，一般不需进一步杀菌。

(5) 马茉兰

马茉兰又称橘皮果冻，采用柑橘类原料生产。制造方法类似果冻，但配料中加入适量的柑橘皮切成的条状薄片。这些薄片糖渍透明，均匀分布于果冻中，具有柑橘皮特有的风味。

根据销售地区的嗜好，选用不同的柑橘皮制成甜马茉兰及苦味马茉兰。

5.果汁如何加工?

果汁是用压榨、锥汁或渗出等方法从新鲜水果取得的汁液。全世界约有 50 多种水果可用作果汁的原料。用于制汁的水果常是甜酸适度且有优良的风味、香气和色泽的品种，如伏令夏橙、康可葡萄、粉红色葡萄柚和水蜜桃等。加工过程：原料预处理、取汁、精滤、杀菌、冷却、封罐、常压连续杀菌或冷冻。

一般果汁中约含水分 90%，可用常压蒸发、真空蒸发、冻结、浓缩等方法除去一部分水分。浓缩后的果汁称浓缩果汁。浓缩果汁中应不含果胶，这对制造无醇饮料，保证产品质量特别重要。因浓缩果汁可溶性固形物的含量可达 65%～68%，不添加防腐剂能长期保存，能节约包装及运输费用，可作为制作软饮料等食品基料。

6.罐藏制品的发展趋势是什么?

1）制品的包装容器正在采用轻便的易开罐和软包装，部分取代传统的镀锡薄板罐和玻璃罐。

2）生产中的杀菌工艺正逐渐采用低温连续回转杀菌工艺，以提高产品质量。

8.2.5 果品速冻技术

果品速冻技术是以低温速冻方式保藏水果的加工方法。水果冻结后，内部的生化过程停止，由于所含水分大部分已冻结成冰，微生物无生活所必需的水分，且低温也阻碍了微生物的活动和繁殖，因而水果能得以长期保藏。速冻水果能基本上保持水果原有的自然形状和风味；在储藏期间其色、香、味和维生素没有显著变化。速冻水果绝大部分用于制作其他食品，如果酱、果冻、蜜饯、点心、果汁汽水和冰淇淋等。水果速冻从加工、保藏到运输、销售都要有制冷装置（冷藏链），总的能源消耗较其他加工方法多，因而产品成本高。

1.速冻过程及其原理是什么?

冻结水果过程可分为 3 个阶段：第一阶段是由水果的原来温度降低到开始冻结的温度；第二阶段是使水果的汁液冻结；第三阶段是将水果从冻结温度降低到所需的保藏温度。

冻结是由表面逐渐向内层进行的，当制品的热中心温度（在均质化和各向同性的物质内，热中心落在制品的几何中心上）等于或不高于储藏温度 3 ～ 5℃时，就可认为已完成冻结。在水果的汁液中除含有大量的水分外，还溶有钾、钠、钙、镁、铁等多种无机盐和蛋白质、脂肪等有机质，组成胶体状态的溶液，其冰点低于纯水。多数水果的最高冻结点在 -2.5 ～ -0.8℃。当水果的温度降低到其冰点时，水分便部分由汁液中分离析出，开始生成冰结晶。随着水分逐渐从汁液中析出冻结成冰结晶，汁液的浓度逐渐增大，其冰点也随之下降。当冰的冰结温度降低到低溶冰盐共晶点（约在 -55℃以下），便把最浓的汁液全部冻结，此时，胶体变性，可逆性消失，不利于产品的复原。因此，冻结温度应不低于胶体的可逆性界限（通常在 -2.5 ～ -0.8℃），水果的冻结水量通常控制在 70%～ 80%。多数水果在 -3℃左右开始结冰，当冰结温度降至 -7℃时，有 50%～ 60%的水分冰结，即在 -7 ～ -3℃冰结晶大量形成，称之最大冰结晶生成带。水果进行速冻时，能迅速地通过最大冰结晶生成带，大部分水分在果肉细胞内形成数量多而极微细的冰结晶，物理—化学变化不太强烈，对果肉组织的损伤程度极微，在冰融化时，水分可以充分地渗入果肉组织中，使果肉组织能较好复原，得到较高质量的制品。一般认为，零售包装的冻结速度（制品内冰锋前进的速度）应高于 0.5cm/h，单体速冻产品的冻结速度应高于 5cm/h。

2.速冻方法及其设备是什么？

原料经预处理后，直接进入冻结系统。根据产品用途和冻结设备，可以采用包装前冻结或包装后冻结。冻结系统有非连续式（批量式）、半连续式和连续流水线式。商业上所采用的冻结设备有：① 吹风式冻结器，主要采用流体化冻结器（盘式或带式）和固定式吹风冻结器；② 金属表面接触式冻结器，主要采用卧式平板冻结器和颗粒冻结器；③ 液体蒸发式冻结器，主要采用卧式液氮冻结器。冻结系统的选择应从产品质量与经济性考虑。冻结系统对制品质量的影响有冻结速度和干耗量。

采用包装前冻结方法，大多选用流化床实现水果的单体速冻，所得产品是松散的。在 -30 ～ -26℃，制品放置厚度为 30 ～ 40mm 时，对蓝莓、木莓、草莓、樱桃的冻结时间只需 4 ～ 15min。液氮冻结法的冻结速度快，冰的结晶极小，特别适用于组织软嫩的浆果。生产时，水果被输送带传入速冻隧道，经液氮喷淋，立即冻结。例如草莓从 20℃降到 -18℃的冻结时间只需 2min，草莓的组织状态变化很小，经 90min 的解冻后，汁液损失量比吹风的单体速冻产品要低 50%，但成本较高。

包装后冻结的方法适用于：①散装冻结加糖的水果；②冻结像木莓类的软质水果和草莓类过熟的水果；③加糖浆或加糖冻结的零售包装。冻结系统多采用卧式铝平板冻结器（若用强制循环，平板表面温度为 -4℃，包装厚度 25mm 时，冻结时间约为 30min）和固定式吹风冻结器（空气温度通常为 -40 ～ -38℃，风速 4 ～ 7m/s）。

3.水果速冻加工的过程是什么？

速冻水果的加工过程：原料选择、清洗、分级、整形处理（如去皮、去核、切分等）、加糖、加维生素 C 等保护剂、包装（或散装）、速冻、冻藏。

水果原料的特性对成品的质量起着决定性的作用。用于冻结的水果，应适合冻结保藏，要求在解冻以后，能基本保持原有组织状态和脆度，且成熟适度，外观整齐，不易氧化变色。常用的水果有桃、杏、梨、苹果、李、草莓、木莓、甜瓜、樱桃、杧果、菠萝、猕猴桃等。加糖是为了防止冻结时水分的大量结冰而破坏水果的组织，并防止空气的氧化作用，削弱氧化酶的活力，避免果肉变色，是保持水果质量的重要步骤。用 2%～4%的维生素 C 溶液浸泡水果几十分钟后再行冻结，可使速冻水果的色泽近似新鲜水果。在进行包装或单体速冻以前，应当用震荡除水装置滴干。水果的 pH 值为 2.5 ～ 5.0，因此预处理设备要求用不锈钢制作。

8.3 综合利用技术

8.3.1 纤维固碳技术

竹纤维，可能很多人都不陌生。在 2012 年法国第一视觉面料展上，竹纤维就成为春夏流行趋势的首选面料，风光无限。然而，很多人可能不知道，一直以来，传统竹纤维制取存在效率低、质量差、污染大等难题。近日，由浙江农林大学承担的重大科技专项“天然竹纤维高效加工成套技术装备研究与开发”，攻克了这一行业难题。[①]

摸上去有些细、软，还带着滑滑的丝绒感，竹纤维制品相比其他面料的产品，尤其是棉制品，具有十分显著的特征。竹纤维是从竹类中提取出来的一种再生植物纤维，被称为是继棉、麻、毛、丝之后人类应用的第五大天然纤维。

研究表明，一公顷毛竹年固碳 5.09 t，是杉木的 1.46 倍、热带雨林的 1.33 倍。而所谓固碳，通俗地讲，就是吸收二氧化碳的能力。在低碳经济时代，竹子所具有的天然特性已引起世人对竹子碳汇和减排作用的关注。竹纤维产业，也由此成为低碳经济的新宠。

浙江农林大学教授姚文斌说：“我们研制开发出天然竹纤维高效加工成套技术装备，形成了一套竹纤维生产技术体系。”该体系采用“热—机械耦合分离技术”提取天然竹纤维，突破了一系列天然竹纤维高效、环保生产的技术瓶颈，科技含量高，目前已申请国家发明专利 6 项。

长期以来，毛竹开发利用仅停留在竹地板、竹家具以及竹材工艺品等劳动密集型产品，科技含量、资源利用率、附加值都比较低，同时，竹纤维的提取受到竹种、竹龄的限制，需要将整根竹子经过切割锯断分片，效率低、质量差、污染大成为行业难题。

“如今可以直接加工提取竹纤维，可以实现‘吃竹吐纤维’的流水加工作业，竹材利用

① http://www.zjkjt.gov.cn/news/node01/detail0106/2012/0106_30083.htm，2012-3-29。

率达到70%以上。”姚文斌说，这从根本上实现了天然竹纤维的高效生产，为竹产业开辟了崭新的应用领域。

“我国丰富的竹类资源不仅为减缓全球气候变化作出贡献，也缓解了当前的棉花紧缺危机。”中国纺织工业协会副会长杨东辉介绍说，竹纤维制品具有抗菌抑菌、除臭吸附功能，特别是有超强的抗紫外线功能。棉的紫外线穿透率为25%，竹纤维的紫外线穿透率不足0.6%。而且竹纤维单位细度细，白度好，光泽亮丽，舒适美观，具有一种天然朴实的高雅质感。目前，竹纤维织物已在女装、家纺、无纺、牛仔、婴幼儿等面料领域中“试水”。

8.3.2 沼气综合利用技术

1.怎样建造和优化设计沼气池?

农村家用沼气池是生产和贮存沼气的装置，它的质量好坏，结构和布局是否合理，直接关系到能否生产好、用好、管好沼气。因此，修建沼气池要做到设计合理，构造简单，施工方便，坚固耐用，造价低廉。这就要求选择合理的沼气池设计方案以及建筑材料，还要保证沼气池的密闭性。比如结合家庭生活习惯，将锅罩、禽舍圈舍、厕所加以综合考虑，选择进出料方便、省力、易操作的最佳位置来建设沼气池，建造地点选在背风向阳，远离树木、旧井和公路铁路，土地坚实、地下水位低的地方。建池一般用河沙、海沙或山沙，用来砌筑沼气池池墙的砖应达到吸足水，面干内湿，而石料则应选择组织紧密、无裂缝、无风化的。在建池过程中，应以密闭为前提，当池体各部位达到一定的强度后，应检验沼气池是否漏水或漏气，通过观察池内各部位的抹灰层有无开裂和脱落现象，有无蜂窝和明显毛细孔，导气管和池体黏结是否牢固，必须达到严格密闭、隔绝空气的要求，以保证严格的厌氧环境，这对沼气池稳定产气十分必要。总的来说，沼气池的结构要“圆”（圆形池）、“小”（容积小）、“浅”（池子深度浅）;沼气池的布局，南方多采用“三结合”（厕所、猪圈、沼气池）。

2.如何配置沼气发酵原料?

农村沼气发酵种类根据原料和进料方式，常采用以秸秆为主的一次性投料和以禽畜粪便为主的连续进料两种发酵方式。沼气发酵要注意以下几点：①发酵原料应保持合适的碳氮比，它是沼气产生的物质基础。沼气产气菌从原料中需吸取的主要营养物质是碳元素、氮元素和一些无机盐等。在其他条件都具备的情况下，碳元素高出氮元素20～30倍是满足正常发酵的最佳比例，碳氮比高于或低于这一比例，都会使发酵速度下降，从而降低产气率。②保持稳定的发酵温度。一般认为：45～60℃为高温发酵，30～44℃为中温发酵，8～29℃为低温发酵（也叫常温发酵或自然发酵）。通常情况下，沼气池内温度高于10℃即可产生沼气，高于15℃可正常产气。因此，冬季要注意保温。③适当的料液浓度。一般春秋季应使浓度稍大些，为 10% ～ 15%，夏季可以稀一点，为 8% ～ 9%，冬季寒冷，应在 15% ～ 20% 为宜。发酵原料应堆沤预处理。④ 适宜的酸度。沼气发酵的适宜酸碱度为 7 ～ 9。⑤ 正确的发酵方法。在使用过程中要经常搅动池液，按期加料。

3.怎样制备沼气发酵接种物?

农村沼气发酵接种物一般采用在老沼气池的发酵液中添加一定数量的人畜粪便。比如，要制备 500 kg 发酵接种物，一般添加 200 kg 的沼气发酵液和 300 kg 的人畜粪便混合，堆沤在不渗水的坑里，并用塑料薄膜密闭封口，1 周后即可作为接种物。如果没有沼气发酵液，可以用农村较为肥沃的阴沟污泥 250 kg，添加 250 kg 人畜粪便堆沤 1 周左右即可；如果没有污泥，可直接用人畜粪便 500 kg 密闭堆沤，10 天后便可作沼气发酵接种物。

4.沼气池如何快速产气?

许多农户装料后，几天只产臭气，打不着火。主要原因是发酵细菌产生的甲烷少，而其他发酵细菌产二氧化碳、硫化氢气体多造成的。要想让沼气池装料后快速启动产气，正确的做法如下。

(1) 原料

1）备足发酵原料。一口 8 m^3 沼气池，按装料率 85%、料液浓度 4% ～ 6% 计算，需要鲜猪粪 2.9 ~ 4.4 m^3 或鲜牛粪 2.27 ~ 3.4 m^3。

2）原料来源。一般自备原料，用自家的猪、牛、羊粪；二是拉猪场或牛场的粪，拉前一定要了解最近是否消过毒（刚消过毒的粪便不能使用）。

(2) 原料堆沤

地面铺上塑料薄膜将肥料与接种物拌匀分层洒水，其加水量以洒湿畜粪，底部不流水为宜（防止在堆沤时因温度过高，而造成发酵原料碳化）。目前一般堆沤时间为 2 ~ 3 天。

(3) 加入足够的接种物

由于发酵原料的来源、种类不同，发酵原料中的甲烷菌数量差异很大。因此，假如足够的接种物是保证沼气很快产生的重要条件之一。新池装料应加入接种物量为料液总量的 10% ~ 20%。

(4) 加水

一口 8 m^3 的沼气池加水量，鲜猪粪需加水 2.4 ～ 3.9 m^3，鲜牛粪需加水 4.5 ～ 3.4 m^3。加入沼气池的水最好是经过阳光晒的温水，不能图方便直接抽取进水加入沼气池（因井水温度较低，沼气池启动慢）。如果要用井水，应将井水抽出后经日晒增温后入池。

5.沼气池日常如何管理?

沼气池的使用好坏与日常管理有很大的关系，一般来讲“三分建池，七分管理”，日常管理得好，才能得到好的产气效果。第一，要及时将池内发酵残料抽出，原则是“出多少，进多少，坚持先出后进”。残料抽出后，池内料液面不能低于进出口料管口的上沿，避免池内沼气从进出料管跑掉。第二，要经常进料，对于沼圈厕“三结合”的沼气池，由于人、畜粪尿每天不断自动流入池内，因此，平时只需添加适量的水，保持发酵原料的浓度就可以了。第三，要经常搅拌，防止池内浮渣层形成很厚的结壳和沉淀层，从而降低产气量。第四，要经常调节沼气池水量，使得沼气池的浓度夏天在 6% 左右，冬天在 10% 左右。第五，要做好冬季增温保温工作，入冬前应多进容易发酵的原料，同时要充分利用太阳能，及时加盖保温棚膜。

6.对沼气发酵残留物如何利用?

(1) 沼液的应用

沼液中含有较多的氮、磷、钾等元素，而且都是以速效养分的形式存在，因此是一种多效的复合肥。用沼液根外施肥或叶面喷施，营养元素可以较快被作物吸收；长期使用沼液能促进土壤团粒结构的形成，增强土壤保水保肥能力，改善土壤理化性质；沼液作基肥浇灌果树，结果大，色鲜，味道鲜美，甜味好；沼液浸种可刺激种子发芽和生长，消除种子携带的病原体、细菌等，增强种子的抵抗力；沼液对某些病虫害的防治效果与现行使用的农药功效相似，甚至更好；沼液还可作为部分饲料养鱼、养猪、养鸡等。

(2) 沼渣的应用

沼渣中含有较多的吲哚乙酸和有机质，可以提供作物生长所必需的生长素和肥料，同时沼渣中的有机肥料的肥力释放周期长，可以提供长效肥力。比如用沼渣制作棉花营养钵、玉米营养钵，增产效果明显。还可以用沼渣种植香菇。沼渣还可以养猪、养鱼、养黄鳝、养蚯蚓等。

随着沼气技术体系的完善，沼气与农业生产体系的联系日益紧密。它是协调肥料、饲料和燃料的纽带；可以促进农业的可持续发展；运用沼气系统是农民脱贫致富的有效途径。农村发展沼气还可以改善环境卫生，减少农药化肥的污染，更好地保护森林植被，减轻大气污染。总之，沼气系统运用于农业，是一条可持续的发展道路。

要想了解关于沼气综合利用技术的更多知识，请参见《农村沼气综合利用》（化学工业出版社 2009 年出版）。《农村沼气综合利用》全书分 3 篇，共 19 章。第一篇沼气池建造与沼气利用技术，主要内容包括沼气池建造与沼气工程设计、沼气的热能利用（温室种植、养殖、加工）和沼气气调储藏等；第二篇沼气发酵残留物利用技术，介绍了沼气发酵残留物的成分、沼气发酵残留物做肥料与改良土壤技术、沼液浸种与防治病虫害技术、沼气发酵残留物养猪和养鱼技术、沼气发酵残留物种植食用菌技术以及残留物的商品化开发技术等；第三篇沼气利用模式，介绍了沼气发酵系统与生态农业建设、以沼气为纽带的生态农业模式。

8.3.3 森林水文和森林空气

1.进入森林时为什么会感到空气清新、心情愉快?

森林的空气中含有一种叫负氧离子的物质，它是获得 1 个或 1 个以上的负电荷的氧气离子形成的。空气负离子是重要的森林资源，一般在 700 个 /cm^3 以上时，使人感到空气清新；在 1000 个 /cm^3 以上时，有利于人体健康；在 1 万个 / cm^3 以上时，可以治疗疾病。在医学界负离子享有“维他氧”“空气维生素”“长寿素”“ 空气维生素”等美称，具有极佳的净化除尘，减少二手烟危害、改善预防呼吸道疾病、改善睡眠、抗氧化、防衰老、清除体内自由基、降低血液黏稠度的效果。①

有数据显示：在森林中，负离子每立方厘米含量为 10 万～ 50 万个；高山、海边负氧离子每立方厘米含量为 5 万～ 10 万个；郊外、田野负氧离子每立方厘米含量为 5000 ～ 50000 个；而城市的负氧离子每立方厘米含量仅为 100 个以下。自然中的许多现象，比如闪电、瀑布、一些针叶植物等都能产生负离子。

沐浴在这种生态级负离子浴里面，人们会感到心情愉悦、有精神，可消除疲劳。所以适当地去户外活动是消除压力感、保持心情愉快的良好方法。

2.如何利用好山好水“绣文章”?

曾报道在秦巴深山有一个“特殊”的村落——双坪村：仅 700 人的小村里有 10 余位 90 岁以上的老人，是远近闻名的“长寿村”。双坪村位于湖北竹溪县十八里长峡自然保护区，也是国家南水北调中线工程的核心水源区。近年来，竹溪依托得天独厚的生态环境，大力发展“绿色经济”，在好山好水上“绣文章”。②

在双坪村 3 组，记者见到 94 岁的尹家明老人时，他正带着老花镜看古装书《隋唐演义》。老人说自己从没生过大病。“这里森林多、水好、空气好。自家地里种了不少山野菜和食用菌，外来的人都喜欢，好多人买。”

良好的生态环境，成为经济发展的“引擎”。“在生态循环经济上做文章，这是竹溪发展遵循的方向。近年来，我们终止了一批小水电开发项目，关闭了 47 家煤矿、非煤矿山。”竹溪县委书记余世明说。

不仅如此，通过植树造林、退耕还林和天然林保护，竹溪的森林覆盖率已达到 76.8%，现有森林面积 11.2 万公顷。丰茂的植被，良好的生态，孕育了丰沛的雨水，为南水北调中

① http://jingyan.baidu.com/article/c275f6baf4311ee33c756741.html，2013-5-29。

② www.panews.cn,2015-7-8.

线工程输送了充足优质水源。同时，优质的水源让华彬集团、上海炎善等商家纷纷慕名前来考察。

“竹溪的水属富锶型矿泉水，微量元素锶含量在 0.7 ～ 1.2mg/L，超过国家标准 4 倍，这么优质的水源在国内十分少见。”上海炎善公司负责人吴健介绍，公司位于竹溪的矿泉水生产项目已投产，年产高端矿泉水 20 万吨。

以市场为导向，竹溪还引导和鼓励农户大力发展山药、党参、当归、鱼腥草、桔梗等药食两用品种，鲜嫩时作蔬菜卖，成熟后卖药材，让药食兼备的中药材成为竹溪的致富“秘方”，全县农民人均增收 300 多元。

与此同时，围绕创造绿色 GDP，竹溪积极引导广大农民发展适合林下生长的食用菌、山野菜、药材、家禽等经济作物，种植红豆杉、珙桐等珍稀林木。2014 年该县林下经济产值突破 3.5 亿元，3 万多户农民依托林下养殖业和林下特色产业户均增收 4000 多元。

来自竹溪县新洲乡双龙村的村民伍发兵就尝到了“生态致富”的甜头。依托自家 5 亩多花栎树林，他的 3 个林下小拱棚就卖出了 2 万多元的食用菌。

“对竹溪人来说，我们要走的是一条兴山与富民同步，生态良好与经济发展双赢的绿色跨越之路。”余世明说。

⑴ 竹溪天然矿泉水助中国百姓圆“健康梦”饮水安全引发国民关注

2013 年 1 月，北京保护健康协会健康饮用水专业委员会会长赵飞虹在网上抛出“20 年不喝自来水，只喝矿泉水”的言论成为热议。从此，饮水安全问题不断发酵，引发了媒体与民众大范围的关注。据权威机构资料显示，我国约 35.7 亿立方米水源水质不达标，占总供水量的 11.4%。

据国家环保总局 2005 年中国七大水系 411 个地表水监测点数量表明，27% 为劣 V 类水质，基本丧失功能，七大水系已无安全水。人大环资委报告整个淮河流域，50 m 以内的 80% 浅层地下水都已经变成 V 类水质，丧失了水功能；50 ～ 300 m 的中层地下水，也已出现局部污染。全国各地水污染事件频发，饮水安全告警。所有受污染水体对人类健康都将存在致畸、致癌、致突变风险。

作为城镇居民的主要饮水的自来水，存在着水源污染和管网污染等问题。尽管各地水厂的技术多数是可以保证其来水基本符合卫生标准，但由于水源污染的日益严重和城市供水管道的老化、高层水箱的二次污染的难以解决，仍严重影响着饮用水质。据城乡饮用水安全保障的数据显示，有 17% 的供水出水厂不达标，20.4% 的末梢水不达标。

2015 年 1 月，央视报道称，黄浦江、长江入海口、珠江都检出抗生素，珠江广州段受到严重影响。甚至在南京居民家中的自来水里也有两种抗生素检出，检出的阿莫西林浓度为 8 ng/L。专家表示长期饮用可能致耐药。

(2) 矿泉水——人类最后一个健康堡垒?

早在 2400 多年前，人们就有对优质饮用水的要求。如《庄子 • 秋水》“夫宛雏，发于南海而飞于北海，非梧桐不止，非练实不食，非醴泉不饮”，宛雏即凤凰，被誉为神鸟，其中“非醴泉不饮”中的醴泉，特指美好生态环境中那甘之如饴的山泉。而在那个时代，这些都还是容易实现的事。

当前，我国居民饮用水经过了 3 个阶段。第一阶段是自来水，第二阶段为纯净水，也就是对自来水的再次过滤。在城市居民中，它的出现逐步让原本应用普遍的自来水沦为了清洁、洗涤、厨房用水。第三阶段为类型较为丰富的山泉水、湖泊水与地下水。这一类水的出现一是基于自来水水源的恶化，二是纯净水去除了有害成分，也去除了有益成分，并且多半为酸性水，不利于健康。

而第三阶段饮水多为地表水，随着人类工业与生活化工污染源日益密集，工业生活用水粗暴排放，导致地表水质最终遭到侵蚀和破坏，而出现质量问题。

对此，上海炎善集团负责人吴健说，“21 世纪，天然矿泉水有可能成为人类健康饮水的最后一座堡垒。因为，天然矿泉水的形成年代非常久远，少则数千万年，多则数亿年以上，与当前的人类社会生产生活毫无交集，属于天然矿产，是大自然赐予人类的宝库。”

据了解，优质矿泉水开发生产流程，首先需要对其含有对人体的有益微量元素的指标检测，达到国内外权威机构及主管部门制定的标准后方能授予生产证书，办理采矿手续，划定水源保护区；其次，天然矿泉水加工过程必须纯天然无污染，严格按照水源地罐装原则，不能添加任何人工元素。如此严苛的要求也确保了天然矿泉水产品的品质。

(3) 醴泉寻梦，踏遍青山始见她

根据权威数据统计，矿泉水产品主要分为 3 种类型，分别是偏硅酸型矿泉水、锶型矿泉水及其他元素矿泉水等。其中 95% 以上为偏硅酸型矿泉水，产地主要以我国长白山为主。锶型矿泉水及其他元素矿泉水仅占不到 5%，属珍稀矿泉水种类，如法国依云品牌等。

“为此，我们用了大约 2 年多时间走遍中国大江南北，足迹涉足雪山冰川、云贵高原、大漠塞北，主要围绕珍稀优质矿泉水源展开探寻。从微量元素含量、水质、口感、硬度、供应量多个因素综合考虑，均未能寻找到十分满意的水源。2014 年 10 月 17 日，中央电视台科教频道《国家地理》的一期关于富锶水造就长寿村的专题片，把我们的目光引入了延绵万里，中国最为神秘的秦巴山区和巴山蜀水之间。由于这里地处鄂、渝、陕三省交界之地，交通极为不便，导致大部分地区仍处于原始村落样貌。这里同时也是中国神农文化、古巫文化、中药文化的发源地。地处中国二级与三级阶梯交汇处，以及被誉为地球上众多神秘现象聚集北纬 31° 地区。”上海炎善负责人吴健说。经过不懈跋涉，上海炎善在十堰市竹溪县境内的桃源乡发现了富集的天然矿泉水水源区域。目前所探明的水源，经国土资源部权威机构检验，锶含量达 0.78 ～ 1.2mg/L，超过国家达标值 3 ～ 4 倍，是法国依云矿泉水的 1 ～ 3 倍（依云锶含量为 0.4mg/L）。并且，水源地处中国富硒带，水中同时含有被医学界誉为对癌症具有预防作用的珍惜微量元素硒。pH 值为 8.33，属于天然弱碱性水。加之水总硬度低于 55mg/L，远低于世界卫生组织推荐生活用水总硬度标准（100mg/L）。竹溪的水源同时具备富锶、弱碱、含硒、软水四大特性，成为上海炎善开发的首选。引人关注的是，上海炎善的水源点正处在国家南水北调项目的源头，被划定为重点水源保护区。

(4) 健康水，中国梦

我国对矿泉水的健康养生的认识已有 3000 年历史，古代文献《水经注》中有“鲁山皇女汤，饮之愈百病”，《醴泉铭》有“醴泉出京师，饮之痼疾皆愈”的记载。这表明，中国人在很早以前就已经懂得饮用矿泉水，不但可强身壮体，对治疗多种疾病和某些难治的顽疾，也有一定效果。然而，矿泉水产业化在欧洲已有 200 余年历史，而我国矿泉水产业化历史不足 30 年。

世界卫生组织调查指出，人类 80% 的疾病与水有关。尤其是在当前严峻的雾霾、食品安全、饮水安全“新三害”问题面前，能让中国居民喝上一口健康水，也已经成为老百姓实实在在的“中国梦”。

当前，世界矿泉水年产量超过 1 亿吨，欧洲最高，约占 73.5% 的市场份额，亚洲约占 17.5%（不含中国）。我国矿泉水产量约 300 万吨，占全球矿泉水产量 3%，是世界人均矿泉水消费量最低的国家之一，人均用量不足 2.5 kg，是欧美国家的 1%。

2013 年开始，上海炎善就将大健康产业定位为发展方向，重点围绕天然矿泉水、自然生态的可持续开发、健康功能食品、中药 GAP 标准化等领域，同时将天然优质矿泉水确定现阶段发展的核心产业。据悉，该公司已经与竹溪政府签订了《矿泉水生产项目投资协议书》并已正式投产，年产高端矿泉水 20 万吨。

上海炎善负责人吴健表示，将以此次开发的优质天然矿泉水为基点，面向全球范围内寻找更多优质天然矿泉水，并将寻找各种满足人体不同健康需求的优质矿泉水，开发系列产品，以满足中国人民日益增长的对优质天然矿泉水饮用需求。当记者问及企业发展宗旨时，公司负责人笑谈：“我们现在的企业宗旨正好与现今某企业流行的一处水源供全球的广告语相反，我们将提出‘全球水源供中国’的口号，个中原因我想你懂的。”

(5) “互联网+”引领家庭饮水供应革命

谈及产品上市问题，上海炎善负责人表示，做水其实是传统行业，但如今传统都在积极对接互联网思维。李克强总理当前所提出的“互联网 +”战略体现了我们国家领导人的睿智，也为传统产品的营销推广打开了一个广阔的空间。10 年来，互联网不停地冲击着传统行业，不断刷新和改变众多的商业模式、经济结构，我们也见证了众多新经济发展与财富奇迹的诞生。而基于互联网时代的大数据应用，也洗刷着所有传统行业决策者的思维，让我们越来越觉得世界是平的。为了向顾客提供优质的产品，上海炎善将创建属于自己的“互联网 +”生产营销理念，我们的产品将从生产、物流到配送上门实现全流程云监控。消费者只需在电脑或手机端轻轻一点，就能获得我们出品的优质健康饮用水，并能对产品从取水、灌装、配送的每一环节进行全程逆向追溯，消费者饮用手中的每一瓶水自然也就安心、放心、舒心。当然，这只是公司“互联网 +”模式的一部分，更多的“互联网 +”的内容还等着与广大的消费者来共同缔造。

8.3.4 森林养生保健

1.森林疗养功能主要表现在哪些方面?

森林疗养功能主要表现在森林小气候、森林环境功能与质量等多方面。

(1) 适宜人类生存的森林环境与气候

森林及地貌组合成的森林气候，以温度低、昼夜温差小、湿度大、区域内降雨较多、云雾多等气候特征适应于人类生存，考古学材料证实，人类的漫长童年期就是在森林中度过。森林的存在能大量地制造人类生存所必需的氧气，有效地降低太阳辐射和紫外线对人类健康的危害。据人口普查资料，我国多数长寿老人和长寿区，大都分布在环境优美、少污染的森林地区。法国的朗德森林是在这方面的一个突出例子，这个地区的居民在营造海岸松林分之后，平均寿命有所增长。虽然寿命增长是必然的，但增长的非常突然，于是人们普遍认为长寿受到森林的直接影响。因此，有些资料表明，只要深入森林 100m 以内散步或停留，就能真正地享受到森林空气，身心得到疗养，常常到林中散步，能够延年益寿。

(2) 森林的杀菌功能

森林能分泌杀菌素如萜烯、酒精、有机酸、醚、醛、酮等。这些物质能杀死细菌、真菌和原生动物。使森林中空气含菌量大大减少，据测定：南京市各公共场所空气含菌量为每立方米 49700 个，公园内为 1372 ～ 6980 个，郊区植物园为 1046 个，相差 12 ～ 25 倍。张家界森林公园的夫妻岩人工杉木林内含菌量仅 244 个。林道附近因游人影响为 524 个，而同时在公园内游人食宿中心测定为 13918 个。大庸市汽车站为 32753 个，相差达 134 倍。浙江千岛湖森林公园建成后，公园内林地空气含菌量为 646 个，仅为县城千岛湖镇的 1/120。研究表明了森林中许多树木能挥发不同的杀菌素。如一公顷的榉、桧、杨、槐等树木，一昼夜能分泌 30 kg 杀菌素，能将一个小城市的细菌控制在一定标准之下。因而许多患有呼吸道疾病的游客在森林中旅游和度假，呼吸大量的带有杀菌素的洁净空气，能对病情有所控制和治疗。尤其是松林，因其针叶细长、数量多，针叶和松脂氧化而放出臭氧，稀薄的臭氧具有清新的感受，使人轻松愉快，对肺病有一定治疗作用。所以有许多疗养医院大都建在松林之中或者建在松树分布较多的地区。

(3) 森林净化空气

森林中空气含尘量少，大气中的飘浮尘埃多吸附在森林中的叶片及树枝上。因而空气中的含尘量比公共场所要明显减少。张家界森林公园的杉木幽径的游道空气中每立方米含尘量为 2.22×108 个，阔叶林景点中含尘量为 0.81×108 个，而空旷地游人食宿中心为 5.32×108 个，大庸市汽车站为 3.85×108 个，相差 6.5 倍。森林公园空气中含尘量少，同时氧气含量大，一公顷森林一年可释放氧气 1152 m^3，对哮喘、结核病人有一定疗养功能。

(4) 森林降低噪声

噪声低是森林环境的又一特征，林木的存在能消除自然环境中的一些有碍人类健康的噪声。经森林过滤后的声音，一般人体能够忍受。据研究，绿色植物通过吸收、反射和散射可降低 1/4 的音量。40 m 宽的林带可减低噪声 10 ～ 15 dB。30 m 宽的林带可减低 6 ～ 8 dB。公园中成片的林木可减低 26 ～ 34 dB。由于森林的这种“天然消音器”的作用，可使一些长年生活在噪声环境的游人（工厂和闹市区居民）通过在舒适的声音环境中得到疗养，在身体和心理上都可得到休息和调整。

(5) 森林产生负氧离子

在森林的卫生保健功能中，一个重要的作用在于森林能大量产生“负氧离子”。空气中离子分为阳离子与负离子，阳离子对人体健康有害，空气中阳离子过多，会使人感到身体疲倦，精神郁闭，甚至旧病复发。阳离子一般发生于污浊的市区，通气不良的室内。而阴离子又叫负离子，负氧离子有益人类健康，主要能镇静自律神经，促进新陈代谢、净化血液、强化细胞功能、美颜和延寿。一般在空气中负离子含量为 1000 个，而重工业区只有 220 ～ 400 个；厂房内 25 ～ 100 个；在森林上空及附近负氧离子为 2000 ～ 3000 个；在森林覆盖率 35% ～ 60% 的林分内，负氧离子浓度最高，而森林覆盖率低于 7% 的地方，负氧离子浓度为上述林地的 40% ～ 50%。尤以森林峡谷地区，峡谷内有较大面积水域时，则空气中负氧离子含量最高。据国外研究表明，负氧离子浓度高的森林空气可以调解人体内血清素的浓度，有效缓和“血清素激惹综合征”引起的弱视、关节痛、恶心呕吐、烦躁郁闷等能改善神经功能，调整代谢过程，提高人的免疫力。能成功地治疗高血压、气喘病、肺结核以及疲劳过度，对于支气管炎、冠心病、心绞痛、神经衰弱等 20 多种疾病，也有较好的疗效。并能杀死感染性细菌，促使烧伤愈合。

(6) 森林的绿色心理效应

绿色的基调，结构复杂的森林，舒适的环境等对人的心理作用更是为人们所重视。据游客反映，人们在森林中游憩，普遍感到舒适、安逸、情绪稳定。据测定：游客在森林公园中游览，人体皮肤温度可降低 1 ～ 2℃，脉搏恢复率可提高 2 ～ 7 倍，脉搏次数要明显减少 4 ～ 8 次，呼吸慢而均匀，血流减慢，心脏负担减轻。对于长期生活在紧张环境中的游人，可通过森林疗养在身体和心理上得到调整和恢复。森林的绿色视觉环境，会对人的心理产生多种效应，带来许多积极的影响，调查发现森林公园中的游客在绿色的视觉环境中会产生满足感、安逸感、活力感和舒适感。研究表明，森林主要是通过绿色的树枝，吸收阳光中的紫外线，减少对眼睛的刺激。“绿视率”理论认为，在人的视野中，绿色达到 25% 时，就能消除眼睛和心理的疲劳，使人的精神和心理最舒适。

(7) 森林及环境是人类深层次的心理需求

在第二次世界大战期间，在战场前线，当败局已定的德国军队士兵，在战壕中满含眼泪聆听了那首迪特利希著名的哀愁思乡之歌后，许多士兵在高喊，“我要回布兰肯的森林去！”“我的家在黑森林！”“我是在巴伐利亚的森林中长大”……汇成了一曲回到故乡森林去的大合唱，战场上士兵首先想到的是森林，而不是自己的居所，或者把家与森林完全等同了，反映了人类追求向往森林的一种潜意识的深层次的心理需求的感情。

历史表明，人类的漫长童年是在森林中度过的，而且森林在不同的时期，都提供了人类心理和生理上的庇护场所，满足了人类的种种需求。人类对森林有着积极肯定的情感。根据巴甫洛夫的“大脑动力定型”理论，人类早期的这种积极肯定的情感，已经映入了人类大脑皮层深处，形成了一种潜在的意识。因此，尽管人类已从森林中走出，走入了城市与田园，然而这种深层次的要求时时会表露出来，影响到人们对森林的感情和需求。人们一旦进入森林，这种感情就会爆发出来。人好像回到了童年，甚至母胎中的美好境界，心理得到镇静、中枢神经系统得到轻松，全身得到良好的调节，并感到轻松、愉悦、安逸。许多因环境紧张或者心理因素引起的疾病，通过森林的这种功能会不治而愈。

2.如何规划和选择森林疗养地？①

在森林公园和风景区规划中，疗养地的选择因其疗养目的、公园位置与条件等会有较大的差别。主要从以下几个方面予以决策。

(1) 森林条件

一般应在森林公园中选择成片森林 100 公顷以上的中心部位，森林小气候特征明显，有条件时，应在规划前了解不同区域的小气候指标，包括空气温度、相对湿度、极端温度、降水及空气中含尘、含菌和负氧离子浓度等，选择那些对人体舒适和疗养最适宜地段设计疗养度假场所。森林覆盖率在 40% ～ 70%，林分以针阔混交的中龄林以上的稳定林分。森林组成树种中以松、桧、榉、栎、柏等为佳。并在规划中多补植一些具有杀菌功能的树种。

---

① 但新球．森林公园的疗养保健功能及在规划中的应用 [J]. 中南林业调查规划，1994(1):54-57.

(2) 地貌条件

疗养地尽量包含有多种地貌单元，最好有较大面积的水体与开阔的坪地，以及一定数量的稀疏林分。坡度平缓但有起伏变化。通风向阳无污染的气流和水体。岩体无放射性污染等。

(3) 位置条件

对一个公园或风景区整体而言，疗养地不应置于中心景区或者集中娱乐区，与上述地区虽有一定距离但又不能相距太远，不便疗养人员参加娱乐活动。同时又要尽量减少其他游客对疗养区的影响。

(4) 面积

一般确定疗养区面积大小时，应综合考虑使用目的，森林环境的稳定性与疗养功能，公园面积大小及其他社会经济条件。每公顷森林疗养人数应控制在 2 人以内。

3.如何更好地在国内发展森林旅游保健?

(1) 建立森林公园、开辟森林疗养保健度假区

我国现已批准建设的各级森林公园有多个。大部分适合于开展森林疗养保健旅游活动。因此在规划设计和建设中，应积极规划疗养场所：一是注意科学地选择疗养地；二是注意疗养地其他娱乐、文化、游览以及医疗保健方面设施的配套；三是对森林植被的培育应朝提高森林的疗养保健功能方向发展。

(2) 开辟森林疗养医院

在风景区或森林公园之外，可以在一些条件优越的林场或林区，建立综合性森林疗养医院，如专门的高山森林疗养医院、北方森林疗养医院、森林结核病疗养院等，完善服务与医疗设施。

(3) 开展森林疗养研究

在森林旅游系中开设森林疗养专业，对不同类型森林的疗养功能进行系统科学地研究，以便制订森林疗养政策和探索森林疗养管理与服务经验。

(4) 开展森林疗养、卫生、保健效益的研究与宣传

进一步认识森林对于人类的价值，提高森林的地位，合理地利用森林的功能与价值。

(5) 开展林药与森林保健食品的开发与研究

完善森林疗养的技术与服务项目，使我国森林疗养、保健旅游在森林中发挥应有的作用，着手研究和制订有关森林疗养政策，资助发展森林疗养保健事业，进一步提高全民身体素质。

8.3.5 非木质林产品采集、加工技术

1.什么是非木质林产品?

FAO 指出，非木质林产品是从森林中或任何类似用途的土地上生产的所有可更新及有形的产品（木材、薪材、木炭、石料、水及旅游资源不包括在内）。按照 FAO 的定义，非木材林产品包括对木材以外源于森林或森林树种的各式各样动、植物资源的总称。主要是果类、菌、竹、笋、山菜类、林化产品、茶、咖啡类、竹藤软木类、调料药材补品类和苗木类。

Peter 指出：非木质林产品是除木材外来自森林（包括天然林和人工林）的生物资源，包括水果、坚果、树脂树胶、药材、香料、野生动物及其产品、燃料、观赏植物。

Rijsoort 指出：非木质林产品是除工业用材外，一切用于维持人们的生活或出售的林产品。

2.非木质林产品的分类有哪些?

1）竹藤、软木及其他纤维类产品，包括叶、茎纤维、绒毛、树皮纤维等。

2）可食用产品。

① 植物类：水果；坚果；食用菌类产品；山野菜类，包括可食用茎、叶、花、根、笋、块茎等；木本油料产品；调料产品；饮料，包括茶、咖啡、树汁饮料。

动物类：蜂蜜；可人工驯化饲养的动物、鸟类和食用昆虫。

3）药用动植物产品及化妆品，包括香料。

4）植物提取物等林化产品，如松香、栲胶、紫胶、单宁、植物芳香油、燃料。

5）苗木花卉，包括草坪。

6）其他有经济价值的动植物产品。

3.如何发酵锯末做培养基?

林业产区锯末木屑成堆，给环境带来很大压力。实际上锯末是一种很好的资源，正确利用可成倍增值。锯末发酵后可作多种用途，既可作优质苗木花卉营养土配料，也可作低等动物的粗蛋白饲料等。锯末含碳约 58.4%。含氮 0.26%，含氢 0.08%，灰分含量 2.6%，碳氮比高，属一般生物发酵剂难于对付的有机物（自然发酵则更加困难，一般要一两年）。而用金宝贝生物发酵剂则可大大加速发酵过程。但要注意正确操作，尤其是碳氮比的调节是其关键环节之一。锯末发酵必须加适量的氮源（氮肥或家禽粪尿），调整合适的碳氮比，才能取得较理想的发酵效果。操作方法如下。

1）备料。锯末 2 m^3，金宝贝微生物发酵剂 1 袋、尿素 2 kg（或用家禽粪尿 50 ～ 100 kg 替代），米糠 5 kg。

2）水分。先要测定锯末的含水量，才能确定加水量，把要发酵的锯末的含水量调到60%～65%（一般以用手抓一把，指缝不掉水为大致标准），水分太高或太低均不利于发酵。然后，将2kg尿素兑适量水，制成尿素水备用。

3）兑料。因为太少不便于均匀撒料，因此应将1袋金宝贝生物发酵菌剂均匀地混拌在5kg左右的米糠中，使发酵菌剂与米糠的混合物增量到6kg，这样量大一点便于均匀撒入到要发酵处理的锯末堆料之中。

4）撒料。将上述配制好的发酵菌剂和米糠混合物均匀地混拌在锯末之中，然后，将已配制的尿素水撒在接完种的锯末上，再把锯末堆成大堆，堆完后盖上透气性覆盖物即可。

5）翻倒。堆好的锯末经过7～10天，发酵温度达到60℃左右，在60℃左右高温条件下经过24～36h可翻动一次，然后再等到温度达60℃时，第二次翻动，第二次翻动后自然放置5～7天，发酵温度稳定在40℃以下就完成发酵。在正常条件下25～30天可完成发酵（后熟可延长到30～45天）。

4.常见菌类中药材如何采收？

(1) 灵芝

灵芝又叫灵芝草、灵芝菌，为多孔科植物灵芝或紫芝的子实体。该品具有滋养强壮的功能。主治头晕、失眠、神经衰弱、高血压、冠心病、胆固醇过高、肝炎、慢性支气管炎、哮喘、矽肺、风湿性关节炎，外用治鼻炎。

灵芝分布于我国吉林、河北、山西、陕西、山东、安徽、江苏、浙江、福建、广东、广西、海南、四川、贵州、西藏等省区。野生于栎树及其他阔叶树的根和枯干上（现多用人工培养）。一般在秋季采收。当灵芝的菌盖不再出现白色边缘，原白色也变赤褐色，菌盖下面的管孔开始向外喷射担子（成熟）即可采收：由菌柄下端拧下整个籽实体，摊开干燥，或低温（温度不超过55℃）烘至足干后，放入塑料袋中密封，置阴凉通风干燥处存放或及时出售。

灵芝的规格质量：足干，呈伞状，菌盖肾形或半圆形，硬木质，黄色或红褐色（紫芝黑色），下面白色，菌梗圆形紫褐色。个体完整，有光泽，无霉坏，无虫蛀。

(2) 猪苓

猪苓又叫黑猪苓、野猪粪，为多孔菌科猪苓的干燥核。具有利尿、渗湿的功能。主治水肿、小便不利、泌尿系统感染、腹泻。

猪苓我国大部分省区有分布，主产于陕西、山西、云南等省地。野生寄生于桦、柞、槭树及山毛榉科的树根上。夏、秋两季采收。在雨后到林中寻找，若发现地面雨后先干处或土面疏松而凸起，不管长草或有子实体生出地面，可试挖30cm深坑，若挖到猪苓，应继续下挖，同一处通常有两三层猪苓。坡度大于50°的山坡若发现有子实体，应沿着山坡向上下寻找采挖。挖到的猪苓，除去泥沙，摊在太阳下晒至全干，装入麻袋，置干燥处保存或及时出售。

商品规格质量：足干，个大，体较重，呈不规划条状。类圆或扁块状，长 5 ～ 25cm，直径 2 ～ 6cm，黑色或灰褐色，断面类白色，显颗粒。无泥沙，无杂质，无虫蛀，无霉坏。

(3) 雷丸

雷丸又叫竹苓、苗实、来丸、竹林子，为多孔菌科植物雷丸的干燥菌核。具有杀虫的功能。主治绦虫、钩虫、蛔虫和脑囊虫病。

雷丸分布我国甘肃、江苏、浙江、福建、河南、湖北、湖南、广西、广东、四川、云南和贵州等省区。野生于地下腐烂的竹根上。秋、冬季采收。在竹子发黄或开花的竹根下采挖，收大留小，洗去泥沙，除去杂质，晾干（切忌置于太阳下曝晒以免影响药效）即成。

商品规格质量：足干，呈球形或不规则团块，直径 1 ～ 3cm，表面黑褐色。个大饱满，断面白粉状，味微苦。无泥沙，无杂质，无虫蛀，无霉变。

(4) 马勃

马勃又叫灰色、马粪色，为灰色科植物脱皮马勃、大马勃及紫色马勃等的干燥子实体。具有清热、利咽、止血的功能。用于咽喉肿痛、咳嗽、音哑、外治鼻衄、外伤出血。

脱皮马勃分布于我国内蒙古、陕西、甘肃、新疆、安徽、江苏、湖北、湖南、贵州等省区，野生于山地腐殖质丰富处;大马勃分布于辽宁、河北、山西、内蒙古、甘肃、新疆、安徽、湖北、湖南和贵州，秋季生于林地和竹林间;紫色马勃分布于河北、青海、新疆、江苏、安徽、福建、湖北、广西、广东、海南等省区，野生于旷野草地上。以上三种马勃，均在夏、秋季采收。当子实体刚成熟时采集，去净泥土，摊在太阳下晒至全干，装入麻袋或低箱内 ，置干燥处存放或及时出售。

商品规格质量:足干，个大，皮薄，呈球形或扁球形，松泡，有弹性，触之有孢子飞扬。无破碎，无泥沙，无杂质。

5.如何加工蜂蜜?

(1) 原料蜜验收

没有好的原蜜就不可能加工出优质的浓缩蜜。因此，必须对原料蜜的色泽、气味、水分含量、蜜种、淀粉酶值（鲜度指标）和采集时间的长短及有否农药残毒等逐一严格检测。一般淀粉值在 8° 以下，就不能用于浓缩加工，下降到接近于 0° 就绝对不能收购。

(2) 选配

根据订货的要求将收购的优质蜂蜜拼配蜂蜜小样，根据小样的订货要求指标，再进行大量蜂蜜的加工生产。

(3) 融化

融化蜜的目的是通过加热以防止发酵和破坏晶体，延缓蜂蜜结晶。通常在60～65℃加热30 min，加热时应不时搅拌使蜂蜜受热均匀并加快融化。

(4) 过滤

加热后的蜂蜜温度保持在40℃左右，使蜂蜜成最佳流动状态，以便能顺利通过多道过滤，去除杂质和少量的较大颗粒晶体。应尽量在密封装置中加压过滤，以缩短加热时间，减少风味损失。

(5) 真空浓缩

选择合适的真空浓缩设备，在真空度0.09MPa，40～50℃蒸发浓缩，对蜂蜜的色、香、味影响可以降至最低程度。在浓缩时，应特别注意蜂蜜受热后芳香挥发性物质的回收。一般设置香味回收装置，将这些挥发性物质回收再溶入成品蜜中，以保持蜂蜜特有的香味。

(6) 冷却

将浓缩后的蜂蜜尽快降低温度，以避免较长时间保持在高温下存放而降低蜂蜜质量。为了加快冷却，最好能强制循环和搅拌冷却，以使产品保持良好的外观和内在质量。

(7) 检验和包装

浓缩蜂蜜过程应随机抽样检测，保持加工后的蜂蜜所含水分稳定在17.5%～18%。包装规格可以有多种，一般可分大包装和小包装两类，大包装以大铁桶作容器盛装，铁桶内应涂有符合食品卫生要求的特殊涂料，以避免蜂蜜中所含的酸性物质腐蚀铁质造成污染。小包装主要是瓶装。灌装前容器应清洗干净并严格灭菌。

(8) 储存

储存仓库应单独隔开，并避免阳光直照和高温环境，要经常注意干燥通风和防止与有异味物质一同存放。

完全结晶蜜的加工工艺如下。在自然结晶的蜂蜜中分成两个相：晶相和液相。晶相蜜含水量低于12%，液相蜜含水量超过19%，液相蜜中容易繁殖酵母而使蜂蜜发酵变质。用人工的方法使蜂蜜完全结晶，可使蜂蜜中水分均匀分布，有利于储存、运输，并保持蜜的天然香味。其加工工艺大致分3个步骤：①将预先加工的晶相蜂蜜制成细小、奶油状；②将待加工的蜂蜜加热到66℃使其全部溶化，过滤除去蜡屑和其他有形杂质。加热时要不断搅拌，切忌过热和混入气泡。然后将其迅速冷却到24℃；③在此温度下迅速加入10%的晶相蜜，充分混合，储存于14℃的室内，直至完全结晶为止。这一过程大约需8天。

8.4 林产品综合利用案例

8.4.1 辽宁超 85% 秸秆将“变废为宝”

到 2018 年，辽宁省初步建立秸秆收集储运体系，85% 以上秸秆“变废为宝”，不烧后变为肥料、饲料和燃料。[1]

从辽宁省环保厅获悉：为加强雾霾治理力度，辽宁省出台了《关于推进农作物秸秆综合利用和禁烧工作的实施意见》，提出进一步提高秸秆肥料化、饲料化、燃料化、基料化和原料化利用率。到 2018 年，辽宁省初步建立秸秆收集储运体系，秸秆综合利用率达 85% 以上，在人口集中区域、机场周边和交通干线沿线以及地方政府划定的重点区域内，基本消除露天焚烧秸秆现象。

推进秸秆机械化直接还田，加强农机农艺结合，将符合条件的秸秆机械化还田机具全部纳入全省农机补贴范围。

鼓励和支持设施农业发达、秸秆产量高的地区大力推广和应用秸秆生物反应堆技术。

大力推广秸秆青（黄）储、氨化、膨化、发酵技术和直接粉碎饲喂技术，对纳入我省补贴范围用于秸秆处理的饲料作物收获机械、饲料（草）加工机械设备、畜牧饲养机械等实行敞开补贴。

结合农村环境治理，大力推广秸秆固化成型燃料和高效低排户用秸秆炉具，扶持发展秸秆固化成型燃料企业，鼓励乡（镇）机关和企事业单位进行秸秆锅炉改造。

支持以秸秆为基料的食用菌生产，扶持采用发酵隧道等技术开展秸秆基料专业化生产。

鼓励发展秸秆生物质发电项目，鼓励发展以秸秆为主要原料的新型建材、板材、包装材料、乙醇、淀粉、制炭等产业。

辽宁省将利用 3 年时间，开展秸秆收储运体系建设。按照就近就地利用的原则，在秸秆产地半径合理区域内适当预留田块场地用于建设秸秆收储点，推动秸秆收储大户、秸秆经纪人与秸秆利用企业有效对接，2016 ~ 2018 年，全省每年建成 100 个秸秆收储点、10 个秸秆收储中心。

8.4.2 橡胶林下综合利用——橡胶林鹿角灵芝循环农业创新

随着社会发展和人口增加及国际、国内市场天然橡胶价格的剧烈波动，海南农垦面临着地少人多、种植业结构单一造成的职工收入偏低的问题。利用垦区丰富的林下空间资源进行开发和产业结构调整，改变垦区单一的经济模式，发展林下经济，实现多物种良性循

① 参见《华商晨报》，2016-02-19。

环的新型产业，对垦区有限的土地资源实现二次增值具有重要意义。橡胶林下种植鹿角灵芝是响应垦区产业结构调整、土地增值、职工创收的政策下开展的项目。鹿角灵芝与橡胶林不争空间、阳光、水分和养分，具有较高的食药用价值，市场前景广阔。发展芝—胶间作模式是垦区林下经济模式的创新，为国内首创，可以充分延伸灵芝和橡胶产业链，实现多物种的良性循环，形成垦区特有的经济发展模式。该研究旨在通过对海南农垦橡胶林下鹿角灵芝循环农业模式分析，提出农业废弃物（橡胶木屑）→食用菌养殖→菌糠综合利用（肥料化、饲料化）循环体系，使林下种植鹿角灵芝发挥更大的经济效益和生态效益。

1.高效循环农业模式

气候和土地资源优势橡胶林内温度变化缓和、湿润、静风，开割胶园郁闭度达到 70% 以上，林下温度在正常气温的 1 ～ 2℃波动，年平均相对湿度在 83% ～ 88%。其特有的气候生态环境非常适合中高温型菌种鹿角灵芝生长。目前，海南垦区拥有 393 万亩胶园，开割胶园 294.26 万亩，开发和利用的林下种植面积仅 9.26 万亩，只占开割胶园的 3%。大批闲置的胶林空间为开展食药用菌业提供了保障。

资源利用垦区每年有约 10 万亩的胶园需要更新，开割胶园林下树枝、更新橡胶木屑都可作为鹿角灵芝的栽培基质。因地取材，经过改良的栽培基质既可以废物利用、降低成本，又含有丰富的营养成分满足鹿角灵芝生长需要。栽培料配方为橡胶木屑 73% ～ 75%，麦皮 20%，玉米粉 3%，石膏粉 1%，碳酸钙 1%，石灰粉 0.5% ～ 1%，含水量为 60%。

节水高效在开割胶园胶菌间作实施节水灌溉高产模式，灌溉覆盖率占胶园面积至少为 50% 以上，可以有效降低高温对鹿角灵芝生长的影响，对胶园土壤的滋润程度和效果也非常显著。采用胶菌高产栽培模式下橡胶产量明显比对照高，增产效果最高达 20.8%。其中 4、5 月增产效果最为明显。此时正值海南少雨季节，可以大大缓解干旱对橡胶产量的影响。菌糠多元化利用在鹿角灵芝采收之后，有大量的菌丝体和有益菌留在菌包中，并且在菌丝生长过程中通过酶解作用产生多种糖类、有机酸类、酶和生物活性物质。菌糠中含有丰富的蛋白质、纤维素和氨基酸等。鹿角灵芝菌糠营养成分含量丰富，具有很高的研究利用价值。

1）肥料化菌糠发酵作为肥料已经使用在蔬菜、水稻、脐橙等试验上，可以明显改良土壤，提高品质和产量。该研究利用鹿角灵芝菌糠与牛粪等进行堆沤发酵，施入橡胶肥穴作为有机肥使用。鹿角灵芝采收后第二年冬春干旱季节的土壤检测数据表明，土壤腐殖质、有机质、有效氮、有效磷和有效钾比对照土壤高，菌糠回田可以有效培肥土壤。

2）饲料化出芝结束后的培养料，纤维素由 38.39% 下降到 23.3%，下降了 39.3%；粗蛋白由 5.44% 提高到 11.4%，粗脂肪由 0.40% 提高到 4.7%。同时干料中仍有 50% 的菌丝体残留在菌糠中，并且菌糠通气性好，易保温、保湿，为利用菌糠作饲料原料提供了科学依据。

对菌糠进行挑选、粉碎、配料并接种发酵菌剂，按一定的生产工艺处理，就制成了菌糠饲料。对 80 日龄的育肥猪进行了 20 天的试喂试验，菌糠的配比为 10%。结果表明，采用灵芝菌糠喂饲的猪平均增重 0.88 kg/ 天，个体生命活力旺盛，得病少。菌渣作为饲料或添加剂可取代麦麸、豆粕等常规饲料，具有一定安全性;能降低生产成本，有效缓解饲粮不足的矛盾，有广阔的发展前景。对于不同动物、最佳添加量、最佳配比使用的效果等方面有待进一步研究确定。

2.技术创新

1）种植环境创新高郁闭度的开割胶园林下种植鹿角灵芝的林下经济模式创新，突破了传统林下经济模式难以突破的发展界限。起重机配件传统林下经济模式，只能在郁闭度低于 0.4 的幼龄胶园种植，而林下种植鹿角灵芝的新模式，可以在郁闭度 0.6 以上的开割胶园种植，给海南热区林下经济发展拓展了巨大空间。开割胶园林下成功试种鹿角灵芝是热区林下经济的新突破，有望成为热区林下经济新的发展方向。

2）栽培技术创新本研究开展“室内培菌,林下出菇”“菌袋覆土起垅”“菌床加棚盖膜”和“节水灌溉”等鹿角灵芝栽培技术模式，HDPE 防水板是一套应对海南气候气温高低多变的实际情况采取的组合措施和栽培技术创新。对于超过 36℃高温天气，可以较好地克服菌丝培育阶段烧菌和林下出菇阶段减产的难题，确保了鹿角灵芝在海南胶园林下能够顺利生产。

3）培养料配方改良首次采用海南当地资源改进鹿角灵芝培养料配方。原料就地取材，充分利用橡胶林资源，以开割胶园树枝、更新橡胶木屑等原料，成功配制了鹿角灵芝的培育基料。

4）产品优势明显。通过栽培料配方改进和栽培技术完善等综合措施，使得鹿角灵芝产品有效成分含量较高。破壁灵芝孢子粉虽灵芝多糖低于菌草鹿角灵芝（2.3%），但其灵芝多糖（1.52%）和三萜酸（1.0%）含量。均高于国内野生赤芝、段木赤芝和草粉赤芝，也高于松杉灵芝、中芝及其原产地的日本赤芝。

该项目在菌糠的再回收及合理化利用方面，对用作燃料和作为食用菌栽培原料再利用等未作研究。灵芝的培养料以木屑、麦皮、玉米粉等为主要原料，晒干后可以作为燃料。泰山奇石鹿角灵芝菌糠含有丰富的养分，用作食药用菌再生产配料可以节省成本，提高产量，但对于菌种、配方选择都要进一步研究。研究表明，灵芝菌糠可以替代部分饲料原料，但是对于不同动物、最佳添加量、不同菌渣的搭配使用效果等方面有待进一步研究确定。菌糠用于堆肥虽然具有广阔的前景，但也存在着一些问题。目前堆肥大多只是加入菌剂简单发酵处理，所需堆肥时间较长，且作用机理尚不清楚，个别堆肥结束后营养元素含量不均一，肥料配方有待探讨与研究。

第9章 森林防护技术

第 9 章　森林防护技术

9.1 森林防火技术

9.1.1 森林防火基础知识

1. 扑打山火的基本要领是什么?

扑打山火时，两脚要站到火烧迹地内侧边缘内另一脚在边缘外，使用扑火工具要向火烧迹地斜向里打，呈 40°～ 60°。

拍打时要一打一拖，切勿直上直下扑打，以免溅起火星，扩大燃烧点。拍打时要做到重打轻抬，快打慢抬，边打边进。

火势弱时可单人扑打，火势较强时，要组织小组几个人同时扑打一点，同起同落，打灭火后一同前进。

打灭火时，要沿火线逐段扑打，绝不可脱离火线去打内线火，更不能跑到火烽前方进行阻拦或扑打，尤其是扑打草塘火和逆风火时，更要注意安全。

2.扑救林火，怎样做到既扑灭火灾又不伤亡人员?

扑打火线中，严禁迎火头扑打；不要在下风口扑打；不要在火线前面扑打；扑打下山火时，要注意风向变化时下山火变为上山火，防止被火卷入烧伤。清理火场时，要注意烧焦倾斜“树挂”、倒木突然落倒伤人，特别是防止掉入“火坑”，发生烧伤。

3.扑救森林火灾的战略有哪几种?

1）划分战略灭火地带。根据火灾威胁程度不同，划分为主、次灭火地带。在火场附近无天然和人为防火障碍物，火势可以自由蔓延，这是灭火的主要战略地带。在火场边界外有天然和人工防火障碍物，火势不易扩大，当火势蔓延到防火障碍物是，火会自然熄灭。这是灭火地次要地带。先灭主要地带的火，后集中消灭次要地带的火。

2）先控制火灾蔓延，后消灭余火。

3）打防结合，以打为主。在火势较猛烈的情况下，应在火发展的主要方向的适当地方开设防火线，并扑打火翼侧，防止火灾扩展蔓延。

4）集中优势兵力打歼灭战。火势是在不断变化之中的，扑火指挥员要纵观全局，重点部位重点布防，危险地带重点看守，抓住扑火的有利时机，集中优势力量扑火头，一举将火消灭。

5）牺牲局部，保存全局。为了更好地保护森林资源和人民生命财产安全，在火势猛烈，人力不足的情况下采取牺牲局部，保护全局的措施是必要的。保护重点和秩序是：先人后物，先重点林区后一般林区；如果火灾危及林子和历史文物时，应保护文物后保护林子。

6)安全第一。扑火时一项艰苦的工作,紧张的行动,往往会忙中出错,乱中出事。扑火时，特别是在大风天扑火，要随时注意火的变化，避免被火围困和人身伤亡。在火场范围大、扑火时间长的过程中，各级指挥员要从安全第一出发，严格要求，严格纪律，切实做到安全打火。

4.扑灭森林火灾有哪三个途径？

1）散热降温，使燃烧可燃物的温度降到燃点以下而熄灭，主要采取冷水喷洒可燃物物质，吸收热量，降低温度，冷却降温到燃点以下而熄灭；用湿土覆盖燃烧物质，也可达到冷却降温的效果。

2）隔离热源（火源），使燃烧的可燃物与未燃烧可燃物隔离，破坏火的传导作用，达到灭火目的。为了切断热源（火源），通常采用开防火线、防火沟，砌防火墙，设防火林带，喷洒化学灭火剂等方法，达到隔离热源（火源）的目的。

3）断绝或减少森林燃烧所需要的氧气，使其窒息熄灭。主要采用扑火工具直接扑打灭火、用沙土覆盖灭火、用化学剂稀释燃烧所需要氧气灭火，就会使可燃物与空气形成短暂隔绝状态而窒息。这种方法仅适用于初发火灾，当火灾蔓延扩展后，需要隔绝的空间过大，投工多，效果差。

5.脱险自救方法有哪些？

1）退入安全区。扑火队（组）在扑火时，要观察火场变化，万一出现飞火和气旋时，组织扑火人员进入火烧迹地、植被少、火焰低的地区。

2）按规范点火自救。要统一指挥，选择在比较平坦的地方，一边点顺风火，一边打两侧的火，一边跟着火头方向前进，进入到点火自救产生的火烧迹地内避火。

3）按规范俯卧避险。发生危险时，应就近选择植被少的地方卧倒，脚朝火冲来的方向，扒开浮土直到见着湿土，把脸放进小坑里面，用衣服包住头，双手放在身体正面。

4）按规范迎风突围。当风向突变，火掉头时，指挥员要果断下达突围命令，队员自己要当机立断,选择草较小、较少的地方,用衣服包住头,憋住一口气,迎火猛冲突围。人在 7.5s

内应当可以突围。千万不能与火赛跑，只能对着火冲。

6.常用的扑火战术有哪些？

1)“单点突破，长线对进突击”战术。扑火队从某一个地点突入火线，兵分两路，进行一点两面作战，最后合围。这种战术选择突破点是关键，一般是选择接近主要火头的侧翼突入，火势较强的一侧重大配置兵力，火势较弱的一侧少量布兵力。这种战术的特点是：突破点少，只有一个扑火队连续扑打的火险和火势突变可能性小的情况下采用，但由于扑火队能力有限，大面积火场不宜采用。

2）多点突破，分击合围战术。这是一种快速分割灭火的实用战术。实施时，若干个扑火小队（组），选择两个以上的突破口，然后分别进行“一点两面”作战，各突破口之间相互形成分击合围态势，使整个火场分割成若干个地段，将火迅速扑灭。这种战术的特点：突破口多，使用兵力多，全线展开，每个扑火队（组）间的战线短，扑火效率高，是扑火队常用战术。

3）四面包围，全线突击战术。这种战术是以足够的兵力扑打初发火、小面积火时的实用战术。主要时采用全线用兵，四面围歼的办法扑火，既扑打火头、又兼顾全局，一鼓作气扑灭火灾。蔓延强烈的一侧兵力多于较弱的一侧，顺风火的兵力多于逆风火和侧风火，上山火的兵力多于下山火。

4）一次冲击，全线控制战术。这种时将全部兵力部署的火线的一侧或两侧，采用一个扑火层次，全力扑打明火，暂不清理余火，也不留后续部队和清理火场队伍，力求在短暂时间内消灭明火，以控制火场局势，然后再组织消灭残余火。“一次冲击”的距离一般荒坡400 ～ 500m，危险地段150 ～ 200m，有林地500m左右。这种战术多半用在火危及居民区、重要设施时，会给国家和人民生命财产安全造成巨大威胁时使用。

7.扑灭森林火灾基本原理和方法有哪些？

在扑灭森林火灾时，只要控制住发生火灾的任何一因素，都能使火熄灭。

(1) 原理

降低可燃物的温度，低于燃点以下；阻隔可燃物，破坏连续燃烧的条件；使可燃物与空（氧）气隔绝。

(2) 基本方法

1）冷却法。在燃烧的可燃物上洒水、化学药剂或湿土用来降低热量，让可燃物温度降到燃点以下，使火熄灭。

2）隔离法。采取阻隔的手段，使火与可燃物分离、使已燃的物质与未燃的物质分隔。一般采取在可燃物上面喷洒化学药剂，或用人工扑打、机翻生土带、采用高速风力、提前火烧、适度爆破等办法开设防火线（带）等，使火与可燃物、已燃烧的可燃物与未燃烧的可燃物分隔。同时通过向已燃烧的可燃物洒水或药剂，也能增加可燃物的耐火性和难燃性。

3）窒息法。通过隔绝空气使空气中的含氧率降低到 14% 以下，使火窒息。一般采用机具扑打，用土覆盖，洒化学药剂，使用爆破等手段使火窒息。

9.1.2 国际森林防火技术

国际上现有的森林防火报警技术简述如下。

(1) 德国: FIRE-WATCH森林火灾自动预警系统

德国投入使用的 FIRE-WATCH 森林火灾自动预警系统，正常监测半径 10km，安装该系统每套需 7.5 万欧元，而在勃兰登堡州安装需要 120 ～ 130 套，约 1000 万欧元。

(2) 美国: 护林飞机和红外遥感火灾预警飞机巡逻

美国利用“大地”卫星在离地面大约 705km 的轨道上绕地球运转，探测地面上的高温地区、浓烟地带以及火灾遗址。美国使用无人驾驶林火预警飞机 24h 监测，虽获得了成功，但耗费了巨额资金。

(3) 加拿大: 加拿大采用卫星巡回监测系统

加拿大采用从卫星上发射电磁射线检测林区温度，当检测出某一林区局部温度上升到 150 ～ 200℃，红外线波长达 3.7μm 时，便是火灾前兆，立即测定具体温度，采取措施及时防火，同时，加拿大林区采用多架配备先进的直升机轮流监测森林火灾，飞行费每小时需 5000 ～ 6000 加元。

国外的技术有的虽然可靠，但需要借助高空卫星，且施工太复杂；有的技术方案基础实施投资太大，多达几十万美元，投入成本过高，这些难以满足我国森林资源监测的实际需要。

9.1.3 国内森林防火技术

1.目前国内森林防火监测技术有哪些?

(1) 地面巡护

地面巡护，主要任务是向群众宣传，控制人为火源，深入瞭望台观测的死角进行巡逻。对来往人员及车辆，野外生产和生活用火进行检查和监督。存在的不足是巡护面积小、视野狭窄、确定着火位置时，常因地形地势崎岖、森林茂密而出现较大误差；在交通不便、人烟稀少的偏远山区，无法实施地面巡护，需用各种交通工具费用及人员工资费用，只能用视频监测方法来弥补。

(2) 瞭望台监测

瞭望台监测，是通过了望台来观测林火的发生，确定火灾发生的地点，报告火情，它的优点是覆盖面较大、效果较好。存在的不足：无生活条件的偏远林区不能设瞭望台；它的观察效果受地形地势的限制，覆盖面小，有死角和空白，观察不到，对烟雾浓重的较大面积的火场、余火及地下火无法观察；雷电天气无法上塔观察；瞭望是一种依靠了望员的经验来观测的方法，准确率低，误差大。此外，瞭望员人身安全受雷电、野生动物、森林脑炎等的威胁。

(3) 航空巡护

航空巡护是利用巡护飞机探测林火。它的优点是巡护视野宽、机动性大、速度快同时对火场周围及火势发展能做到全面观察，可及时采取有效措施。但也存在着不足：夜间、大风天气、阴天能见度较低时难以起飞，同时巡视受航线、时间的限制，而且观察范围小，只能一天一次观察某一林区，如错过观察时机，当日的森林火灾也观察不到，容易酿成大灾，固定飞行费用 2000 元 /h，成本高，租用飞机费用昂贵，飞行费用严重不足，这就需要用定点视频监测来弥补其不足。

(4) 卫星遥感

卫星遥感，利用极轨气象卫星、陆地资源卫星、地球静止卫星、低轨卫星探测林火。能够发现热点，监测火场蔓延的情况、及时提供火场信息，用遥感手段制作森林火险预报，用卫星数字资料估算过火面积。它探测范围广、搜集数据快、能得到连续性资料，反映火的动态变化，而且收集资料不受地形条件影响，影像真切。

存在的不足：准确率低，需要地面花费大量的人力、物力、财力进行核实，尤其是交通不便的地方，火情核实十分重要。在接到热点监测报告 2h 内应反馈核查情况和结果。热点达到 3 个像素时，火已基本成灾。从卫星过境到核查通知扑火队伍时间过长，起不到“打早、打小、打了”的作用。

2.什么是森林防火隔离带?

森林防火隔离带即为为了防止火灾扩大蔓延和方便灭火救援，在森林之间、森林与村庄、学校、工厂等之间设置的空旷地带。森林防火隔离带的设置是一种重要的森林防火途径。

开辟森林防火隔离带的目的是把森林分割成小块状，阻止森林火灾蔓延。林业发达的国家很重视开辟防火隔离带。对此，我国十分重视，开辟防火隔离带是国内防止林火蔓延的有效措施之一。在大面积天然林、次生林、人工与灌木、荒山毗连地段，预先作出规划，有计划地开辟防火隔离带，以防火隔离带为控制线，一旦发生山火延烧至防火隔离带，即可阻止山火的蔓延。

3.森林防火隔离带有哪些分类?

林内防火隔离带。就是在林内开设防火隔离带，设置时可与营林、采伐道路结合起来考虑。其宽度为 20 ～ 40m。

林缘防火隔离带。在森林与灌木或荒山接连地段，开辟防火隔离带，也可结合道路、河流等自然地形开辟，其宽度一般为 30 ～ 40m。

4.怎样设置林场森林防火带？[1]

森林防火隔离带设置要与主风方向垂直。首先应找出林区的主风方向，在最前端与主风方向垂直处开设第一条防火隔离带。此处是林场的前缘，设置防火隔离带保护的面积最大、作用最好。

森林防火隔离带设置的位置为山脊向下（背风面）或山谷向上（迎风面）处。这些地方是火势发展最慢区，是最宜控制的地区，同时也是植被较少区。在此设置防火隔离带可以有效减少风力作用，效果最好。

森林防火隔离带设置的密度一般是结合林地实际和地形确定，但不宜突破 5km，太远效果差。

森林防火隔离带的宽度 40 ～ 60m。草坡一般设 10m 宽，而乔木、灌木林地一般要设 60m 宽。

5.如何开设森林防火带？

1）伐除地上物。对于植被较好的林地，经技术人员设计并标好位置，经过审批首先要伐除地上物。伐除顺序是先灌木后乔木，以防被压。伐除工具用油锯。伐倒后彻底清理，把伐除地上物全部清出防火隔离带界线外。

2）杂草的清理。用森草净采用喷雾或撒土方法，一般每亩用量 50 ～ 100g，喷、撒一次即可。此农药毒性大使用之前必须经过详细考查论证，以免出现不良后果。喷、撒时间在当地是夏初植物刚发芽的时候。为保证效果，一定要喷、撒均匀，同时选择晴天进行。此药是通过根部吸收所以时间较长，一般一个月后见效，待植被根部死亡植株完全干枯后用铁耙人工清理出防火隔离带，使防火隔离带土壤全部裸露出来，发挥出防火隔离带的隔离作用。

3）人工破土。如果森林防火隔离带开设地不宜使用森草净就需要进行人工破土。方法有三：一是用拖拉机进行机械破土，此法适宜在较平坦且土层较厚的地方实施；二是用步犁耕，对于立地条件较差的地方，拖拉机无法作业时使用此法效果较好，我们的北线防火隔离带采用了此法，效果很好；在坡陡土少的地方人工用镢头进行翻土。不论哪种方法都必须翻够一定深度，把植被根全部翻出来，保证防火隔离带全部露出土壤来。

---

① 张建江 . 林场森林防火隔离带的设置 [J]. 中小企业管理与科技 , 2008(9):124.

9.2 病虫鼠害防治技术

9.2.1 森林病虫害防治技术

1.我国常见的森林病虫害有哪些?

最常见的有松毛虫、松干蚧、竹蝗、光肩星天牛、青杨天牛、粗鞘双条杉天牛、杨干象、松毒蛾、松梢螟、杉梢小卷蛾、落叶松鞘蛾、落叶松花蝇等害虫，以及落叶松落叶病、落叶松枯梢病、杉木炭疽病、泡桐丛枝病、枣疯病、松苗立枯病、松针褐斑病、松树萎蔫病，毛竹枯梢病、油茶炭疽病、杨树烂皮病、木麻黄青枯病等病害。

2.具有重大危险性的森林病虫害主要有哪些?

(1) 蝗灾

蝗灾是一种威胁我国农业生产的生物灾害，与水灾、旱灾并称三大自然灾害。回顾近2700多年的历史，我国已发生大小蝗灾940多次。最早的蝗灾记载是公元前707年，唐、宋时期平均2～3年发生一次，明、清和民国时期几乎连年发生。1929年，全国11个省的168个县遭受蝗灾，损失上亿元，当时江苏下蜀镇的蝗群将铁轨覆盖，致使火车无法通行。1943年，河北黄骅市的蝗虫吃完了芦苇和庄稼，又像洪水一样冲进村庄，连窗纸都被吃光，甚至婴儿的耳朵也被咬破。旧中国每次蝗灾的暴发，常造成“飞蝗蔽天、赤地千里、禾草皆光、饥荒四起”，给中国人民造成了严重的灾难。

(2) 松材线虫枯萎病

1982 年我国在南京中山陵首次发现松材线虫引起黑松大量枯萎死亡。现该病已扩展到6 省 1 市，发生面积达 7 万平方百米，死亡松树 1600 万株，目前已严重威胁到安徽黄山、浙江西湖等风景名胜区的安全，以及整个中部及南部的大面积松林。目前，对松材线虫病的防治采取了清理病死木，杀灭天牛成虫，熏蒸处理病死木和加强对疫区病木的检疫等防治措施，这些措施对防止此病的迅速蔓延扩展起到重要作用。但从全国来说，该病害无论在局部面积还是整体范围上均呈扩展蔓延之势，其主要原因是防治措施不到位；同时，一些新疫点的形成也不排除从国外再度传入病原的可能性。

(3) 美国白蛾

美国白蛾于 1979 年传入我国辽宁，因其繁殖力强，食性杂（可危害 200 多种寄主），适生范围广，传播速度快，目前已传播到 4 省 3 市（包括陕西、辽宁、山东、河北、北京、上海和天津等），是一种引起严重损失的危险性食叶害虫。防治措施主要是以自然（天敌）控制为主，辅以人工剪网、围草把等人工物理措施和化学防治措施。用这些方法在一些地区取得了很好的防治效果，基本上达到虫在树上不成大灾或虫不下树、不进田。如 1996 年年底在陕西境内的美国白蛾已被基本扑灭。但近年此虫又有进一步蔓延危害之势。

(4) 杨树蛀干类害虫和食叶类害虫

在我国，对杨树危害最严重的蛀干类害虫为各种天牛。北方主要是光肩星天牛和黄斑星天牛，南方主要是桑天牛和云斑天牛。我国北方的“三北”防护林由于杨树天牛的危害，一代林网已几乎完全毁灭，二代林网据统计也有 80%以上的杨树林受害，其中 50%以上的杨树林由于严重受害而不得不完全砍除。1995 年，三北地区有 913 万平方百米新植防护林严重受害（其中杨树受害面积达 467 万平方百米），占三北新造防护林的 77%。杨树天牛成为北方杨树发展的一大障碍。在这些地区杨树受害后其寿命缩短到了 10 年左右。在南方的湖北、湖南等地，大面积栽植的欧美杨也遭受到桑天牛和云斑天牛的严重危害。目前对杨树天牛的防治除了从树种配置等方面来考虑外，别无其他根治性措施或更有效应用的措施。近几年杨树食叶害虫在河南和江苏大面积暴发成灾，其主要种类为杨扇舟蛾和杨小舟蛾。仅 1999 年河南全省 4 亿株杨树就被害 2 亿株，其中中重度受害的有 1.2 亿株，叶全吃光近 3 千株，造成直接经济损失达 3 亿多元。在江苏苏北平原的杨树上这两种食叶害虫在 1999 年和 2000 年也造成了大面积灾害，在一些省份发生仍较严重。

3.危害花木苗圃的主要地下害虫有哪些？如何防治？

危害花木苗圃的地下害虫主要有地老虎、蝼蛄、蛴螬、金针虫、白蚁等。

(1) 地老虎的防治方法

1）诱杀成虫。根据成虫的趋光性，在成虫羽化盛期点灯诱杀，或用糖醋毒液毒杀成虫。

2）种植诱集作物。春季在苗圃中撒播少量苋菜籽，吸引害虫到苋菜上危害，以减轻对花木的危害。

3）人工捕杀。清晨在断苗周围或沿着残留在洞口的被害枝叶，拨动表土 3 ～ 6cm，可找到幼虫。每亩地用 6%敌百虫粉剂 500g，加土 25000 g 拌匀，在苗圃撒施，效果好。

(2) 蝼蛄的防治方法

1）灯光诱杀成虫，晴朗无风闷热天气诱集量尤多。

2）用 50%氯丹粉加适量细土拌匀，随即翻入地下。约每亩地用药 2500g。

3）蝼蛄具有强烈的趋化性，尤喜香甜物品。因此，用炒香的豆饼或谷子 500g，加水 500 克和 40%乐果乳剂 50g，制成毒饵，以诱蝼蛄。

(3) 蛴螬的防治方法

1）用 40%氧化乐果 500 倍液、5%敌杀死 1800 倍液喷杀成虫。

2）用 50%氯丹粉剂加适当细土拌匀，翻入土下，毒杀幼虫。

3）在幼虫盛发期用 50%辛硫磷 600 倍液浇于土中，对消灭幼虫有良效。

(4) 金针虫的防治方法

1）金针虫的卵和初孵幼虫，分布于土壤表层，对不良环境抵抗力较弱。翻耕暴晒土壤，中耕除草，均可使之死亡。

2）用防治蝼蛄的方法氯丹粉剂处理土壤。

(5) 白蚁的防治方法

1）白蚁有趋光性，五六月间点灯诱杀有翅蚁。

2）用 50%氯丹乳剂 1000 倍液浇根，驱杀地下白蚁。

3）对准蚁巢喷灭蚁。

4.森林病虫害的危害有哪些?

我国病虫草鼠害年均发生面积达 54亿亩，虽经防治挽回大量经济损失，但每年仍损失粮食4000万吨，约占全国粮食总产量的8.8%。其他农作物如棉花损失率为24 %，蔬菜和水果损失率为20 %～30 %。

5. 森林病虫害的预报预测流程是什么?

森林病虫害预测预报就是在病虫害发生之前，预先估测出其未来的发生期、发生量、对森林的危害程度以及分布、蔓延范围等。并在掌握一定时间、空间范围内害虫数量变动、病害流行规律的基础上，再进一步研究出便于群众掌握的可操作性强的测报指标和方法。

这项工作很复杂，因为影响害虫种群数量变动，病害流行规律的因素很多。诸如森林病虫害内在的生物学因素，病害的病原物与寄主关系等。外界环境因素以及人类活动。在外界环境因素中一般又可分为生物和非生物因素。生物因素如食物（寄主）、天敌等。非生物因素又包括气候因素和土壤等。而气候因素中又包括有温度、湿度、光照、降水等。由此可见，森林病虫害预测预报工作也是一项技术性很强的工作。所以，要求从事害虫测报工作的人员不仅要有丰富的生态学基础知识，还要有生理学、生物学和数理统计等方面的知识，以及与测报有关的生理、行为等学科的知识。对于从事病虫害测报工作的人员还要有植病流行学、病理学、生物学及生物数学、数理统计、农业气象学等有关知识。不仅如此，测报工作还要有连续性。因为对于森林病虫害来讲，它所处的是一个比较复杂而又十分特殊的生态系统中。我们说天气预测就够复杂的了，然而，天气只是森林病虫害预测中的一个因子。在实际工作中，了解某种森林病虫害自身的生物生态学习性，并非一朝一夕就能办到的，而掌握它的规律就更加不容易，有的病虫种类甚至于要连续观察几年，十几年，多者几十年。这也充分体现了测报工作的长期性，艰苦性。正因为这些原因，做好测报工作还必须有一套科学的管理机制，作为测报工作正常运行的保证。同时，还需要多与各级政府，社会各界进行充分的协调工作，提高全社会的保护森林 ，保护生态环境的意识，遵守《中华人民共和国森林法》《森林植物检疫条例》《森林病虫防治条例》等的自觉性。

6.森林病虫害常用的预报预测技术有哪些?

1）发育进度预测法。

2）害虫趋性预测法。

3）依据有效基数预测法。

4）数理统计预测。

5）异地预测法。

6）电子计算机预测法。应用电子计算机技术和装置，将经研究得出的有害和有益生物发育模型、种群数量波动模型、作物生长模型、防治的经济阈值和防治决策等存入电脑中心，通过各终端系统输入各有关预报因子的监测值后，即可迅速预报有关病虫发生、危害和防治等的预测结果。

7.森林植物检疫的常用技术方法有哪些?

植物检疫是以法规为依据，通过法律、行政和技术的手段，对生产和流通中的某些感染特定病虫害的植物和植物产品采取禁止和限制措施，以防止这些病虫杂草和其他有害生物的人为传播，保障国家农、林业生产安全的各种措施的总称。

主要包括以下常用检疫检验方法。

1）直接检验：利用肉眼或借助扩大镜、显微镜来直接识别病虫种类。

2）过筛检验：根据健康种子与虫体、虫卵、虫瘿、菌核、菌瘿等个体大小的差异，利用不同孔径的筛层，通过筛动把它们分离开来检查。

3）解剖检验：把怀疑感染某种病害或潜藏有某种害虫的植物及其产品用工具剖开检查。

4）比重检验：利用健康种实与被害种实以及混杂在种实间的菌瘿、菌核比重之间的差异，使用不同浓度的溶液或清水，把它们漂选分离开来检查。

5）染色检验：利用不同种类的化学药剂对植物及其产品的某一组织进行染色，然后再根据植物组织颜色的变化来判断植物体是否感病或带虫。

6）洗涤检验：把依附于植物及其产品表面的病原物用无菌水冲洗下来，用离心机将洗涤液中的病原物沉淀，然后再将沉淀液进行检查。

7）软 X 光透视检验：利用软 X 光透视方法，检查潜伏在植物体内部不易发现的害虫。

8）漏斗分离检验：将受检样品切碎，铺于漏斗内的筛网上，加水浸泡若干小时，取下部浸液检查。

9）分离培养检验：利用许多病菌能在适当的环境条件下人工培养的条件，把病菌分离出来，培养在人工培养基上，进行检查。

10）萌芽检验：将种子置于培养皿或播种在花盆的土壤里，在温箱或温室里进行培养，让其发芽、生长，然后根据幼苗表现出来的病害症状判断。

11）接种检验：把从繁殖材料上通过其他检验方法获得的病菌，再接种到健康植株或指示植物上，通过健康植株或指示植物表现出来的症状来诊断病害。

12）血清学检验：利用已知的抗血清进行血清学反应试验，检测植物材料中是否有相对应的抗原存在来进行病原物的诊断和鉴别。

8.利用昆虫病毒防治害虫有哪些优点?

1）对寄主昆虫具有高度的致病性，极少或不产生抗性。

2）对环境因子适应性强，不宜丧失活性。

3）保护生态环境，维持生态平衡，对人、畜、植物安全。

4）自然条件下容易引起害虫群体病毒流行，控制种群数量。

9.林业有害生物的生物防治有哪些内容?

生物防治实质上是利用生物种间关系调节有害虫群密度的措施，也即利用害虫天敌控制害虫的方法。它包括以下几个方面的内容。

(1) 天敌昆虫的利用

利用赤眼蜂防治松毛虫，利用管氏肿腿蜂防治天牛类害虫，利用茧蜂防治松毛虫、舞毒蛾等害虫，利用啮小蜂防治舟蛾、白蛾等都得到了一定的应用。常见的捕食性天敌昆虫如瓢虫、螳螂、草蛉、蠋蝽等。近年来利用瓢虫防治蚜虫、蚧壳虫方面取得了一定的进展。

(2) 微生物治虫

微生物治虫包括利用细菌、真菌、病毒、线虫、原生动物、立克次体等防治害虫。

1）细菌的应用。苏云金杆菌作为一种微生物杀虫剂，与化学农药相比，其突出优点就是对人畜无害，不污染环境。

2）真菌的应用。

3）病毒的应用。目前病毒杀虫剂的剂型有可湿性粉剂、乳剂、乳悬剂、水悬剂等。

(3) 鸟类在害虫防治中的应用

“以鸟治虫”是一种传统方法，对控制害虫有一定的作用，且具有经济、环保、持效性的特点，因此仍是森林害虫生物防治措施中可以采取的方法之一。常见的有杜鹃、大山雀、啄木鸟等 20 多种。它们大多数捕食害虫，对降低害虫虫口密度、维护森林生态平衡具有一定的益处。当害虫种群密度不大时，鸟类对害虫的调节作用最明显。但在大面积的人工林内食虫鸟的种类和数量都较混交林少，这是因为食虫鸟类数量的增多常受鸟巢数量不足及生境不适宜所限制，所以必须帮助明巢鸟类、穴居鸟类等采取人工挂巢箱或朽木块等措施进行招引，以增加鸟类的数量。益鸟的招引包括冬季在林内为食虫益鸟给饵、在干旱地区给水、在林内栽植益鸟食饵植物、在结构单纯的林分中栽植适合鸟类营巢的树种等。

10.林业有害生物的物理防治有哪些内容?

物理防治作为综合治理措施中的一种，以其简便实用、无环境污染、效果直接等特点。物理防治的主要措施有以下几种。

(1) 人工捕杀

对于昆虫个体较大，容易捕捉的种类，如果暴发成灾，可动员周围居民进行人工捕捉进行防治以配合其他防治措施进行防治，可达到成本低，见效快的效果。如银杏大蚕蛾与松毛虫的幼虫与茧的人工捕杀 、栗山天牛灯诱捕捉、青杨天牛的人工剪除虫瘿等都是人工捕杀的实例。

(2) 隔离法

对于在一定区域内传播快，扩散蔓延迅速的害虫，为防止和限制其进一步传播蔓延，达到保护未发生地森林资源安全的目的，可在病虫害的发生地与被保护地之间建立一定宽度和长度的无寄主隔离带，阻碍病虫害的进一步扩散。

(3) 诱杀法

利用害虫的某些趋性特征诱集捕杀，不但方法简便易行，而且经济高效。

1）灯诱捕杀：利用大多数昆虫的趋光性特征灯诱捕杀。

2）信息素：林间弥散昆虫性信息素合成物的气味，干扰昆虫雌雄间的交配通信；利用信息素诱捕器对害虫实施诱捕。

信息素具有专一性、无公害、保护天敌等优点，已逐步成为农林害虫综合防治中不可缺少的手段之一。较常用的有舞毒蛾、杨树透翅蛾、小蠹虫等性信息素。

11.林业有害生物的化学防治有哪些内容?

在森林生态系统中，由于一个或几个昆虫种群的急剧增加，导致森林生态系统失去平衡，而其他防治措施又不能迅速地降低虫口，为保护林木，维护正常的生态平衡，这时化学防治措施作为一种急救手段，发挥着重要的作用。

高效、低毒、安全、经济，每公顷使用几克或几十克就能有效地控制病虫、草害的药剂已不罕见。农药的安全性是十分复杂的问题，它包括药剂本身及其代谢产物对人畜等高等动物、对天敌、对水生生物和土壤中一切有益生物低毒，没有环境污染和残留毒性问题。所谓“无公害药物”或“无污染农药”，其核心就是其安全性较常规农药有显著的提高，在正常使用下，不会造成“公害”或“污染”，高毒、环境污染严重、选择性差的农药将逐步被淘汰。

12.农药制剂的发展方向是什么?

1）以水代替有机溶剂发展新剂型。

2）粉剂向粒剂和悬浮剂方向发展。

3）缓释剂仍是未来农药的发展方向。

通常使用的化学农药制剂如粉剂、可湿性粉剂，乳油、悬浮剂、水剂等，其使用以后有效成分都充分暴露在空间，毒性高的药剂极易引起有益生物的中毒和杀伤；由于光解、水解、生物降解或水的淋溶流失、挥发等，使药剂有效成分又大量流失，其损失率高达60%～90%，药剂的有效期也大大缩短了。

13.缓释剂有哪些优点?

1）可以使高毒产品低毒化。避免或减轻高毒农药品种在使用过程中对人、畜及有益生物的急性中毒和伤害，也可以减轻或避免农药对环境的污染。

2）可以使农药减少在环境中的光解、水解、生物降解、挥发、流失等，使用药量大大减少，而持效期大大延长。

3）由于药剂释放量和时间可以得到控制，因而药剂的功能得到提高，使其更能按照人们的需要发挥作用。

14. 目前农药使用的新技术有哪些?

(1) 低容量喷雾技术

低容量喷雾技术是指喷药液量在每亩3.33～13.33L（3.33～13.33kg）的喷雾施药新技术。通常手动喷雾器或高压机动喷雾器所喷药液量每亩都在40kg以上,称为高容量喷雾。其用水量大,消耗能量大,用工多,效率低,农药的有效利用率低,药效和安全性都受到影响。低容量喷雾技术是通过喷头技术的改进，提高喷雾器的雾化能力，使雾滴变细，增加覆盖面积，降低喷药液量。由于喷药液量大幅度减少，不但省水省力还提供了工效近10倍，节省农药用量20%～30%。由于施药效率高，更易做到适时用药充分保证药效。

(2) 超低容量喷雾技术

是指喷药液量在每亩0.33L（约0.33kg）以下的喷雾新技术。

(3) 静电喷雾技术

静电喷雾技术是使药液在喷洒过程中形成带电雾粒的喷雾新技术，此项技术是超低容量喷雾技术的进一步发展。

(4) 静电喷粉技术

粉剂的粉粒细度愈细愈有利于药效的发挥，但是粉粒越细漂移越严重，药剂的利用率降低，造成环境污染。

15.静电喷雾技术的显著特点有哪些?

1）静电喷雾形成的雾滴粒径比较小且分布比较均匀，一般粒径为 20 ~ 50μm。

2）静电喷雾形成的雾滴带有相同负电荷，在空间运动中相互排斥不发生凝聚，有利于对作物的全面覆盖。

3）由于带电雾滴的感应使作物的外部产生异性电荷，在电场力的作用下，雾滴能快速吸附到目标作物的正反面，甚至隐蔽部位，特别是不带电时极易飘失的小于 20μm 的雾滴，也能迅速在作物上附着。

4）由于带电雾滴在作物上附着能力强且全面均匀，因此药效好，持效期长。

5）通超低容量喷雾一样，省工省时，施药效率高。

静电喷雾需要与之相配套的农药制剂，使其在静电喷雾中能易于带电。同时静电喷雾器需要有产生直流高压电的电器装置，使喷雾机械更复杂化了。静电喷雾也受条件的限制，当空气相对湿度超过 85%时，雾滴不易带电，不能进行静电喷雾；林内植被稀疏是时，药剂飘失多，利用率低，不宜用静电喷雾；林内郁闭度较大时，由于电场力的作用，使雾滴穿透性差。

16.常用的杀虫剂有哪些?

1）有机氯杀虫剂。有机氯杀虫剂是一类含氯有机合成杀虫剂，代表品种是滴滴涕和六六六（BHC）。有机氯杀虫剂大部分原料易得，生产成本低，生产工艺简单，杀虫广谱，残效长。我国在 20 世纪 80 年代左右六六六和滴滴涕在杀虫剂中占很大比例，在控制农林害虫及防治卫生害虫等方面发挥了重要的作用。但由于其不易分解，残留时间长，易造成环境污染，并能通过食物链在动物体内累积，对人类健康带来隐患。

2）有机磷杀虫剂。

3）拟除虫菊酯杀虫剂。

4）特异性杀虫剂。

5）植物源杀虫剂。植物源杀虫剂是一类利用具有杀虫活性的植物某些部位，或提取其有效成分制成的杀虫剂。植物源杀虫剂原料植物源较丰富，采集后或直接加工成制剂，或提取有效成分加工成制剂即可使用，使用方便。对植被安全，一般不会产生药害。易降解，残效期短，对环境和食品基本无污染问题。主要品种有除虫菊素、烟碱、鱼藤酮、苦楝等。

6）其他杀虫剂。

阿维菌素；苏云金杆菌（BT）、白僵菌；杀菌剂。

杀鼠剂主要品种有敌鼠、氯鼠酮、杀鼠迷、溴鼠隆、溴敌隆等。

17.选购农药有哪些注意事项?

购买农药产品时，应注意多看以避免造成损失。要特别注意以下七个方面。

1）看产品介绍。假冒伪劣农药往往字迹模糊不清、异样和错字，夸大药效，内容不完整等。

2）看注册商标。一要有注册商标字样，二要有商标图案，二者缺一不可。假冒农药常常没有商标或商标图案。

3）看两证一号。两证是指农药登记证、生产许可证。一号指产品标准号，凡标签上两证一号齐全的农药可以放心购买。

4）看有效期限和生产批号。有效期是该农药从生产封装开始计算的有效期的最长年限，生产批号是该农药生产的年、月、日和当日的批次号。超过有效期限的农药不能购买。此外，看进口分装农药是否有两证和有效期，若有，可以放心购买。

5）看厂名、厂址。正规生产农药的企业厂名、厂址清楚，有的厂家还注有邮政编码、电话号码等。假冒伪劣农药不会在标签上标注清楚。

6）看外观质量。主要查看农药有无结块、分层、沉淀和泄漏。如果有此类现象中的一种，则为过期农药或不合格农药，最好不要买。

7）看经营单位是否正规。购买农药时一定要查看经营商是否有营业执照和农药经营许可证。最好到证件齐全的经销部门购买农药。

18.果树上禁止使用、建议不使用的农药有哪些?

(1) 果树上禁止使用的农药品种

包括六六六（HCH），滴滴涕（DDT），毒杀酚，二溴氯丙烷，二溴乙烷（EDB），除草醚，艾氏剂，狄氏剂，汞制剂，砷、铅类，敌枯双，氟乙酸胺，甘氟，毒鼠强，氟乙酸钠，毒鼠硅，甲胺磷，甲基对硫磷（甲基1605），对硫磷（1605），久效磷，磷胺，甲拌磷（3911），甲基异柳磷，特丁硫磷，甲基硫环磷，治螟磷（苏化203），内吸磷（1059），百克威，涕灭威，灭线磷，硫环磷，蝇毒磷，地虫硫磷，氯唑磷，苯线磷，杀螟威，异丙磷，三硫磷，氧化乐果，磷化铝，磷化锌，氰化物，氯化苦，五氯酚，氯丹，砒霜，西力生，赛力散，溃疡净，抗生素401，三环锡，倍福朗。

(2) 在无公害果品生产中，建议不使用的农药品种

硫丹、水胺硫磷、杀扑磷、灭多威、三氯杀螨醇、克螨特、克线丹、克线磷、杀螟灭、丁硫克百威。

以上所列是目前禁用或限用的农药品种，该名单将随国家新规定而修订。

9.2.2 森林鼠害防治技术

1.森林鼠害发生的主要原因是什么?

1）森林害鼠自身特点易对林木造成危害，鼠类的个体小、食性杂，绝大多数营地下生活，在洞穴内繁殖、冬眠和储藏食物，能适应各种恶劣的环境条件，再加上很强的繁殖能力，成为哺乳动物中最大的类群，分布遍于全世界。而且，鼠类的齿隙很宽，没有犬齿，门齿呈锄状且终身生长，需经常啃食磨牙；鼠类活动范围很窄，只是固定在离洞穴 200m 之内，因此，在适宜的条件下能够迅速增殖、暴发成灾，使大面积的森林毁坏、枯死。

2）生存环境发生变化引起森林害鼠大发生森林鼠害属于一种生态灾难，其主要原因是自然生态受人为活动等影响失去平衡，引起森林害鼠大暴发。例如，害鼠天敌由于人为捕杀等原因迅速减少，失去天敌制约的森林害鼠就会大量繁殖；其次，由于食物短缺，尤其是在冬季其他食物缺乏时，森林害鼠也会大量地以树木为食，危害森林；另外，由于森林资源采伐过度，林地生态环境受到很大改变，森林害鼠也会为保护种群延续而大量繁殖。

3）西北特殊的生态环境加剧害鼠危害西北黄土高原地区气候干旱、环境恶劣，可选择树种少，新造林地林分结构不合理、树种单一，且多为森林害鼠所喜食树种，易受危害。随着退耕还林等工程的实施，西北地区林草植被面积大幅度增加，食物资源丰富，害鼠生存压力减轻，繁殖能力趋强。国家收缴猎枪，实施野生动物保护和封山禁牧，人工捕杀、人畜干扰活动减少，为害鼠种群迅速扩大提供了条件。退耕还林地以前是农田，食物充足，鼠类很多；耕地转为种树后，当地食物相对减少，鼠类被迫以树木为食，危害新植林。

4）防治措施不力使森林鼠害加重因对森林害鼠进行防治的方法不科学、药剂使用不当，也会加重其危害。例如，由于长期、单一地使用化学杀鼠剂，森林害鼠产生了抗药性和拒食性而使防治失效，种群数量迅速上升。在退耕还林区，由于还林地为农民自己经营，在经验、技术和资金等方面受到限制，很难对森林鼠害及时、有效治理，退耕还林地的森林鼠害问题日益突出。

2.怎样做好鼠情监测?

鼠情预测预报工作必须强化。要实行定点、定人、定期、定方法的调查和监测，监测内容包括害鼠的种群消长、迁徙、扩散以及抗药性等技术指标。要经常普查，及时掌握鼠情动态，使预测预报成为防治工作的“耳目”。

(1) 应施调查的寄主林分

各地区根据当地的实际情况，对本地区未成林造林地、中幼龄林及其他易受鼠害的林分调查。

调查以林场（乡镇）为单位，按调查人员责任区以及地块（位置相邻、条件相似的自然地块可合并为面积不超过 30 公顷的 1 个地块)，对所有应施调查的寄主林分地块编号，并列表。

(2) 鼠情线路踏查

春季雪化时(已露出被害状)或其他时间，按调查地块的形状选择一条最长的对角线，采用线路踏查调查法，等距选取 100 株样树，调查林木被害株率，将踏查结果填入附表。

(3) 标准地内鼠危害程度调查

在线路踏查时，选择被害株率超过 3% 的地块 20 ～ 30 处，设立标准地展开当年有无被啃斑痕、危害等级、林木受害程度的调查。

1）地上鼠类。每块标准地面积 1 公顷，其内树木不少于 200 株，随机抽取 60 株样树，进行危害程度的调查。

2）地下鼢鼠类。每块标准地面积 1 公顷，随机抽取 200 株样树，记录当年死亡株数，将结果填表。

3）西北荒漠林害鼠。荒漠地区的害鼠(如沙鼠类)，善于爬高以啃食梭梭等树木的幼嫩枝条，状如刀割，仅剩光秃的茬桩；并在树木的根部挖穴穿孔，严重破坏根系，致使梭梭林成片死亡。

每块标准地面积 1 公顷，随机抽取 200 株样树，逐株调查有无被害及被害程度，记录各级被害株数和死亡株数，将结果填表。

⑷标准地鼠种类和密度调查

1）地上鼠类。每年于 4 月上旬和 10 月中旬，在监测临时标准样地内，将 100 只鼠夹按 5m 间距方格布放，间隔 24h 进行检查，用空夹将已捕获鼠的鼠夹替换，72h 后将捕鼠夹全部收回。逐日调查鼠害种类组成和捕获率，将结果填表。

2）地下鼢鼠类。每种立地类型选择一块面积为 1 公顷的辅助标准地，统计标准地内当年的土丘数。根据土丘挖开洞道，凡封洞者即为有效洞。确定有效洞口后设置地弓箭进行人工捕杀，连续捕杀 3 昼夜，统计捕获的鼢鼠种类组成和捕获率，将结果填表。

3）西北荒漠林害鼠。每年于 4 月上旬和 10 月中旬，在监测临时标准样地内，将 100 只鼠夹按 5m 间距方格布放，间隔 24h 进行检查，用空夹将已捕获鼠的鼠夹替换，72h 后将捕鼠夹全部收回。逐日调查鼠害种类组成和捕获率，将结果填入表格中。

3.鼠害有哪些具体防治措施?

⑴生态控制措施

生态控制措施，是指通过加强以营林为基础的综合治理措施，破坏鼠类适宜的生活和环境条件，影响害鼠种群数量的增长，以增强森林的自控能力，形成可持续控制的生态林业。

森林鼠害防治必须从营造林工作开始，要在营造林阶段实施各种防治措施，对森林鼠害预防性治理。

1）造林设计时，首先考虑营造针阔混交林和速生丰产林，要加植害鼠厌食树种（如西北地区的沙棘、柠条等）、优化林分及树种结构（东北在大林姬鼠、棕背鼠平、红背鼠平占优势的地区，营造落叶松；在东方田鼠和东北鼢鼠占优势的地区，多营造樟子松），并合理密植以早日密闭成林。

2）造林前，要结合鱼鳞坑整地进行深翻，破坏鼠群栖境；将造林地内的枝丫、梢头、倒木等清理干净，以改善造林地的卫生条件。

3）造林时，要对幼苗用树木保护剂做预防性处理（可以用防啃剂、驱避剂浸蘸根、茎）；对于有地下鼢鼠活动的地区，要实行深坑栽植，挖掘防鼠阻隔沟。

4）造林后，在抚育时及时清除林内灌木和藤蔓植物，搞好林内环境卫生，破坏害鼠的栖息场所和食物资源；控制抚育伐及修枝的强度，合理密植以早日密闭成林；定点堆积采伐剩余物（树头、枝丫及灌木枝条等），让害鼠取食。在害鼠数量高峰年，可采用代替性食物防止鼠类危害，如为害鼠过冬提供应急食物，以减轻对林木的危害。

对于新植幼林，营林部门要切实加强监管，发现鼠害，要立即对害鼠实施化学药剂防治。

(2) 天敌控制措施

根据自然界各种生物之间的食物联系，大力保护利用鼠类天敌，对控制害鼠数量增长和鼠害的发生，具有积极作用。

1）林区内要保持良好的森林生态环境，实行封山育林，严格实行禁猎、禁捕等项措施，保护鼠类的一切天敌动物，最大限度地减少人类对自然生态环境的干扰和破坏，创造有利于鼠类天敌栖息、繁衍的生活条件。

2）在人工林内堆积石头堆或枝柴、草堆，招引鼬科动物；在人工林缘或林中空地，保留较大的阔叶树或悬挂招引杆及安放带有天然树洞的木段，以利于食鼠鸟类的栖息和繁衍。

3）有条件的地区，可以人工饲养繁殖黄鼬、伶鼬、白鼬、苍鹰等鼠类天敌进行灭鼠。

(3) 物理防治

对于害鼠种群密度较低、不适宜进行大规模灭鼠的林地，可以使用鼠夹、地箭、弓形夹等物理器械，开展群众性的人工灭鼠。也可以采取挖防鼠阻隔沟，在树干基部捆扎塑料、金属等防护材料的方式，保护树体。

(4) 化学灭鼠

对于害鼠种群密度较大、造成一定危害的治理区，应使用化学灭鼠剂防治。

化学杀鼠剂包括急性和慢性的两种，含一些植物，甚至微生物灭鼠剂。急性杀鼠剂（如磷化锌一类）严重危害非靶向动物，破坏生态平衡，对人畜有害，应尽量限制其在生产防治中的使用。

慢性杀鼠剂中的第一代抗凝血剂（如敌鼠钠盐、杀鼠醚类）需要多次投药，容易产生耐药性，在防治中不提倡使用此类药物。第二代新型抗凝血剂（如溴敌隆等）对非靶向动物安全，无二次中毒现象，不产生耐药性，可以在防治中大量使用。但应适当采取一些保护性措施，如添加保护色、小塑料袋包装等。大隆类药物因具有急、慢性双重作用，二次中毒严重，在生产防治中应慎用。

(5) 生物防治

生物防治属于基础性的技术措施，要配套使用，并普遍、长期地实行，以达到森林鼠害的自然可持续控制。现在提倡使用的药剂可以分为三种。

1）肉毒素。肉毒素是指由肉毒梭菌所产生的麻痹神经的一类肉毒毒素，它是特有的几种氨基酸组成的蛋白质单体或聚合体，对鼠类具有很强的专一性，杀灭效果很好，在生产防治中可以推广应用；但是，该类药剂在使用中应防止光照，且不能高于一定温度，还要注意避免小型鸟类的中毒现象。

2）林木保护剂。林木保护剂是指用各种方法控制鼠类的行为，以达到驱赶鼠类保护树木的目的，包括防啃剂、拒避剂、多效抗旱驱鼠剂等几类，由于该类药剂不伤害天敌，对生态环境安全，可以在生产防治中推广应用，尤其是在造林时使用最好。

3）抗生育药剂。抗生育药剂是指能够引起动物两性或一性终生或暂时绝育，或是能够通过其他生理机制减少后代数量或改变后代生殖能力的化合物，包括不育剂等药剂。

该类药剂可以在东北地区推广应用，在其他地区要先进行区域性试验。

4.怎样做好防治质量检查和防治效果调查?

1）春季防治时因害鼠捕获率较低，一般不进行防治效果调查，只做防治质量检查。

2）防治质量检查。春、秋两季防治后，都要按药剂的施用说明进行防治作业质量验收检查。其中，林场（乡、镇）级检查防治地块的100%，县（市、区）级抽查防治地块的10%，市（地、州）级抽查防治地块的2%～3%，省级抽查防治地块的1%。

对防治作业质量未达到要求的地块，要分析问题，查出原因，找出解决办法，并重新组织防治，追究有关人员的行政和经济责任。

3）防治效果调查。

① 化学毒饵防治效果调查。对同一个类型的生态林分，以害鼠平均捕获率与最高捕获率之间的中间值作为一个基点鼠密度，把捕获率与基点鼠密度最相近的地块作为防治效果鼠密度调查的标准地。标准地要设置均匀，有代表性。在每处防治面积100公顷以下的地块，选1个标准地，共选3处;在每处防治面积100～500公顷的地块，选2个标准地，

共选 6 处；在每处防治面积 500 公顷以上的地块，选 3 个标准地，共选 9 处。防治前、后鼠密度调查标准地必须是同一块地。

防治效果 =（防治前鼠密度 – 防治后鼠密度）÷ 防治前鼠密度

考核标准：防治效果达 87% 以上的为防治合格。

② 营林技术措施防治效果调查。营林技术措施实施后，在第二年春季设标准地进行林木被害株率调查。营林措施的质量检查按照营林措施的具体规定执行。

考核标准：营林技术防治效果，以林木被害株率低于 3% 为合格。

③ 天敌控制措施防治效果调查。对实施的天敌招引、保护等措施如竖招引杆、堆石块等进行检查。对天敌控制措施实施前、后的天敌种类、数量及鼠密度等方面情况进行调查。考核标准：天敌控制措施的防治效果以林木被害株率低于 3% 为合格。

9.2.3 森林兔害防治技术

1.怎样做好兔情监测？

为切实做好野兔防治工作，各兔害发生区在造林前后（特别是造林前）要对兔害发生情况进行及时监测，做到早调查、早发现、早预防、早治理，为生产防治提供依据。

(1) 监测内容

监测内容包括林木被害程度（含被害株率、死亡株率）及害兔的种群密度等技术指标。新造林地要在造林前进行害兔的种群密度调查；中幼龄林和其他易遭受兔害的林分，要做害兔种群密度和林木被害程度调查。

(2) 监测范围

各地要根据当地的实际情况，确定本地区的新造林地、中幼龄林及其他易遭受野兔危害的林分面积，并进行登记、编号，划定调查人员责任区，建立应施调查地的林分档案。

(3) 监测方法

1)林木被害情况调查。以乡镇(林场)为单位进行林木被害程度调查。调查时,先踏查线路,然后再设立标准地实施样株调查。调查选在初春融雪后（已露出被害状）、无其他（非林木）自然绿色植物时期或其他适宜时间进行。

线路踏查：根据调查地块的形状选择一条最长的对角线（较大地块也可多选择几条踏查线路），沿对角线随机选取 1000 株样树，统计林木的被害株数。

标准地调查：在线路踏查基础上，按不同的立地条件、林型，选择被害株率超过 3% 的小班地块，每百公顷随机建立 3 ～ 5 处标准地，每块标准地的面积为 1 公顷。在标准地内沿对角线随机选取 100 株样树作被害株数和死亡株数调查，调查结果填入表 9.1。

表 9.1 林木被害程度标准地调查记录

地点	林地面积	调查地代表面积	标准地序号	样树株数	被害株数	死亡株数
合计						

汇总人：　　　　　　　　　　　　　　　　日期：

2）种群密度调查。种群密度调查采取目测法（样带法）或丝套法进行，调查时间选在深秋（落雪之后）实施，调查结果填入表 9.2。

目测法：在不同立地条件和不同植被类型的林地内设固定或临时性样带，宽度根据调查人在林地内的透视度而定，为 20 ～ 30m 宽，样带数量按林地面积的 5% ～ 10% 确定，样线间距 1000 ～ 2000m。调查在清晨或傍晚进行，沿样带中部按 2 ～ 3km/h 的步行速度匀速行走 1km，目视样带内所发现的野兔数量（有经验地区也可依靠目视样带内所发现新鲜粪便数量推算野兔数量）。已降雪地区可观察记录降雪后发现的新鲜野兔足迹链数，1 条足迹链代表 1 只野兔。

丝套法：在所设样带内选择有代表性的林地 100 公顷，以野兔跑道为主，按 Z 字形或棋盘式人工安放丝套 100 个，平均每公顷安放 1 个丝套，24h 后进行检查，48h 后将丝套全部收回（有条件的地方可将收套时间延长至 72h）。

表 9.2 目测（丝套）调查结果记录

汇总单位：　　　　　　　　野兔种类：　　　　　　　　单位：公顷、只

调查地点	林地面积	植被	林龄	样带数	野兔数量/（只/公顷）	备注

汇总人：　　　　　　　　　　　　　　　　日期：

2.兔害防治对策有哪些?

为便于防治工作的开展，野兔危害地区可按照野兔种群密度或林木受害程度划分为 3 种防治类型，即重点预防区、一般治理区和重点治理区。

(1) 重点预防区

新规划造林地内野兔种群密度每百公顷大于 50 只的区域。

防治对策：采取人工物理杀灭方法，迅速降低野兔种群密度；同时，在造林时实施包括生态控制、保护驱避和化学防治在内的各种预防性技术措施。

(2) 一般治理区

野兔危害中度发生区或种群密度每百公顷达 25 ~ 50 只的区域。

防治对策：主要采取保护驱避、生物防治、种植替代植物及物理杀灭等技术措施。

(3) 重点治理区

野兔危害重度发生区或种群密度每百公顷大于 50 只的区域。

防治对策:采取人工物理杀灭方法，迅速降低野兔种群密度;同时，实施包括生态控制、保护驱避和化学防治在内的各种综合性防治技术措施。

(4)防治时间

野兔的防治以深秋至初春无其他(非林木)自然绿色植物的时期为主。为保证防治效果，应对较大面积或一独立区域全面治理。

3.兔害的具体防治技术有哪些?

(1) 生态控制

1) 改进造林整地方式。工程整地改变土壤结构，破坏了原有地被植物，使得野兔的取食目标更加明确，对林木造成的危害也相对较大。在有野兔危害的地区将全面整地改为穴状整地或带状整地，尽量减少对原有植被的破坏；同时，可采取挖 30 ~ 50cm 深的鱼鳞坑方式进行预防，野兔一般在视野开阔处活动，不下坑危害。

2) 优化林分和树种结构。造林设计要营造针阔乔灌混交林，并因地制宜、立足发展乡土树种，这是预防兔害的有效途径;同时，要适当加植野兔厌食树种，优化林分及树种结构，合理密植，使其早日郁闭成林。有条件的地方，应尽量选择苗龄较大或木质化程度较高的苗木造林。

3) 种植替代性植物。对因食物短缺而引起的林地兔害，可以采取食物替代的方式转移野兔对树木的危害。例如，在种植冬小麦等农作物地区，可在林地条播 5% ～ 10% 的农作物(如苜蓿等)；在较寒冷地区，可种植耐寒牧草或草坪草。通过有选择地种植野兔喜食植物，为其过冬提供应急食品，可以有效地预防野兔对林木的危害，保护目的树种。

(2) 生物防治

林区野兔天敌很多，包括猛禽（鹰、隼、雕）、猫科（狸、豹猫）及犬科（狐狸）等动物，应采用有力措施加以保护，即通过森林生态环境中的食物链作用，控制野兔数量。

1）禁猎天敌，加大监护力度。严禁乱捕滥杀野兔天敌，充分发挥和调动其防治作用。通过禁猎保护，提高天敌的种群数量，降低野兔密度，以达到长期、有效控制森林兔害的目的。

2）招引天敌，增加种群数量。在造林整地时有计划保留天敌栖息地，并积极进行天敌的人工招引；灌木林或荒漠林区可垒砌土堆、石头堆或制作水泥架，森林区可放置栖息架、招引杆或在林缘及林中空地保留较大的阔叶树，为天敌停落提供条件。招引时，如定期挂放家禽畜的内脏等作为诱饵，效果更好。

3）繁殖驯化，释放食兔天敌。人工饲养繁殖鹰、狐狸、猎兔狗等动物，并进行捕食和野化训练，必要时在有野兔危害的地区实施捕猎；也可迁移野兔天敌以控制其种群密度。

(3) 保护驱避

1）培土埋苗。在越冬前，对一两年生新植侧柏和刺槐苗等可采取高培土保护措施，即通过封土将苗木全部压埋，待来年春季转暖、草返青后再扒出，可有效避免野兔啃咬及冬季苗木风干。

2）捆绑保护物。在树干基部 50cm 以下捆绑芦苇、塑料布、金属网等类保护物，或用带刺植物覆盖树体，能收到很好的防护效果。

3）套置防护套。在树苗或树干上套置柳条筐、笼或塑料套管等类防护套具，可有效避免野兔对树干的啃食。防护套具有“防兔、遮阴、防风”等优点。

4）涂放驱避物。在造林时或越冬前用动物血及骨胶溶剂、辣椒蜡溶剂、鸡蛋混合物、羊油与煤油及机油混合物、浓石灰水等进行树干及主茎涂刷，或在苗木附近放置动物尸骨和肉血等物，可起到很好的驱避作用。

(4) 物理杀灭

1）套捕（杀）。套捕方法主要是利用野兔活动时走固定路线，且常以沟壑、侵蚀沟为道路的习性进行捕杀，常用工具包括铁丝环套及拉网等，其中，拉网套捕方法可以在较大范围内捕捉野兔，适用于开阔平坦的地区。

2）诱捕（杀）。即利用诱饵引诱野兔入笼的方法。饵料应选用野兔喜食的新鲜材料，如新鲜绿色植物、胡萝卜、水果等。诱捕器可采用陷阱式或翻板式，具有足够大的空间，并应放置在野兔经常出没的地方。

3）猎捕（杀）。当野兔种群数量较大时，通过当地野生动物保护和森林公安部门，向公安机关或上级主管部门申请，以乡镇或县为单位组建临时猎兔队，在冬季使用猎枪进行限时、限地、限量地猎杀。使用猎枪时，要有专人负责枪支的发放与保存，签订枪支责任状，并做好相关宣传工作。

4）高压电网捕（杀）。经县级林业主管部门同意，亦可利用智能高压直流电网捕杀野兔。该电网由高压发生器、猎杀电网、警示电网、警示灯管和触发保护等装置组成，设置成封闭或开放式，内置野兔爱吃的新鲜食料、盐水等做诱饵。电网要安放各种警示标志，捕打人员沿途看管，及时巡视，严防人畜触电及火灾事故发生。

(5) 化学防治

化学防治应依据仿生原理，使用既不杀伤非靶动物、又能控制有害动物数量的制剂，以压缩有害动物种群密度，降低有害动物暴发增长的幅度，并保护生态环境，维持有害动物与天敌之间数量平衡。目前，不育剂是主要的化学防治药剂。

不育剂的使用时间因其类型差异而略有不同，抑制精子、卵子排放的不育剂，要在野兔繁殖活动开始之前的一段时间内进行投放；作用于胚胎的不育剂，一般在野兔怀孕期间使用。

(6) 防治效果检查

对野兔进行防治后要按防治作业设计做质量检查，其中，乡镇（林场）的防治地块要全面检查；县（市、区）级的防治地块要进行抽查，抽查比例不小于 10%。

1）检查方法。抽样标准：每个县区抽查两三个乡镇（林场），每个乡镇（林场）检查 3 ～ 5 个林班，总抽样小班约占发生小班 5%；每种防治措施抽样不少于 2 个小班。

样地面积：效果检查重点在防治示范区开展，并按不同的立地条件和林型选择标准地，其中，防治面积在 100 公顷以下的地块，选 3 块标准地；100 ～ 500 公顷的，选 6 块标准地；500 公顷以上的，选 9 块标准地。每块标准地的面积应不得小于 1 公顷，而且防治前、后的调查标准地必须是同一地块。

现场调查：防治效果的现场调查包括林木被害程度和野兔种群密度两种方法，其中，林木被害程度调查采取先进行线路踏查后设标准地的方式，野兔种群密度调查采取目测法（样带法）或丝套法的方式。调查方法和时间同前所述。

2）效果评估。野兔密度指标的防治合格标准：野兔密度降低 50% 以上或野兔密度降低到危害临界指标以下（参考标准：0.5 只 / 公顷）。

林木被害株率指标的防治合格标准：新增林木被害株率在 10% 以下。

营造林技术措施的防治效果指标以林木被害株率为主，调查在实施措施后的第二年春季末实施，对标准地作林木被害株率调查。

防治质量未达到设计要求的，要重新组织防治。

9.2.4 案例：京津冀联合开展林业有害生物防治

为共同搞好京津冀林业生态环境保护，三地林业部门正在按照 2015 年 2 月签订的《京津冀协同发展林业有害生物防治框架协议》，将京津冀地区打造成为林业有害生物防治新技术推广应用的典范、无公害防治的典范、植物检疫追溯平台建设的典范和营建健康森林的典范。[①]

据了解，按照《京津冀协同发展林业有害生物防治框架协议》要求，三地将制定协同工作制度，明确职责分工，做到协同防治，统一指挥、统一行动、统一施药，不留死角。近期，三地林业部门将采取七大措施。一是开展京津冀协同发展林业有害生物防治规划调研工作，为编制协同发展规划做好准备；二是联合申报京津冀林业有害生物应急防控基础设施建设项目；三是利用北京市发射的卫星，探索航空航天遥感技术在林业有害生物监测上的应用；四是探讨京津冀检疫一体化工作机制的可行性；五是探索研究京津冀制定补充检疫对象名单沟通和协调工作机制；六是探讨引导社会化防治组织成立京津冀防治协会，加快京津冀林业有害生物社会化防治进程；七是进一步加大京津冀林业有害生物联防联治工作力度。

9.3 防寒防冻技术

9.3.1 树木防寒防冻措施

1.树木防寒防冻的措施有哪些?

根茎培土、覆土、架风障、涂白与喷白、缠裹草绳、塑料薄膜防寒法、喷洒植物防冻剂、防冻打雪、树基积雪。

2.覆土防寒的适用性及具体方法是什么?

覆土防寒法适用于油松、樟子松、云杉、侧柏、桧柏等常绿针叶树幼苗和部分落叶的花灌木，如蔷薇、月季以及常绿的小叶黄杨等。易霉烂的树种不宜采用此法。覆土防寒应在苗木已停止生长、土壤结冻前 3 ～ 5 天 (立冬前后)，气温稳定在 0℃左右时进行。覆土防寒具体方法：用犁将步道 (或垄沟) 犁起，碎土后向床 (垄) 面一个方向覆土，使苗梢向一边倒，不要从苗上头向下盖土。覆土要均匀，埋严实，以免土壤透风引起冻害。覆土后要经常检查，发现露苗及时补盖。翌年春天起苗前 1 ～ 2 周，气温稳定在 5℃左右时开始分两次撤土，不要在大风天撤土，这样有利于缓苗，使其逐渐适应环境条件的变化。撤土不

① 中国林业网 http://www.forestry.gov.cn/ ，2015 - 5 - 11。

宜过迟，否则覆土化冻下沉，黏附苗木，影响生长，且不便作业。撤土后要及时灌溉，以防春旱。

3.怎样架风障？

为减轻寒冷干燥的大风吹袭造成树木冻旱的伤害，可以在树木的上风方向架设风障。风障材料常为高粱秆、玉米秆或芦苇捆编成篱，其高度要超过树高。常用杉木、竹竿等支牢或钉以木桩绑住，以防大风吹倒，漏风处再用稻草在外披覆好，绑以细棍夹住，或在席外抹泥填缝。此法用于常绿针叶树幼苗或一些珍贵树种和新引进树种阔叶树幼苗的防寒中。

4.树干涂白有哪些好处？

树干涂白可使用石硫合剂或者专门的树干涂白剂，树体枝干涂白可以减小向阳面皮部因昼夜温差过大而受到的伤害，并能杀死一些越冬的病虫害。涂白时间一般在 10 月下旬到 11 月中旬之间，不能拖延涂白时间，温度过低会造成涂白材料成片脱落。树干涂白后，减少了早春树体对太阳热能的吸收，降低了树温提升的速度，可使树体萌动推迟 2 ～ 3 天，从而有效防止树体遭遇早春回寒的霜冻。对花芽萌动早的树种，喷白树身，还可延迟开花，以免受晚霜之害。

5.塑料薄膜防寒法如何分类？

塑料薄膜防寒法可分为苗床的防寒和大树树体缠裹防寒。 塑料薄膜苗床防寒法近年来生产上广泛推广应用，如苗床幼苗云杉、侧柏、桧柏等床作播种苗采用铁筋、竹片在苗床上支撑成拱形，上覆盖塑料薄膜做成小拱棚，四周用土埋严，简便易行。也适用于道路分车带内各类灌木和草、花的越冬防寒。另外覆膜前要灌透底水。此法保温保湿，温湿度适宜，管理方便。若遇冬季寒冷，可在塑料拱棚上面再覆盖厚草帘起防寒保温作用。大树树体防寒主要就是针对一些刚移栽或者较大规格的名贵树种，采用树体缠裹塑料薄膜，以达到防寒保温的目的。

9.3.2 苗圃防寒防冻措施

1.苗圃的防寒防冻措施主要有哪些？

可采用设防风障、增加覆盖物、增施有机肥、修剪清理、灌封冻水、树干涂白、设暖棚、假植、熏烟等措施。

2.在苗圃设防风障有哪些好处？

土壤结冻前，对苗床的迎风面用秫秸等风障防寒。一般风障高 2m，障间距为障高的

10 ～ 15 倍。第二年春晚霜终止后拆除。设风障不仅能阻挡寒风，降低风速，使苗木减轻寒害，而且能增加积雪，利于土壤保墒，预防春旱。对于高干园林植物可在其主干、大枝设防风障。土壤结冻前，对苗床的迎风面用秫秸等风障防寒。一般风障高 2m，障间距为障高的 10 ～ 15 倍。第二年春晚霜终止后拆除。设风障不仅能阻挡寒风，降低风速，使苗木减轻寒害，而且能增加积雪，利于土壤保墒，预防春旱。对于高干园林植物可在其主干、大枝缠绕草绳，并在草绳外围自下而上顺时针方向缠绕宽 10 ～ 20cm 的带状薄膜，预防植株主干及大枝发生冻害。

9.3.3 温室大棚防寒防冻措施

1.怎样做好温室大棚防雪措施？

1）加固棚室。做好农作物防冻和对温室大棚等重点部位的加固、防风工作。防止雪大使棚室压塌（或变形）和大风掀棚的现象发生，确保棚室内作物的安全，并能正常生长发育。

2）除雪保棚。雪后要及时清除棚室积雪，减轻棚室负重，防止棚室变形、倒塌。

3）加膜增温保暖。对棚室作物要多层覆盖，棚室外覆盖草帘，棚室内挂二道幕、大棚内的小拱棚上盖保暖布苫等覆盖物进行增温，或用煤炉加温；有条件的地方，可用地热线、电热丝、空气加温线或暖气等加温设施进行增温，防止在棚作物的受冻。根据不同作物品种采取不同的控温措施，如黄瓜的苗期最低不得低于 8℃，结瓜期最低不得低于 10℃；番茄、辣椒苗期最低不得低于 5℃，结果期最低不得低于 8℃。

4）采取补光措施。可采用张挂反光幕补充光照或安装电灯补光。

5）控制湿度。及时清除棚室四周的积雪，保证排水通畅降低棚内土壤湿度。尽量不浇水或少浇水，水分管理以维持为主，将温室内湿度控制在 85% 以下。

6）防止“闪”苗。连续阴雨雪天后突然转晴后不要全部揭开草苫，防止刚度过灾害性天气的瘦弱秧苗突见强光，棚内温度骤增，使秧苗加大水分蒸腾而发生萎蔫，应部分遮光降温，待植株恢复生长后，再揭开，经过几次反复，不再萎蔫后再全部揭开草苫。

7）防病治病。低温光照天气，容易发生倒苗及叶部病害，应注意加强猝倒病、立枯病、灰霉病等病害的防治工作。及时用烟雾剂熏棚，防止病害发生蔓延。可用一熏灵或百菌清烟雾剂熏蒸。也可拌药土撒在苗床上防治病害。

8）清除死苗。及时清除受冻致死的幼苗，以免组织发霉病变，诱发病害。

9）补施肥料。受冻作物可喷施容大丰、美洲星、世纪星等有机无机生态活性肥，促进植株尽快恢复生长。

10）及时补种。遭受严重低温的，秧苗被冻死的，要及时利用设施条件重新种植或改种其他作物。

2.怎样设计大棚的棚形结构和走向

大棚棚形结构和走向最为关键。棚形多为圆弧形，大棚较好的走向为坐北朝南，东西走向比较好，这样冬季可以充分地接受日光的照射，提高棚室内的温度。并且有利于通风，降低棚内湿度，减少病虫害。棚大小最好为 8m 标准棚，棚的长度不得大于 45m。大棚结构中，钢管的间距 80cm 为宜，间距不宜太宽，不然棚膜易被风吹掉。如果为连栋大棚，要求连栋位置要安装排水的沟槽，以防止雨天雨水从连栋的位置滴入棚内，增加棚内的湿度，降低棚内的温度。在建造大棚时，最忌讳的是偷工减料。大棚结构中，钢管的间距不能大于 1m，如果钢管间距大于 1m，容易造成大棚棚膜被风吹的上下波浪状翻滚，甚至被大风吹走，起不到保温防寒最起码的要求。

9.3.4 冰雪灾害受害林木恢复补救主要措施

1.竹林的受害类型及救护措施有哪些?

1）弯曲。竹株上因积存冰雪而致冠梢下垂甚至着地，单株竹竿弯曲呈弓形。冰雪融化后弯曲竹会自然恢复，对竹林影响较小。

2）破裂。竹株上积存冰雪使竹竿折断，且撕裂成长达数米的篾片。

3）翻蔸。竹株上积存冰雪致使竹竿被连蔸拔起，立竹倒伏翻蔸。翻兜竹地下部分露出地面，破坏了林分的地下系统，对竹林影响最大。

4）救护、恢复措施。

5）切梢。弯曲的楠竹尽快组织切梢，即将竹株梢部斩去，留枝 10 ～ 12 盘。

6）竹林清理。根据竹林受害程度不同而区别对待，弯曲竹要保留，不得砍伐；梢部断裂竹如断裂部位高，可砍去梢部。对翻兜竹、劈裂竹可全竹砍伐。如是大年竹林，受害竹株要等到四五月新竹展枝开叶时才能清理。因为受害竹株即使被折断，由于其根系并未破坏，养分还可供应新竹。如是小年竹林，可适度进行清理利用。如是花年竹林（大、小年不明显的竹林），视受害程度而定，一般老、弱、病、虫的，可一次全部清光;健康的一两年生的，可等到四五新竹展枝开叶时再清理。

7）施肥。为多发笋，快成竹，有条件地方，可在 3 月初至清明节这段时间施肥。在离竹兜 40 ～ 50cm 环状挖沟、挖穴埋肥，注意免伤竹鞭，肥料以尿素（5kg/ 亩）或复合肥（20kg/ 亩）为主。

8）禁挖禁伐和补植。当年严禁挖春笋，立竹度低于150株/亩的受灾竹林当年不得进行采伐。竹林损害严重，出笋少，达不到一定密度的地方，下半年抓紧补植。

2.用材林的受害类型及救护措施有哪些？

(1) 用材林林木受害类型

1) 断梢（包括树干折断）。这一类型受害比较普遍，受害程度也比较严重，主要是由于林木树冠截获的雪的重量超过了树梢、树干本身的负荷极限所致。

2) 弯斜。这一类型受害也比较普遍。树木向侧面偏斜，或梢冠向下弯曲呈弓形。

3) 倒伏。这是用材林林木最主要的受害类型之一，受害率比较高。

4) 翻蔸。这一类型也是主要的受害类型，受害率也比较高。主要发生于陡坡及土层较浅薄立地，林木因雪压而形成头重脚轻被连根拔起，根系完全离地或根系严重扯断。

(2) 救护、恢复措施

清理现场。清理现场做到“三砍三不砍”：砍冻死、压死的，不砍活的和能够恢复生长的；砍倒伏、折断的，不砍压弯压曲的；砍主干撕裂的，不砍断梢、断枝的。对折断、倒伏、翻蔸这类受害林木，恢复比较困难，予以伐除，及时利用，减少损失。对弯斜这类受害林木大都仍可恢复生长发育，需要保留。

要尽可能避免大面积皆伐，在清理完现场后出现天窗的林地，要及时补植补造，迹地面积较大的要及时更新。

当在林分管理上要注意密度管理、立地控制和树种选择，适地适树适法，最大限度地抵御冰冻雪灾。

3.生态林的受害类型及救护措施有哪些？

生态林（风景林）林木受害类型有断梢（包括断干）、树干撕裂、弯斜、倒伏、翻蔸等几种。救护、恢复措施如下。

1) 在生态区位、作用重要、容易引发次生灾害的地段，对倒伏、翻蔸这类受害林木，予以伐除，及时利用，减少损失。及时清理林下枝丫杂物。也可考虑在合适地方完整保留小面积的冰冻灾害现场遗迹，作为生态宣传和教育的景点。

2) 禁止皆伐，在清理完现场后出现天窗的林地，要及时补植补造或实施封山育林。

3) 注意林分物种保护，以自然恢复为主，以恢复生态系统和功能为主，注重森林火灾和病虫害防控，减少人员活动。

9.3.5 案例：油茶基地防寒防冻技术

1.温室、网室

1）专人随时巡视，注意检查温室顶部，塑料薄膜不能出现局部塌陷，并绷紧薄膜方便积雪下滑。

2）将顶部遮阳网全部收拢。

3）放三四个火炉，烧木炭或者煤，用风扇和鼓风设备进行循环。

4）裸露水管、水表用棉絮等保温材料包扎。

5）清除棚顶积雪，除雪时应轻扒轻推，避免刺破棚膜；水源充足且积雪不厚时，用水龙头冲刷，在清除屋顶积雪的同时，一定要同时注意对侧墙积雪的清理，不要形成过高侧压。

6）对于天沟外檐下的积冰，应定期清除，以防冻裂基础或压坏山墙覆盖材料。

2.油茶林

1）人工及时除雪，适时摇落冰雪。在确保人身安全前提下，及时清理植株上的积雪，以免冻害。千万不要强行摇落，以免落叶断枝，尽可能保护树体。

2）气温回升积雪溶化后，及时疏通沟渠，尽快排除积水，做好清沟排水。

3）整枝修剪。按植株受害程度分别对待：对冻害程度较轻的植株，严格掌握“宁浅勿深”的轻修剪来清理植株，以利于芽的萌发；对受害较重的则应深修剪或重修剪，及时剪去受冻部位，以促进新梢萌发。

4）伤口护理。应及时将撕裂的枝扶回原生长的部位，用细棕绳在裂口上捆绑固定，再在裂口上均匀涂上保护剂，然后用 2cm 左右宽的薄膜包扎上。对撕裂的枝干要适当减除其枝叶减少消耗。断枝及时锯除，并于伤口处涂上保护剂，促进伤口愈合。

3.油茶苗木

1）雪后应组织人员除雪，同时，还应做好苗圃四周的清沟排水，降低田间土壤湿度，避免圃地积雪水，预防冻害和渍害同时发生，冻伤根系。

2）要根据冻害程度，合理处理冻枝。冻后枝梢尚好、但叶片枯萎不落，应及时剪除。对受冻干枯枝梢的修剪，应于萌芽后进行，留下健康部分而剪除枯死部分，修剪不宜过早，否则伤口易感染病害。

3）对受冻较轻的植株，发生卷叶、黄叶、生长衰弱者，可用浓度 0.5% 的尿素实施根外追肥两三次，早春解冻后，提早施足春肥，以恢复其生长势。冻害重的植株，宜薄肥多施，特别要注意控制施肥时期，以促春、夏梢而控秋梢为目的。此外受冻后苗木长势较弱，往往容易引发病虫害，必须经常检查，做好病虫害预防工作。

4.基地主要作业道

1）上下坡铺放草垫。

2）人工铲雪。

3）注意事项：

①注意水、电、火源安全。

②烧火加热时，注意防止一氧化碳中毒。

③抗寒防冻物资需提前到院后勤处领取并发放到位。

④及时报告异常情况。

第10章 林产品销售技术

第 10 章　林产品销售技术

10.1 林产品加工与贸易

1.林产品市场如何分类?

在社会需求拉动和技术进步的推动下，林业商品生产的内容非常丰富，商品品种琳琅满目，因此，林业商品市场的种类也是丰富多样的。

按大类可以划分成：木质产品商品市场、非木质产品商品市场、林产化工产品商品市场、森林景观旅游产品商品市场。

考虑影响商品市场的其他因素，如按供求状况林产品商品市场还可以分为卖方市场和卖方市场。考虑我国森林资源情况和林产品需求情况，总体上将长期处于卖方市场。

按达成交易的地点不同，可分为产区和销区市场。由于林产品供给的地域性，产区、销区市场区分比较明显。

按交易者集中的程度可分为集中市场和分散市场。

按交易的品种多少，又可分为单一品种的专业化市场和多种产品的综合市场。

按空间结构，可分为国际市场、国内区域市场。

2.林产品市场有哪些特点?

1）供给约束。

2）木材供给的地域性。

3）木材供给对供求的影响速度和强度较低。

4）需求的多样性和广泛性；林产品的商业标准化程度低。我国林产品市场供给约束和地域性更加突出。

10.2 互联网营销技术

1.什么是互联网营销?

互联网营销也称为网络营销，就是以国际互联网络为基础，利用数字化的信息和网络媒体的交互性来实现营销目标的一种新型的市场营销方式。

2.互联网营销的营销技巧有哪些?

1）增加潜在客户数据。浏览网站的人多，直接购买的人少，这就浪费掉非常多的潜在客户。所以只有不断地开展让潜在客户乐意接受的数据库营销策略，才会让他们逐步成为你的客户。所以在网站的制作和宣传上一定要下功夫。

2）影响潜在客户决策。绝大部分的人都有从众心理，所以购买一个产品的时候，其他购买过的人对产品的评论会对潜在客户的购买决策影响非常的大。所以每个产品下面都要合理的放上六七个以上的从客户从各个角度对这个产品的好评价。好评的关键还是林产品的质量，切勿投机取巧，否则会得不偿失。

3）促进重复购买。优惠券策略：一个客户订购成功之后，一定要赠送客户一张优惠券，然后在一定期限内，购买产品的时候，优惠券可以充当一定的金额，但是过期作废。这样客户就会想办法把这张优惠券花掉或者赠送给他的有需要的朋友；数据库营销：定期向客户的推送对客户有价值的信息，同时合理的附带产品促销广告。

4）互联网营销的品牌策略。在“互联网 +”时代下的“五步走”策略——原点、发声、回声、无声、无声崇拜。互联网营销并不是单纯抓住一两个点便能做强做大的，它需要系统规划，并清楚地把握每个阶段的不同做法。

10.3 农超对接技术

1.什么是农超对接?

农超对接，指的是农户和商家签订意向性协议书，由农户向超市、菜市场和便民店直供农产品的新型流通方式，主要是为优质农产品进入超市搭建平台。“农超对接”的本质是将现代流通方式引向广阔农村，将千家万户的小生产与千变万化的大市场对接起来，构建市场经济条件下的产销一体化链条，实现商家、农民、消费者共赢。

2.农超对接具有哪些优点?

与传统的流通方式相比，农超对接回避了从货物流转中赚取差价的各级批发商，同时，减少中间环节，也减轻了货物在流通过程当中的损耗。因此，能降低流通成本。采用农超对接的方式，是直接去农村合作社、基地采购，了解采购源头，因此，在食品安全上更有保障。另外在农超对接的过程中，产生了规模化种植和经营的农业企业，在生鲜农产品的生产、加工、运输、销售环节中制定了较为严格的控制标准，因此，产品品质更高。农超对接模式能够有效地使市场、连锁超市和农户三方受益，是未来农产品营销新模式，并且受到国家农业部和商务部高度重视，重点扶植，发展前景可观。截至目前，通过农超对接进行流通的生鲜产品占市场生鲜产品流通总量的比重不足 15%。超过 85% 的行业成长空间中，将裂变出大量的投资机会。

10.4 森林认证技术

1.什么是森林认证?

在 20 世纪 90 年代初，由一些国家的企业、环境与社会方面的非政府组织及积极推动森林可持续发展的人士，共同发起了森林认证行动，他们把经过认证的标签贴在良好经营森林的产品上，提倡人们购买通过森林认证的林产品，证明其产品是源自经营良好森林的林产品的实际行动，进而保护人类赖以生存的森林。

森林认证是通过市场机制起作用的，即森林认证是通过对贸易的影响进而影响森林经营的目的。通过对森林经营单位或林产品加工企业的经营管理综合评估，将绿色消费同提高森林经营水平、扩大市场份额以及获得更高收益的生产者联系起来。通过对林产品市场监管的手段达到保护环境、促进森林可持续经营和林产品市场准入的目的。

2.森林认证会带来哪些成本和收益?

森林认证会增加森林的经营成本，森林认证的费用包括直接费用和间接费用。直接费用是认证本身的费用，如森林评估和审计费用，年度审计费用等，这种费用是固定的。间接费用又称可变费用，它与认证单位实施的森林经营体系质量有关，包括制定森林经营长远规划、调整森林作业操作规程培训森林经理人员，实现森林可持续经营所支付的费用。认证费用与认证森林的规模相关，在同等经营水平下，规模小的森林比规模大的森林的认证费用要高。据认证专家介绍，欧美国家进行森林认证每公顷的直接费用为 0.3 ～ 10 美分。

森林认证虽然要付出费用，但也有收益，包括市场利润和非市场利润。具体反映是增加了经营者的利润和木材产品进入市场的机会，扩大市场份额。目前在环保意识较强的欧洲，消费者承诺只购买经过认证的、源自经营良好森林的木材和林产品，即便是这些产品的价格高于未经认证的产品。随着人们环保意识的增强，全球会有更多的消费者通过购买认证产品的方式来保护人类赖以生存的森林。对于经营者来说认证的主要市场效益是通过认证的林业企业可以通过生产有差别的认证产品，提高企业知名度，保持和增加市场份额，改善与零售商的关系，获取更多的财政和技术支持等方式来提高认证产品在国际市场的竞争力，进而扩大产品市场占有率，使其产品的销售量增加。

3.森林认证对我国林产品贸易有哪些积极影响?

1）有利于促进林产品贸易可持续发展。

2）有利于增加我国林产品在国际市场上的占有率。

3）有利于提高林业企业的竞争力。

4）有利于缓解双边及多边贸易摩擦。

5）有利于林业产业的转型。

4.企业为什么要积极申请并取得森林认证?

森林认证是对森林经营管理是否可持续的一种证明。每一件出自这种森林的产品上都会有特别的标志，并由消费者对认证加以监控。森林认证虽是厂家自愿申请，但强有力的市场督促使越来越多的人关注森林认证，推广森林认证是通过消费者对环境保护的选择，引导森林经营单位走上健康、环保的发展道路。

欧洲和北美国家的消费者普遍要求在市场上销售的木材产品应贴有森林认证标志，以证明他们所购买的木材产品源自可持续经营的森林。在森林可持续经营的条件下通过认证的产品将有更高的市场份额和价格，森林经营单位获利将是长期的和较稳定的。如英国一些地方当局规定经过森林认证的产品，可允许销售价格提高 5% ～ 10%；美国俄勒冈州规定向私人销售经过森林认证的木材，销售价格可以上浮 10% ～ 40%。

10.5 林产品销售案例

1.电子商务催热竹溪林产品销售[①]

为扩大林业个体户、农林专业合作组织、涉林公司和企业所生产林业产品市场占有份额，近两年，湖北省竹溪县抢抓电子商务发展机遇，致力于“互联网 +”及电子商务产业带动林业经济的快速发展，扩大林业产品销售渠道。

竹溪县近年来大力发展以林业为主的板块经济，2014 年以来新发展新型市场主体 300 多个，全县林产品产业基地突破 80 万亩。竹溪县创新“政府引导、市场主导”机制，走“农林基地 + 专业合作社 + 农户 + 店商 + 电商 + 物流”的经营模式，借助现代化营销手段和电商

① http://www.greentimes.com/green/news/lscy/cjxw/content/2015-08/12/content_312541.html, 2015-8-12。

平台把竹溪特色林产品推介出去。全县先后与阿里巴巴、中国网通、北京春播等电商企业建立合作关系，电商带动就业人数约5000人，电子商务年成交额达14亿元。

竹溪县蒋家堰镇关垭子村回乡创业大学生龙韬利用本地丰富的山林资源，成立竹溪县秦巴土猪养殖专业合作社，按照“互联网+合作社+基地+农户”的经营模式，扩大本地土猪养殖规模。合作社投资500余万元，建起标准化林下繁育养殖基地，建设青饲料基地20亩、牧林地20亩，黑猪存栏600多头。为拓宽销售网络，龙韬还开拓了淘宝网、微店等网上店铺，目前实现网上销售200多万元，产品远销浙江、北京等地。

竹溪顺达农业专业合作社于2013年注册成立，合作社集生产基地、直营店、电商为一体，采用“店商+电商”的经营方式，年可出售林下散养土鸡6万余只、林下蜂蜜35t以及高山野茶、高山乌米核桃、高山森林蔬菜等林特产品。

2.创新服务平台、科技助农“招招鲜”

年产值超4000亿元，浙江林业产业可谓风生水起。发展林业产业，最重要的是让山区农民富裕起来。靠山吃山，在山林上做文章则需科技“入股”。基于此，浙江林业把科技工作立足林农生产需求，服务林农增收和林企转型，在工作中求新求变，一个个独具创新理念的服务林农新招数纷纷出台。[①]

(1)“互联网+”助推新型林技推广

毛竹覆盖技术有什么秘诀？竹笋的测土配方究竟要怎么搞？打香榧时，树上同时结着两代果，应该怎么打……

一个全新的林业技术服务平台——“林技通”在浙江临安投入运营。首批150台“林技通”当天发到省市林业部门负责人、全省林业专家、镇街林技员和村级农业技术带头人手中。

“林技通”APP是利用互联网和通信技术打造的新型林技服务平台，集行政管理管控、林技推广服务、视频自主学习、突发事件即时沟通、信息采集于一体的综合平台。今后，村民们遇到林业技术问题，可向村里的林业技术带头人请教，带头人解决不了的，可通过“林技通”向上级部门或专家求助。

“我们从2013年开始在临安市开展新型林技推广体系建设试点工作，这次用移动终端武装基层林技推广人员，创新基层林技推广与管理手段，就是为了尝试解决林技推广‘最后一公里’的瓶颈制约问题。”浙江省林业技术推广总站站长高智慧介绍说。

利用互联网服务林技推广，让林业专家、林技指导员、林技员、农民技术带头人四级联动成为现实。

---

① http://lykj.forestry.gov.cn/portal/lykj/s/1719/content-800357.html, 2015-9-14。

临安市太湖源是雷竹笋传统产区，由于经营多年，雷竹林出现了立地生产力衰退，竹笋产量、质量下降等问题，影响了竹林的效益和竹农的收入。正在为此犯愁的太湖源合作社负责人林汉良，在浙江竹产业创新服务平台网站看到了雷竹笋生态高效栽培技术的视频。他觉得雷竹林有救了。他马上通过平台联系了浙江农林大学的专家，请他们提供技术指导。几年下来，退化的雷竹笋效益发生了翻天覆地的变化。2014 年，合作社 13 个示范户每户雷竹笋纯收入超过 20 万元。

浙江农林大学教授黄坚钦，长期从事山核桃种植技术的研究与推广工作。2010 年，黄坚钦与同事建立了全国首个专门介绍山核桃技术和有关信息的网站——“中国山核桃产业网”，将他们的研究成果无偿发布在网站上，让更多的山核桃林农能够用上更好的技术。

现在，黄坚钦又建立了一个微信群，并邀请电信公司相关人员在培训班上为农民们讲解微信的注册和使用方法。微信群的建立，一定程度上弥补了网站互动性差的缺陷，实现了专家与林农的实时互动。

(2)“一亩山万元钱”开辟助农增收新路

周期长、见效慢、产值低，这是许多人对于传统林业的认识。林业有没有高效生产模式？浙江省通过强化技术成果集成创新与推广示范，找到了答案。

近年来，浙江林业充分挖掘土壤、气候和生物潜能，摸索出亩产值超万元的竹林覆盖、名优经济林生态高效栽培、林下种植（套种）和铁皮石斛仿生栽培四大类共 10 项新型栽培模式，现已成为农民增收的新途径。

“这些高效生产模式充分利用林地资源和林荫空间，合理种植，构建稳定良性循环的生态系统与充分发挥林地综合效益的发展模式，不与林木争林地，生产原生态产品，并有利于野生种群的恢复，实现森林生态效益与经济效益双丰收。”浙江省林业厅副厅长吴鸿说。

在杭州创高农业开发有限公司的铁皮石斛种植园内，其独特的种植方式让记者大开眼界，这些铁皮石斛的种苗被草绳一圈圈固定在香樟树上，乍一看，还以为是树皮上长出了仙草。这便是铁皮石斛仿生栽培技术。

“因为野生的铁皮石斛一般是长在酸性的岩石或树上，我们采取的种植方式就是模拟原生态的野生环境”，总经理丁建丰说，铁皮石斛仿生栽培摆脱了大棚种植模式，不但降低种植成本，还提高了铁皮石斛营养价值，价格比大棚种植高出 3 ～ 4 倍。2014 年，他们在香樟树上种植 50 亩（1500 株）铁皮石斛，生产原生态产品 1500kg，每亩收入 5 万元。

临安市太湖源镇的雷竹高产示范户邵观夫，也尝到了“一亩山万元钱”的甜头。他家共有 17 亩雷竹林，从开始采用早出高效覆盖生态化经营技术以来，每年覆盖 6 ～ 7 亩，年收入近 30 万元。2014 年早出覆盖 6.7 亩，亩产值已达 4.26 万元。

“一亩山万元钱”的高效生产模式为加快转变农民增收方式，促进农民收入持续普遍较快增长开辟新路径。截至 2014 年年底，浙江省推广示范十大模式 13.8 万亩，实现总产值 16.56 亿元，增收 7 亿元。

浙江省林业厅正在研究制订相关方案，计划用 5 年时间，在全省建立“一亩山万元钱”各类示范基地 20 万亩，辐射推广 30 万亩，合计示范推广 50 万亩。项目预计可实现总产值 60 亿元，为林农增收 24 亿元，使 8.75 万户农户受益，安排农村富余劳动力 14.1 万人。

(3) 科技特派员构筑技术帮扶平台

把科技带到乡村里，把财富种在群山上。浙江每年都派出一批科技特派员赶赴各地农村，为农民送去新科技，传授致富经。

在浙江丽水，老百姓亲切地称呼丽水学院生态学院教授金爱武为‘农民教授”“竹子教授”。作为浙江省优秀科技特派员，金爱武长期服务在山区田间地头，抚育地方竹产业，推广竹林高效培育技术，创造了农民“夏挖鞭笋巧增收”的传奇。他的竹产业项目技术推广面积超过 300 万亩，3 年累计增收产值 20 亿元。

浙江省林科院戚连忠作为首批浙江省科技特派员，服务云和县安溪畲族乡，确定云和雪梨和毛竹为安溪乡农业产业化发展重点，通过技术培训、示范带动，发展云和雪梨基地 2000 多亩，全乡云和雪梨年产量达 30 万公斤，产值 100 多万元，成为云和雪梨的主要产区。建立了笋竹两用林高效持续经营示范户 50 余户，面积 500 多亩，技术辐射面积达 2000 余亩。

“科技特派员通过实施开发项目，建立科技示范基地、示范户，从而辐射和带动当地农民的经营和管理水平。”浙江省林科院院长汪奎宏说，科技特派员制度的建立突破了科技服务瓶颈，实现了把科技成果写在“林间山头”，取得了突出经济社会效益。

作为竹类研究与林木育种方面的学科带头人，汪奎宏经常到田间地头，深入浅出地给林农讲解科学种竹的道理。2010 年，衢州开始推广毛竹春笋冬出项目，让正常在清明前后出的笋提前到春节前出。那段时间，他每月都到衢州传授技术，和林技站的工作人员挨家挨户上门服务。因为覆盖过的笋没出土，整根笋都很嫩，味道特别好，亩产平均可达到 1.5 万～ 2 万元。

据统计，浙江省已连续 11 年共选派林业科技特派员 102 名，入驻 95 个乡镇。科技特派员上连高等院校、科研院所，下接专业合作社、广大林农，构筑了农村承接新技术的强大平台。

浙江农林大学社会合作处处长戴文圣说，该校开展社会服务的方式已经由原先单一的科研成果转化模式，转型到了派遣农村工作指导员与科技特派员、为农民开展多种形式的科技培训等多元化服务模式。2003 年至今，浙江农林大学累计向全省派驻科技特派员 132 人次，仅竹产业一项，就开展各类培训班、技术咨询和检测服务 1200 余次，受益人员 2.8 万余人。

第11章 主要林业技术产品或专利介绍

第 11 章　主要林业技术产品或专利介绍

2015 年 12 月 8 日，国家林业局印发《关于进一步加强林业标准化工作的意见》，其中提出，要制定拥有自主知识产权的技术标准。

据介绍，国家林业局要加强林业标准化战略、规划和政策，以及国内外林业标准对比、评价、风险评估和重点领域标准的研究；强化技术研发与标准制定的结合，将林业标准纳入科研项目产出管理，支持制定具有自主知识产权的技术标准，加快科研成果转化为标准。要加强标准化试点示范，加大林业标准化示范基地（区）建设力度，集标准实施、信息服务、品牌创建、市场开拓于一体，以点带面，加快林业标准的应用；加强标准化示范企业的认定和管理，推动林业企业标准化生产，发挥示范企业的引领作用；推动建立国家林业技术标准创新基地，开展技术标准与科技创新、产业升级的协同发展试点示范。

据悉，林业标准化工作将坚持统一管理、协同推进，建立国家林业主管部门统一管理、各级林业主管部门协同推进的工作机制；坚持需求导向、服务发展，加快标准制定修订进程等。[①]

11.1 “丽江云杉容器苗的补光育苗方法及应用”获发明专利授权

近来，由中国林科院林业研究所、林木遗传育种国家重点实验室王军辉研究员主持完成的“丽江云杉容器苗的补光育苗方法及应用”获发明专利授权，这为中国林科院在云杉良种繁育技术研究方面又取得实质性的进展。

丽江云杉主要分布在我国西南的高山地带，包括四川西南部、云南西北部以及西藏东南部海拔 2500 ～ 4100m 处，纬度跨越 25° ～ 33°。丽江云杉木材纹理直、结构致密、材质优良和易加工，是其分布区的主要造林树种。然而丽江云杉苗期和幼龄期生长缓慢，育苗周期长、成本高、经济效益低，致使丽江云杉良种苗供不应求。针对此问题，该专利研究了一种适应丽江云杉容器补光育苗的特色方法。将丽江云杉种子播种到容器后，采用特用的光源，连续两个生长季对

---

① 拓展链接

中国林业知识产权网：http://www.cfip.cn

林业行业标准目录：http://www.forestry.gov.cn/portal/lykj/s/1716/content-663048.html

森林产品网：http://www.zgslcp.com

丽江云杉容器苗进行补光，容器苗生长第一年从容器苗的幼苗脱壳后开始补光，补光时段为22：00～2：00，补光 100～110 天；容器苗生长第二年从容器苗展叶时开始补光，补光时段为 21：00～1：00，补光 110～120 天。该发明首要解决了丽江云杉育苗过程中的苗期和幼龄期生长缓慢的问题，大大加速了丽江云杉苗期生长，延迟封顶，使苗木提前出圃；可有效保证丽江云杉的成活率和苗圃保存率，为大规模供应丽江云杉造林提供一种周期短且成本低廉的方法。

11.2 “压缩型林木树种培植基质”获发明专利授权

河北省林科院科技人员研制发明的“压缩型林木树种培植基质”获得发明专利授权，授权号 201310081234.9。

传统的林木育苗方式，大多在苗圃地中进行，极易导致土壤肥力降低和病虫害加重等结果。目前繁育优良林木树种，需要有适合的培育基质。现有培育基质在用于培育林木树种时，存在萌发率低和植株低矮的问题，并且现有的培植基质的主要成分为泥炭，泥炭是不可再生资源，并且其价格昂贵，使得基质的成本提高。

该发明以腐熟的农林废弃物为主要组分，并添加特殊营养添加剂桃胶，桃胶具有黏结性，还可使基质块保持完整的形状，也可为树种的萌发及生长提供营养，从而有利于树种发芽率的提高，有利于苗木的生长。该基质适用于粒径小于 6mm、厚度小于 2mm 的易发芽木本树种或木本花卉等。

该发明专利产品成本低廉，不使用泥炭，充分利用大量的、廉价的农林废弃物，既创造了经济效益，又带来了环境效益。同时提高了所培育树种的发芽率，并可为林木幼苗快速发育提供充足的营养，所培养的林木幼苗较普通基质所培养的幼苗更为高大、健壮。

11.3 ABT 生根粉

ABT 生根粉是中国林科院林业研究所王涛研究员研制成功的一种具有国际先进水平的广谱高效生根促进剂。曾先后荣获林业部科技进步一等奖、国家科技进步二等奖、全国星火计划成果展览会金奖、全国第二届新产品展览会金奖、全国专利新技术新产品交易会金奖、全国科技实业家创业金奖等国内多项大奖；同时还获得美国匹兹堡世界发明展览会金奖、远东最佳发明奖、阿根廷布宜诺斯艾利斯国家发明展览会生态最高发明奖、比利时布鲁塞尔尤里卡金奖等多项国际奖。ABT 生根粉系列经示踪原子及液相色谱分析证明，处理植物插穗能参与其不定根形成的整个生理过程，具有补充外源激素与促进植物体内内源激素合成的双重功效，因而能促进不定根形成，缩短生根时间，并能促使不定根原基形成簇状根系，呈暴发性生根。该成果于1993年完成重点推广示范，取得了显著的经济、社会效益。

ABT生根粉是一种广谱、高效、复合型的植物生长调节剂，它是由中国林科院王涛院士研制成功的，在林木、果木、农作物、花卉、特种经济和药用植物中广泛应用，效果均好，在生产中产生了巨大的经济效益。

它应用于扦插育苗，可以促进生根，缩短生根时间，提高生根率，使难生根的树种扦插繁殖成功，其功效优于吲哚丁酸和萘乙酸；造林可提高出苗率、保存率，增加生长量；通过浸种、喷洒种子或植株，处理块根或块茎等，使各种作物种子幼苗发生一系列生理变化，提高作物种子发芽势、发芽率，加快营养生长，根深叶茂，使作物个体发育健壮，群体结构改善或增加穗（株）粒或增加千粒重或增加根、茎、花、果实等的生长量，提高作物抗性，促使作物增产。

使用方法如下。

(1) 速蘸法

将枝条浸于ABT生根粉含量为500～200mg/kg溶液中30s后再扦插。在育苗中，只有在单芽扦插或重复处理时才用此法。

(2) 浸泡法

用ABT生根粉处理插条的含量与浸泡时间成反比，即生长素含量越高，浸泡时间越短；含量越低，浸泡时间越长。另外其含量的配比因植物种类及枝条成熟度不同而异，通常花卉、阔叶树处理浓度低些，针叶树高些，嫩枝处理含量比完全木质化的枝条低些，处理种子和苗根的含量比处理枝条低些，难生根树种使用浓度比易生根树种使用浓度要大些。处理枝条，浸泡的浓度范围一般为50～200mg/kg。浸泡方法是根据需要将ABT生根粉配成50mg/kg或100mg/kg或200mg/kg的溶液，然后将插条下部浸泡在溶液中2～12h。这种处理方法对休眠枝特别重要，因为它能保证插条吸收的药液全部用于不定根的形成。一般大枝条用50mg/kg或100mg/kg药液全枝浸泡（或只泡具有潜伏不定根原基的部位）4～6h，1年生的休眠枝用50mg/kg或100mg/kg药液全枝浸泡2h，嫩枝可根据所采用枝条木质化程度及插条的大小，浸泡1～2h，浸泡深度2～4cm。移栽用3号生根粉，含量100mg/kg，浸泡24h，含量200mg/kg浸泡4～8h。

(3) 粉剂处理

扦插前将ABT生根粉涂于插条基部，然后进行扦插。处理时先将插条基部蘸湿，插入粉末中，使插条基部切口充分粘匀粉末即可，或将粉末用水调成乳状涂于切口。在扦插时，要小心不可使粉剂落下。此种处理优点是方法简便，缺点是插条下切口黏附的粉末易随着喷雾或落水溶在扦插基质中。

(4) 叶面喷施

此法用于扦插或播种育苗，在农作物上也应用广泛。其方法是将ABT生根粉稀释成

10mg/kg 或 40mg/kg 药液后，喷洒在植物的叶面上。如油菜在初花期和盛花期喷洒，水稻在分蘖期和扬花期喷雾在叶面。扦插育苗时，将其喷洒在叶面上，对生根时间长的南洋杉、五针松等树种效果极佳。叶面喷施法简便易行，在生产中使用十分广泛。

11.4 青蒿素

屠呦呦多年从事中药和中西药结合研究，突出贡献是创制新型抗疟药青蒿素和双氢青蒿素。1972 年成功提取到了一种分子式为 $C_{15}H_{22}O_5$ 的无色结晶体，命名为青蒿素。2015 年 10 月，屠呦呦获得诺贝尔生理学或医学奖，理由是她发现了青蒿素，这种药品可以有效降低疟疾患者的死亡率。她成为首获科学类诺贝尔奖的中国人。

青蒿素是从中药青蒿中提取得到的一种无色针状晶体，是继乙氨嘧啶、氯喹、伯氨喹之后最有效的抗疟特效药，尤其是对于脑型疟疾和抗氯喹疟疾，具有速效和低毒的特点，曾被世界卫生组织称为世界上唯一有效的疟疾治疗药物。

抗疟疾作用机理主要在于在治疗疟疾的过程通过青蒿素活化产生自由基，自由基与疟原蛋白结合，作用于疟原虫的膜系结构，使其泡膜、核膜以及质膜均遭到破坏，线粒体肿胀，内外膜脱落，从而对疟原虫的细胞结构及其功能造成破坏。

根据世卫组织的统计数据，自 2000 年起，撒哈拉以南非洲地区约 2.4 亿人口受益于青蒿素联合疗法，约 150 万人因该疗法避免了疟疾导致的死亡。因此，很多非洲民众尊称其为东方神药。

11.5 “自动灌溉装置”技术

中国林科院亚热带林业研究所林木遗传工程研究团队卓仁英研究员等人申报的“一种自动灌溉装置”获发明专利授权。

林木遗传工程研究团队长期致力于抗逆和耐重金属基因的克隆、分离和重组并培育具有高抗逆、超级耐重金属的转基因植物。团队在开展植物胁迫生理学分析研究时，需要使用能进行水培且不引起植物胁迫的自动灌溉装置。在无土栽培体系或水培体系中，许多植物（水生植物和适合水培养的植物除外）对于根系养护条件有着特殊要求，最常见的有两条：一是根系必须保持湿润或一定湿度，以保持活力及从周围环境中吸收养分；二是不能持续浸泡在液体，以免引起植物的胁迫反应影响正常生理过程。在深入剖析了自动灌溉装置的原理和植物对灌溉的需求后，研究组发明一种基于虹吸式排水的灌溉装置结合一个控制装置——时间继电器，可定时地控制水泵运行时间，既定时地让植物根系吸收水分和养分，又能使植物根系浸泡在水里的时间尽可能缩短。

该装置适用性广、简便可靠、生产使用成本低，可应用于设施农业领域、科学研究、家庭园艺中。

11.6 萱草除草剂专利

由河北省林业科学研究院研制发明的“一种用于萱草茎叶处理的除草剂”获得发明专利授权。

化学除草剂应用技术在我国的发展不断提高，通过 60 多年的试验发展，除草剂在水稻、小麦、玉米和部分经济作物上形成了较为完善成熟的化学除草体系，取得了显著的经济效益和社会效益。林业化学除草特别是一些低矮的露地宿根花卉，因其异地引种、多年栽植等原因，致使圃地杂草大量繁殖，人工除草很难将其根除。河北省林科院科技人员在借鉴前人研究的基础上，研制发明了一种用于萱草茎叶处理的除草剂，可以防治稗草、狗尾草、马塘、碱草、马齿苋、田旋花、打碗花等一年生和多年生禾本科及阔叶杂草，扩大了杀草谱，达到有效防治的目的，同时降低了药剂在田间的使用剂量，节约经济成本，减少药剂对环境的污染，并提高对宿根性和恶性杂草的防治效果，是目前大花萱草田防治杂草效果理想的复配除草剂。

主要参考文献

[1] 柏文新 . 林业生产新技术与应用 [M]. 北京：中国林业出版社，2011.

[2] 陈建成，宋维明，徐晋涛，田明华 . 中国林业技术经济理论与实践 [M]. 北京：中国林业出版社，2008.

[3] 陈建成，田明华，陈绍志 . 低碳经济时代的林业技术与管理创新 [M]. 北京：中国林业出版社，2011.

[4] 段新芳 . 木材变色防治技术 [M]. 北京：中国建材工业出版社，2005.

[5] 河南省林业调查规划院 . 现代林业技术 . 郑州：黄河水利出版社，2010.

[6] 李坚，李桂玲 . 木材的阻燃处理 [J]. 北京木材工业，1991（5）：36–39.

[7] 李坚 . 木材保护学 [M]. 北京：科学出版社，2013.

[8] 李建民，杨旺利 . 林业政策与实用技术——96355 林业服务热线 1000 例 [M]. 北京：中国林业出版社，2009.

[9] 李忠宽 . 水貂养殖技术 [M]. 北京：金盾出版社，2002.

[10] 孙兴志 . 长白山林业产业实用技术 . 北京：中国林业出版社 .2010.

[11] 夏子贤 . 仿野生灵芝栽培技术 [J]. 农家科技，2011(2)：41.